高等职业教育自动化类专业系列教材

变频器与伺服应用

主 编 陈 刚 叶云飞

副主编 汪 俊 柳 笛 马 涛

主 审 朱志伟

中国水利水电出版社
www.waterpub.com.cn
·北京·

内 容 提 要

本书以当前驱动市场主流的西门子 SINAMICS G120 和 SINAMICS V20 系列变频器、汇川技术 IS620F 系列交流伺服驱动器、雷赛智能 DM542 步进驱动器的应用为主线，以典型工作任务为载体，参考了大量企业工作手册。本书包括 G120 变频器的认识与接线、G120 变频器面板的控制与参数的应用、G120 变频器外部端子的连接与控制、G120 变频器现场总线控制、V20 变频器的应用、交流伺服系统的应用、步进驱动系统的应用 7 个项目，共设计了 33 个任务。

本书是融入了企业工作手册相关要求的新形态教材，具有工作手册和教材的共同特征，既满足学生在工作现场学习的需要，体现"做中学"的职业院校教学特征，又提供了简明易懂的现场工作指导信息，同时按照技术技能人才的成长特点和教学规律，对学习任务进行有序排列，实现任务环节工作化，便于教学的实施。

本书可作为应用本科、职业院校的工业机器人技术、电气自动化技术、机电一体化技术及智能控制技术等专业的教材，也可作为变频器与伺服应用的工程师，中、高级电工等人员的参考用书和培训教材。

图书在版编目（CIP）数据

变频器与伺服应用 / 陈刚, 叶云飞主编. -- 北京：中国水利水电出版社, 2024.8. -- (高等职业教育自动化类专业系列教材). -- ISBN 978-7-5226-2701-4

Ⅰ. TN773；TM383.4

中国国家版本馆CIP数据核字第2024B1S755号

策划编辑：石永峰　责任编辑：张玉玲　加工编辑：刘瑜　封面设计：苏敏

书　　名	高等职业教育自动化类专业系列教材 变频器与伺服应用 BIANPINQI YU SIFU YINGYONG
作　　者	主　编　陈　刚　叶云飞 副主编　汪　俊　柳　笛　马　涛 主　审　朱志伟
出版发行	中国水利水电出版社 （北京市海淀区玉渊潭南路 1 号 D 座　100038） 网址：www.waterpub.com.cn E-mail：mchannel@263.net（答疑） 　　　　sales@mwr.gov.cn 电话：（010）68545888（营销中心）、82562819（组稿）
经　　售	北京科水图书销售有限公司 电话：（010）68545874、63202643 全国各地新华书店和相关出版物销售网点
排　　版	北京万水电子信息有限公司
印　　刷	三河市鑫金马印装有限公司
规　　格	184mm×260mm　16 开本　15.5 印张　397 千字
版　　次	2024 年 8 月第 1 版　2024 年 8 月第 1 次印刷
印　　数	0001—1000 册
定　　价	49.00 元

凡购买我社图书，如有缺页、倒页、脱页的，本社营销中心负责调换

版权所有·侵权必究

前　言

变频器的主要目标是为交流电动机提供速度和转矩控制，步进驱动系统可以精确控制角位移量和速度，交流伺服系统可以实现更精确的位置控制、速度控制和转矩控制。变频器、步进驱动系统和交流伺服系统在智能制造领域有着广泛的应用。党的二十大报告要求"促进数字经济和实体经济深度融合"，这就需要充分发挥我国实体经济特别是制造业的比较优势，高质量推进智能化改造、数字化转型。"智改数转"促进了技术的进步和企业的转型升级，也催生了制造业对掌握变频器与伺服技术应用的新型技术技能型人才的大量需求，熟练掌握其应用是"智改数转"工程师一项必不可少的技能。

本书联合企业专家共同编写，采取项目导向、任务驱动模式，将变频器与伺服系统设计安装、调试与检修岗位工作内容转化为学习内容，构建工作手册式新形态教材，充分融入企业工作规范与技术要求，具有工作手册和教材的共同特征，既体现了"做中学"的职业教育教学特征，又具备了简明易懂的手册式操作流程。

本书有7个项目，共33个任务，项目和任务精心策划，以当前市场主流的西门子SINAMICS G120和SINAMICS V20系列变频器、汇川技术IS620F系列交流伺服驱动器、雷赛智能DM542步进驱动器的应用为主线，以典型工作任务为载体，参考了大量企业设备工作手册。项目一～项目四主要介绍G120系列变频器的应用；项目五主要介绍V20系列变频器的应用；项目六主要介绍IS620F系列交流伺服驱动器的应用；项目七主要介绍DM542步进驱动器的应用。

本书着重体现"以能力培养为中心，以理论知识为支撑"的指导思想，在内容组织和安排上具有如下特点。

（1）基于立德树人，将"知识、技能、价值观"多元目标有机融入教学项目，实现传统项目化教材的转型升级。

（2）内容与模式创新，学习内容的选择和编排实现了由纯知识体系向以项目任务为导向的工作手册式新形态的转变。

（3）突出现场教学，借鉴国内外职业教育先进的教学理念，项目任务的载体模拟现实工作场所的真实设备。

（4）产教融合度高，学习内容来自真实岗位工作内容，通过大量的图表引导学生完成学习目标任务。

本书为南京铁道职业技术学院和南京康尼电气技术有限公司的校企合作教材，旨在让学生采用工程师的思维学习和掌握变频调速与伺服驱动的应用。在本书的编写过程中，编者参考并引用了西门子（中国）有限公司、深圳市汇川技术股份有限公司和深圳市雷赛智能控制股份有限公司的技术资料和部分案例；南京康尼电气技术有限公司提供工艺流程、职业标准和岗位职责等方面的技术支持，以及典型的生产、现场素材等教材元素，本书案例依托的实训平台也由该公司提供；学校编写人员负责按照教学规律对工艺流程、案例、职业标准和岗位职责等技术内容进行转换、编排和编写，在此一并表示感谢。

本书由南京铁道职业技术学院陈刚、叶云飞老师任主编，南京铁道职业技术学院汪俊、柳笛老师以及南京康尼电气技术有限公司马涛高工任副主编，南京铁道职业技术学院余红梅、王毅、周静、刘斌涛等老师参加了编写，武汉铁路职业技术学院朱志伟教授担任主审。

由于编者水平有限，书中难免存在不足之处，恳请广大读者批评指正。

编 者

2024 年 7 月

目　　录

前言
项目一　G120 变频器的认识与接线 ……………………………………………………………… 1
　任务一　变频器的认识 …………………………………………………………………………… 1
　　一、变频器的起源 ……………………………………………………………………………… 1
　　二、变频器功能探究 …………………………………………………………………………… 2
　　三、常用变频器的基本结构 …………………………………………………………………… 3
　　四、交-直-交变频器主电路分析 ……………………………………………………………… 4
　任务二　G120 变频器的认识 …………………………………………………………………… 5
　　一、SINAMICS 变频器产品的认识 …………………………………………………………… 5
　　二、G120 系列变频器 ………………………………………………………………………… 6
　　三、G120 内置式变频器 ……………………………………………………………………… 6
　　四、紧凑型变频器 G120C ……………………………………………………………………… 8
　任务三　G120 变频器接线端子的连接 ………………………………………………………… 10
　　一、连接电源和电动机 ………………………………………………………………………… 10
　　二、控制单元接口 ……………………………………………………………………………… 11
　　三、控制单元典型接线 ………………………………………………………………………… 13
　　四、控制单元的端子排布线示例 ……………………………………………………………… 15
　项目小结 …………………………………………………………………………………………… 16
项目二　G120 变频器面板的控制与参数的应用 ………………………………………………… 17
　任务一　BOP-2 的基本操作 …………………………………………………………………… 17
　　一、BOP-2 的认识 …………………………………………………………………………… 17
　　二、菜单功能的操作 …………………………………………………………………………… 19
　　三、出厂设定值的恢复 ………………………………………………………………………… 20
　　四、变频器参数的传递 ………………………………………………………………………… 21
　任务二　BOP-2 参数的预置与调试 …………………………………………………………… 23
　　一、变频器参数的认识 ………………………………………………………………………… 23
　　二、BOP-2 参数的修改 ……………………………………………………………………… 24
　　三、BOP-2 运行电动机 ……………………………………………………………………… 25
　　四、快速调试运转电动机 ……………………………………………………………………… 26
　任务三　变频器中的信号互联 …………………………………………………………………… 28
　　一、信号互联的认识 …………………………………………………………………………… 28
　　二、BICO 功能示例 …………………………………………………………………………… 29
　　三、应用案例实施 ……………………………………………………………………………… 29
　项目小结 …………………………………………………………………………………………… 31

项目三　G120 变频器外部端子的连接与控制 …… 32

任务一　变频器接口的出厂设置和预设置 …… 32
一、CU240E-2 接口的出厂设置 …… 32
二、CU240E-2 接口的默认设置 …… 34
三、控制单元预设置功能介绍 …… 34

任务二　数字量输入、输出的功能调整 …… 47
一、输入、输出端口内部接线认识 …… 47
二、数字量输入功能调整 …… 48
三、数字量输出功能调整 …… 49

任务三　模拟量输入、输出功能应用 …… 50
一、模拟量输入功能选择 …… 51
二、模拟量输出功能修改 …… 53
三、模拟量输入用作数字量输入 …… 55
四、I/O 端子模拟量控制转速 …… 56

任务四　设定值源和指令源的选择 …… 57
一、模拟量输入设为设定值源 …… 59
二、现场总线设为设定值源 …… 59
三、电动电位器设为设定值源 …… 60
四、固定转速设为设定值源 …… 61
五、指令源的选择 …… 62
六、主要参数设置 …… 62

任务五　双线制和三线制电动机控制 …… 63
一、双线制和三线制的定义 …… 63
二、双线制控制方法 1 …… 64
三、双线制控制方法 2 …… 65
四、双线制控制方法 3 …… 66
五、双线制控制方法的区别 …… 67
六、三线制控制方法 1 …… 67
七、三线制控制方法 2 …… 69

任务六　停车与抱闸的实现 …… 70
一、停车控制 …… 70
二、抱闸控制 …… 71

任务七　启动与再启动 …… 73
一、自动再启动 …… 73
二、捕捉再启动 …… 74
三、制动单元与制动电阻的使用 …… 75

任务八　闭环 PID 控制 …… 76
一、PID 控制的认识 …… 76
二、PID 控制参数设置 …… 77

三、PID 工艺控制器的自动优化 ……………………………………………………… 78
　　　四、应用示例 ……………………………………………………………………………… 80
　项目小结 ………………………………………………………………………………………… 81

项目四　G120 变频器现场总线控制 …………………………………………………………… 82
　任务一　G120 变频器的 PROFINET 通信控制 ……………………………………………… 82
　　　一、PROFINET 现场总线的认识 ……………………………………………………… 82
　　　二、数据交换和参数访问 ………………………………………………………………… 83
　　　三、报文结构 ……………………………………………………………………………… 84
　任务二　G120 变频器的 PROFINET PZD 通信控制 ………………………………………… 86
　　　一、控制字和状态字的使用 ……………………………………………………………… 86
　　　二、PROFINET PZD 通信准备 ………………………………………………………… 88
　　　三、硬件组态 ……………………………………………………………………………… 89
　　　四、G120 的配置 ………………………………………………………………………… 91
　　　五、电动机参数的配置 …………………………………………………………………… 94
　　　六、电动机的启停及监控 ………………………………………………………………… 100
　　　七、PLC 编程 ……………………………………………………………………………… 101
　任务三　G120 的 PKW 通道读写变频器参数 ……………………………………………… 102
　　　一、PKW 通信工作模式 ………………………………………………………………… 103
　　　二、S7-1200 系统通信组态 ……………………………………………………………… 106
　　　三、使用实例 ……………………………………………………………………………… 108
　任务四　G120 的非周期通信读写参数 ……………………………………………………… 109
　　　一、非周期通信的认识 …………………………………………………………………… 109
　　　二、S7-1200 组态 ………………………………………………………………………… 113
　　　三、多个参数值的读取与修改 …………………………………………………………… 116
　项目小结 ………………………………………………………………………………………… 119

项目五　V20 变频器的应用 ……………………………………………………………………… 120
　任务一　V20 变频器的认知与接线 …………………………………………………………… 120
　　　一、V20 变频器的特点 …………………………………………………………………… 120
　　　二、V20 变频器的类型 …………………………………………………………………… 121
　　　三、主电路端子的认识 …………………………………………………………………… 122
　　　四、控制电路端子接线 …………………………………………………………………… 124
　任务二　V20 变频器的面板操作 ……………………………………………………………… 126
　　　一、BOP 的认识 …………………………………………………………………………… 126
　　　二、变频器的菜单操作 …………………………………………………………………… 128
　　　三、出厂默认设置恢复 …………………………………………………………………… 130
　任务三　V20 变频器的快速调试 ……………………………………………………………… 130
　　　一、"设置"菜单操作 …………………………………………………………………… 130
　　　二、电动机数据设置 ……………………………………………………………………… 131
　任务四　V20 变频器的连接宏选择 …………………………………………………………… 132

　　　　一、连接宏的功能 ·· 132
　　　　二、连接宏设置前的操作 ·· 133
　　　　三、连接宏接线和默认参数的使用 ·· 134
　　　　四、连接宏参数设置 ·· 143
　　任务五　应用宏设置 ·· 145
　　　　一、应用宏的参数设置 ·· 145
　　　　二、应用宏的功能与设置 ·· 145
　　　　三、应用场景与参数 ·· 146
　　　　四、其他常用参数设置 ·· 147
　　　　五、恢复默认设置 ·· 148
　　任务六　V20 变频器的 Modbus RTU 通信驱动控制 ·· 148
　　　　一、Modbus 通信协议的认识 ··· 148
　　　　二、任务准备 ·· 149
　　　　三、V20 变频器设置 ··· 150
　　　　四、S7-1200 编程 ··· 153
　　任务七　V20 变频器的 USS 通信驱动控制 ·· 156
　　　　一、通信协议的认识 ·· 157
　　　　二、通信准备 ·· 157
　　　　三、V20 变频器设置 ··· 158
　　　　四、通过 USS 通信实现 V20 的启停调速 ··· 160
　　项目小结 ·· 164
项目六　交流伺服系统的应用 ·· 165
　　任务一　交流伺服电动机的点动控制 ·· 165
　　　　一、IS620F 系列交流伺服驱动器的认识 ··· 165
　　　　二、面板显示操作 ·· 166
　　　　三、DIDO 功能的认识 ·· 168
　　　　四、交流伺服电动机及驱动器的点动控制 ··· 169
　　任务二　IS620F 系列交流伺服驱动器的系统配线 ··· 170
　　　　一、电源配线 ·· 170
　　　　二、交流伺服驱动器引脚的功能 ··· 171
　　　　三、数字量输入/输出电路接线 ·· 173
　　　　四、编码器分频输出信号 ·· 174
　　　　五、交流伺服电动机及驱动器型号说明 ··· 176
　　　　六、系统配线 ·· 177
　　任务三　IS620F PROFINET 通信协议的使用 ·· 178
　　　　一、IS620F 支持的报文 ··· 179
　　　　二、报文 I/O 数据信号 ·· 180
　　　　三、部分控制字和状态字 ·· 181
　　任务四　电子齿轮比的设定 ·· 184

  一、转换因子设置 ……………………………………………………………… 184
  二、相关功能码的选用 …………………………………………………………… 186
  三、电子齿轮比的计算 …………………………………………………………… 187
  四、电子齿轮比设定示例 ………………………………………………………… 188
 任务五 IS620F-RT 交流伺服组态和工艺配置 ……………………………………… 189
  一、任务准备 ……………………………………………………………………… 189
  二、项目配置 ……………………………………………………………………… 190
  三、工艺对象的创建及编程 ……………………………………………………… 195
 任务六 交流伺服系统的运动控制编程 ……………………………………………… 202
  一、输入、输出变量的功能及定义 ……………………………………………… 202
  二、交流伺服运动控制功能块的创建 …………………………………………… 203
  三、主要控制指令的使用 ………………………………………………………… 204
  四、运动控制程序的实现 ………………………………………………………… 211
 项目小结 ……………………………………………………………………………… 213

项目七 步进驱动系统的应用 ………………………………………………………… 214
 任务一 DM542 步进驱动系统的集成 ………………………………………………… 214
  一、步进电动机及步进驱动器的认识 …………………………………………… 214
  二、DM542 步进驱动器的认识 …………………………………………………… 215
  三、电流、细分拨码开关的设定和参数自整定 ………………………………… 218
  四、DM542 步进驱动系统典型接线 ……………………………………………… 219
  五、保护功能的实现和常见问题的处理 ………………………………………… 220
 任务二 DM542 步进驱动系统的组态和运动控制编程 ……………………………… 221
  一、输入、输出变量的功能及定义 ……………………………………………… 221
  二、拨码开关的设定 ……………………………………………………………… 221
  三、设备组态 ……………………………………………………………………… 222
  四、轴调试 ………………………………………………………………………… 226
  五、控制指令的应用及系统运动控制编程 ……………………………………… 227
 项目小结 ……………………………………………………………………………… 230

附录 …………………………………………………………………………………………… 231

参考文献 ……………………………………………………………………………………… 238

项目一　G120 变频器的认识与接线

【学习目标】

- 了解变频器的功能组成与电路结构
- 了解变频器的不同类型
- 理解变频器的工作原理及特点
- 熟悉 G120 变频器的结构组成
- 熟悉 G120 变频器的接线端子

任务一　变频器的认识

【任务描述】

变频器本质上是电源变换装置，承担电力变换主电路的主要器件是电力电子器件。变频技术的诞生背景是交流电动机（电动机也可称为电机，在本书中不作区分）无级调速的广泛需求。随着变频器的发展，交流异步电动机通过变频器进行调速的应用越来越广泛。

本任务主要认识和了解变频器的起源、功能、结构和主电路的组成，这也是工程技术人员熟悉和应用变频器的基本要求。

【任务实施】

一、变频器的起源

交流电动机使用的是交流电源，具有标准电压和频率的交流供电电源称为工频交流电。各个国家交流电源的电压和频率的标准不尽相同，我国单相工频交流电压为 220V，三相工频交流电压为 380V，频率均为 50Hz。通常，把电压和频率固定不变的工频交流电变换为电压或频率可变的交流电的装置称为"变频器"。在实际应用中，变频器主要用于三相交流异步电动机的调速，又称变频调速器。

1968 年，以丹佛斯为代表的高技术企业开始批量化生产变频器，开启了变频器工业化的新时代；20 世纪 80 年代中后期，美、日、德、英等发达国家的 VVVF 变频器技术实现实用化，商品投入市场，得到了广泛应用；近 20 年，国产变频器逐步崛起，现已逐渐抢占高端市场。变频器在节能、自动化控制、优化电动机启停等领域提供了优化方案。

在使用变频器对交流异步电动机进行调速时，先将 50Hz 工频交流电源接入变频器，由变频器改变电源的频率，输出 0~50Hz 可调频率的工作电源给交流异步电动机，从而改变交流异步电动机的转动速度。图 1-1 是部分变频器的实物外观。

图 1-1　部分变频器的实物外观

二、变频器功能探究

1. 变频调速的节能作用

变频器是否节电主要看变频器的调速特性对于变频器驱动的负载是否节电，需要考虑以下两个方面。

（1）变频器的运行状态。若电动机长期处于满负荷运行状态，那么可节约的电量很少。若电动机不需要长期满负荷运行，则需要进行速度调节，这样可节约的电量就比较可观。

（2）变频器驱动负载的类型。对于风机、水泵类负载，其功率与转速的立方成正比，若电动机的转速下降，那么功率将会有立方级别的对应下降，例如转速下降到原来的 80%，功率将只有原来的 51.2%，这类负载变频将会带来很大的节能效果；而对于恒功率负载，其功率与转速无关，例如配料传动带，当配料多、厚时，传送带速度慢，当配料少、薄时，传送带速度加快，变频器在这类负载中不能节能。

以节能为目的，变频器广泛应用于各行业。以空调负载应用为例，现在，写字楼、商场和一些超市、厂房都安装了中央空调，在夏季的用电高峰，空调的用电量很大。在炎热天气，北京、上海、深圳空调的用电量均占高峰用电量的 40%以上。因而使用变频装置来拖动空调系统的冷冻泵、冷水泵、风机是一项非常好的节电技术。

2. 变频器在自动化控制系统中的作用

电动机的启停、正反转及换速，若采用继电器控制方法，则接线、调试运行复杂，故障率高，故障排查困难，换速工艺单一，无法实现连续调速控制。而变频器一般都具有数字量输入端子和模拟量输入端子，相比继电器控制系统而言，当数字量输入应用，变频器实现换向、多种速度切换控制时，不需要接触器，只需外接开关信号，结合 PLC 等控制器，就可以完成多种换向、换速工艺自动控制。模拟量输入端子接收电压或电流信号，可以反映压力、温度等过程量，实现过程量的自动控制。以变频恒压供水系统为例，变频器模拟量通道接收对应压力的模拟量信号，自动调节水泵的运行速度，保证供水压力恒定，实现恒压供水；在变频中央空调中，变频器模拟量通道接收对应温度的模拟信号，自动调节空调压缩机的运行速度，从而调整环境温度，使其达到温度设定值。

变频器极大地丰富了电动机的控制工艺，且系统的设计、接线、调试简单，工作稳定，故障率低，在自动控制系统中得到广泛应用。

3. 变频器软启动、软停止的作用

电动机的启动有直接启动、Y-△降压启动、软启动器启动及变频器启动。直接启动和Y-△降压启动属于硬启动，会带来电气、机械及经济性等方面的问题；软启动器启动属于软启动，软启动器实质上使用的是调压器，它是在市电电源与电动机之间加入了调压电路，输出电压可调，电源频率固定。

软启动器启动电动机，可以避免硬启动带来的问题，但是软启动器启动的转矩小，不适用于重荷负载的启动。变频器启动时，其输出同时改变电压和频率，改变频率也就改变了电动机运行曲线上的同步转速，使电动机运行曲线平行下移，电动机启动的转矩达到最大转矩，因此变频器可以启动重荷负载。同时，变频器还可以设定多种启停模式，优化电动机启停动态过程。变频器对电动机启停过程的优化设置，很好地应用在电梯高架游览车类负载中。电梯是载人工具，要求拖动系统高度可靠，又要频繁地加减速和启停，因此对电梯乘坐的安全感、舒适感和效率提出了更高的要求。过去电梯直流调速居多，近几年逐渐转为交流电动机变频调速。

4. 变频器的安全保护作用

变频器是利用电力半导体器件的通断作用将工频电源转换为另一频率的电能的变换装置。变频器内部有检测环节，一旦检测到异常后会自动切断控制信号，使电动机自动停车。一些好的变频器还会显示故障类别，便于电路诊断。

三、常用变频器的基本结构

根据变频器的变换环节，主电路结构有"交-交"及"交-直-交"两种，交-交变频器是把频率固定的交流电变换成频率连续可调的交流电，而交-直-交变频器是先把频率固定的交流电整流成直流电，再把直流电逆变成频率连续可调的交流电。由于把直流电逆变成交流电的环节较易控制，因此在频率的调节范围和改善频率后电动机的特性等方面，交-直-交变频器比交-交变频器具有更大的优势。

交-直-交变频器的主体是交直-变换电路、能耗电路和直-交变换电路（逆变电路）等组成的主电路，以及以CPU为核心的控制电路。交-直变换电路包含整流电路和滤波电路，整流电路由功率二极管组成的三相桥式整流电路构成，实现将外部交流电源输入的工频交流电转变成脉动直流电；滤波电路一般由电容和电阻组成，其作用是将整流电路输出的脉动直流电变为较为平整的直流电。能耗电路的制动电阻的作用是将部分回馈能量消耗掉，制动单元是为放电电流流经制动电阻提供通路；直-交变换电路通常由电力电子全控功率器件和功率二极管构成，作用是将直流电变为频率可变和电压可调的三相交流电，其中全控功率器件在控制电路的控制下导通或关断，输出一系列宽度可调和脉冲周期可调的矩形脉冲波形，使输出电压幅值和频率都可调，从而使被控电动机实现节能和调速；电动机和变频器之间的功率二极管构成续流电路，为能量传递提供通路。控制电路是给变频器中的主电路提供控制信号的回路，主要包括运算电路、电压和电流检测电路、速度检测电路、驱动电路和保护电路等组成部分，任务是接收各种信号，并进行运算，输出计算结果，完成对整流电路的电压控制和对逆变电路的开关控制，以及完成各种保护功能等。

四、交-直-交变频器主电路分析

常用交-直-交变频器的主电路如图 1-2 所示。其中，R、S、T 输入外部三相交流电，频率恒定（我国内地为 50Hz）；经过整流电路和滤波电路后，输出稳定的直流电源；再经过逆变电路，通过有规律地通断开关元件 VT，在 U、V、W 端输出频率和电压可调的电源给异步电动机，从而实现对异步电动机的速度调节等控制。

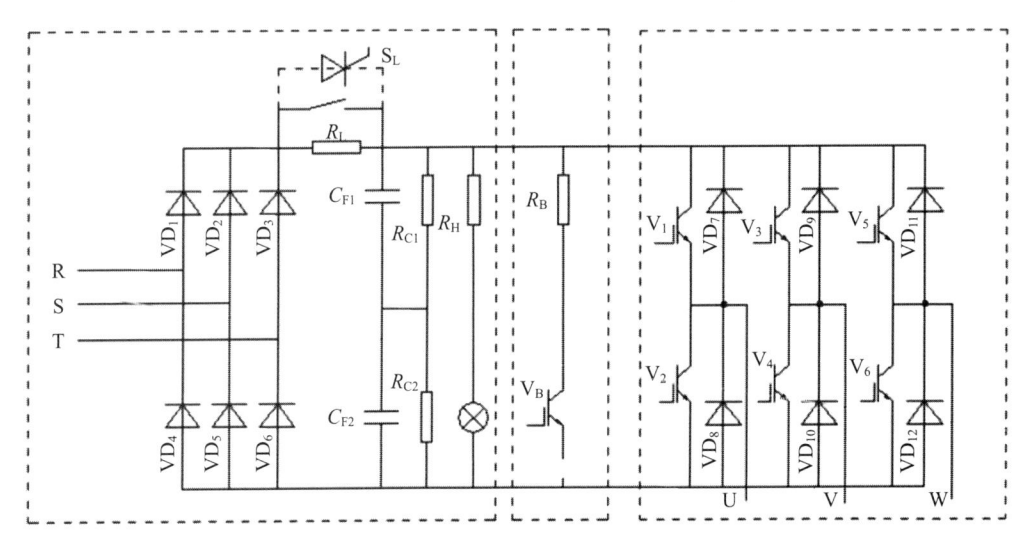

图 1-2 常用交-直-交变频器的主电路

1. 交-直变换电路

（1）$VD_1 \sim VD_6$ 构成三相整流桥，将交流电变换为直流电。如果三相线电压为 U_L，则整流后的直流电压 U_D 为：$U_D = 1.35 U_L$。

（2）滤波电容 C_F 的作用是滤除全波整流后的电压纹波，当负载变动时，使直流电压保持平衡。

由于受电容量和耐压的束缚，滤波电路通常由若干个电容器并联成一组，共两个电容组串联而成，如图 1-2 中的 C_{F1} 和 C_{F2}。由于两组电容的特性不一定完全相同，因此在每个电容组上并联一个阻值相同的分压电阻 R_{C1} 和 R_{C2}。

（3）限流电阻 R_L 和开关 S_L。

1）R_L 的作用：变频器刚合上的瞬间冲击电流比较大，在合上闸后的一段时间内，电流流经 R_L，冲击电流得到限制，电容 C_F 的充电电流被限制在规定的范围内。

2）S_L 的作用：当 C_F 充电到规定电压时，S_L 闭合，将 R_L 短路。一些变频器用晶闸管替代（如图 1-2 中的虚线所示）。

（4）电源指示 HL。电源指示 HL 除作为变频器通电指示外，还作为变频器断电后，变频器是否有电的指示（灯灭后才能进行拆线等操作）。

2. 能耗电路

（1）制动电阻 R_B。变频器在频率降低的过程中，将处于再生制动状况，回馈的电能将存储在电容 C_F 中，使直流电压不断上升，有可能到达十分危险的程度。R_B 的作用即是将部分回馈电能消耗掉。在有些变频器中，此电阻是外接的，留有外接端子（如 DB+、DB-）。

（2）制动单元 V_B。V_B 由电力晶体管（Giant Transistor，GTR）或绝缘栅双极晶体管（Insulate-Gate Bipolar Transistor，IGBT）及其驱动电路构成。其作用是为放电电流 I_B 流经 R_B 提供通路。

3. 直-交变换电路

（1）逆变管 $V_1 \sim V_6$。$V_1 \sim V_6$ 构成逆变桥，把 $VD_1 \sim VD_6$ 整流的直流电逆变为交流电。

（2）续流二极管 $VD_7 \sim VD_{12}$。电动机是感性负载，其电流中有无功成分，续流二极管 $VD_7 \sim VD_{12}$ 为无功电流回到直流电源提供"通道"；当频率降低，电动机处于再生制动状况时，再生电流流过 $VD_7 \sim VD_{12}$ 整流后，提供给直流电路；$V_1 \sim V_6$ 逆变过程中，同一桥臂的两个逆变管不断地处于导通和截止状态，在这个换相过程中，也需要 $VD_7 \sim VD_{12}$ 供给通路。

任务二　G120 变频器的认识

【任务描述】

SINAMICS 是西门子新一代变频驱动平台，其中的 SINAMICS G 系列具有较为强大的工艺功能，维护成本低、性价比高，属于通用型的变频器，其中的代表 G120 系列变频器适用于多种变速驱动，因其具有应用的灵活性、良好的动态特性、创新的 BICO 功能等特点，故在变频器市场中占据着重要的地位，可实现对交流异步电动机进行低成本和高精度的转速、转矩控制。

本任务将学习和了解 G120 变频器的结构、分类及应用。

【任务实施】

一、SINAMICS 变频器产品的认识

西门子变频器的种类繁多，SINAMICS 是西门子新一代变频驱动平台，其低压交流变频器包括 3 个系列的产品，分别是 SINAMICS V、SINAMICS G 和 SINAMICS S，其中 SINAMICS V 的性能最弱，而 SINAMICS S 的性能最强。SINAMICS V 系列变频器只涵盖关键硬件及功能，因而实现了高耐用性，同时投入成本很低，可直接在变频器上完成操作，该系列变频器提供用于运动、伺服控制的产品，代表性产品有 V20。SINAMICS G 系列变频器具有较为强大的工艺功能，维护成本低、性价比高，属于通用型的变频器，总体性能优于 SINAMICS V 系列，可用于一般的调速控制场合，该系列变频器主要用于泵、风机和输送系统等场合，代表性产品有 G120，G120 还有基本定位功能。SINAMICS S 系列变频器是高性能变频器，功能强大、价格较高，可用于速度控制，也可用于运动、伺服控制。表 1-1 为 SINAMICS 低压交流变频器的产品类型及其对应的功率范围。

表 1-1　SINAMICS 低压交流变频器的产品类型及其功率范围

类型	SINAMICS V 系列	SINAMICS G 系列	SINAMICS S 系列
功率	0.12～30kW	0.37～6600kW	0.15～5700kW

二、G120 系列变频器

G120 系列变频器采用模块化设计方案，其中的 SINAMICS G120C、G120、G120P Cabinet 等多数变频器含有一个功率模块（Power Module，PM）和一个控制单元（Control Unit，CU）。功率模块是完成整流、逆变等电能转换的主电路，用来为电动机和控制单元提供电能，实现电能的整流与逆变功能，其铭牌上有额定电压、额定电流等技术数据。控制单元是处理信息的收集、变换和传输的控制电路，用来控制并监测与其连接的电动机，控制单元有很多类型，可以通过不同的现场总线（如 Modbus RTU、PROFIBUS DP、PROFINET、DeviceNet 等）与可编辑控制器（Programmable Logic Controller，PLC）进行通信。G120 系列变频器适用于多种变速驱动，因其具有应用的灵活性、良好的动态特性、创新的 BICO 功能等特点，故在变频器市场中占据着重要的地位。

G120 系列变频器按结构形式的不同主要分为内置式变频器、紧凑型变频器、分布式变频器。G120 变频器是内置式变频器的代表，采用功能模块化设计；G120C 紧凑型变频器是一款真正全能的一体式变频器，其控制单元和功率单元集成于一体，具有结构紧凑、高功率密度等优点，相同的功率具有更小的尺寸；G120D 是分布式变频器的代表，具有较高防护等级（IP65）。

三、G120 内置式变频器

G120 变频器由微处理器控制，采用具有现代先进技术水平的绝缘栅双极型晶体管作为功率输出器件，具有很高的运行可靠性和功能的多样性。

1. G120 变频器的主要组件

每个 G120 变频器都是由一个控制单元和一个功率模块组成的。由于其控制单元和功率模块分开，因此同一控制单元可适应不同容量的功率模块。G120 提供更多的输入/输出（Input/Output，I/O）口，因此其功能更强、灵活性更高；控制单元和功率模块为其必要部分，且有各自的订货号，分开出售，基本操作面板 BOP-2 是可选件。G120 变频器可以用 Starter 和 TIA StartDrive 软件调试。

G120 变频器的电路结构如图 1-3 所示，左边为功率模块，也是变频器的主电路，右边为控制单元，G120 变频器控制电动机运行时，各种性能和运行方式的实现均需要设定变频器参数，正确理解并设置这些参数，是应用变频器的基础。

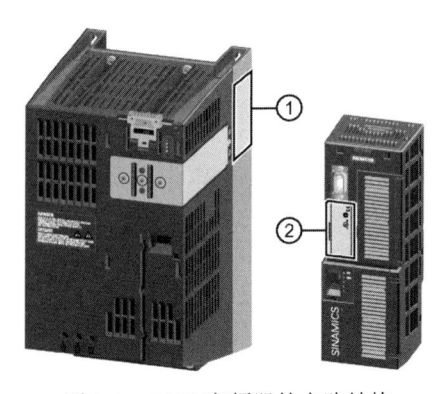

图 1-3 G120 变频器的电路结构

2. G120 变频器的控制单元

G120 内置式变频器的控制单元可以以多种方式对功率模块和所接的电动机进行控制和监控，它为变频器提供闭环控制功能，可根据应用的需要进行相应的参数化处理。G120 变频器的控制单元型号包括变频器类型、工艺类型、SINAMICS 开发平台、总线类型和故障安全类型等 5 个方面，具体的含义如图 1-4 所示。

```
CU2**B - 2 DP - (F)
              │    │    │     └── 故障安全类型
              │    │    └── 总线类型：
              │    │        DP：PROFIBUS
              │    │        PN：PROFINET
              │    └── 2：SINAMICS 开发平台    IP：Ethernet IP
              │        无：GP 开发平台         DEV：DeviceNet
              │                                CAN：CANopen
              └── 工艺类型
                  B：基本型
   变频器类型     E：经济型
   30：风机水泵型 S：高级型
   40：通用型     P：风机水泵型
```

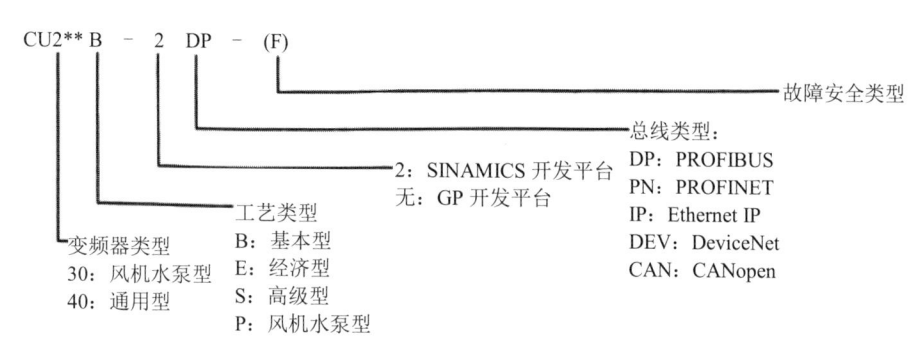

图 1-4 G120 变频器的控制单元型号

G120 标准型变频器的控制单元的型号主要包括 CU230P-2、CU240B-2、CU240E-2 和 CU250S-2 等系列，其中 CU240B-2 和 CU240E-2 控制单元最为常见，其具体参数见表 1-2。

表 1-2 CU240 系列控制单元的参数

型号	产品编号	通信类型	集成安全功能	接口种类和数量
CU240B-2	6SL3244-0BB00-1BA1	USS、Modbus RTU	无	4DI（数字量输入）、1DO（数字量输出）、1AI（模拟量输入）、1AO（模拟量输出）
CU240B-2 DP	6SL3244-0BB00-1PA1	PROFIBUS DP	无	
CU240E-2	6SL3244-0BB12-1BA1	USS、Modbus RTU	STO	6DI（数字量输入）、3DO（数字量输出）、2AI（模拟量输入）、2AO（模拟量输出）
CU240E-2 DP	6SL3244-0BB12-1PA1	PROFIBUS DP	STO	
CU240E-2 PN	6SL3244-0BB12-1FA0	PROFINET	无	
CU240E-2 F	6SL3244-0BB13-1BA1	USS、Modbus RTU PROFIsafe	STO、SS1、SLS、SSM、SDI	
CU240E-2 DP-F	6SL3244-0BB13-1PA1	PROFIsafe		
CU240E-2 PN-F	6SL3244-0BB13-1FA0	PROFIsafe		

3. G120 变频器的功率模块

G120 的功率模块用于对电动机供电，由控制单元中的微处理器进行控制，从而对需要调速的交流电动机进行驱动。G120 内置式变频器有 4 类可选功率模块：PM230、PM240、PM240-2 和 PM250，外形尺寸有 FSA、FSB、FSC、FSD、FSE、FSF 和 FSGX 等规格。

（1）PM230 功率模块。PM230 功率模块是风机、泵类和压缩机专用模块，适用于泵、风机和压缩机的驱动，其功率因数高、谐波小。这类功率模块是按照不进行再生能量回馈设计的，不能进行再生能量回馈，其制动产生的再生能量通过外接制动电阻转换成热量消耗。该功率模块的防护等级有 IP20、IP20PT、IP55 共 3 种，可与 CU230P-2、CU240B/E-2 等控制单元匹配使用。

（2）PM240 功率模块。PM240 功率模块广泛用于通用的机械制造领域，也是按照不进行再生能量回馈设计的，制动中产生的再生能量通过外接的制动电阻转换为热能消耗。它的防护等级为 IP20，可与所有类型的控制单元匹配使用。

（3）PM240-2 功率模块。PM240 功率模块可穿墙式安装，广泛用于通用的机械制造领域，它是按照不进行再生能量回馈设计的，制动中产生的再生能量通过外接的制动电阻转换为热能消耗。它的防护等级有 IP20 和 IP54 共 2 种，可与所有类型的控制单元匹配使用。

（4）PM250 功率模块。PM250 功率模块适合的应用场合与 PM240 完全相同，它能进行再生能量回馈，其制动产生的再生能量通过外接的制动电阻转换成热量消耗，也可以允许再生的能量回馈到电网，达到节能的目的。它的防护等级为 IP20，可与所有类型的控制单元匹配使用。

表 1-3 为 G120 变频器功率模块的参数。

表 1-3　G120 变频器功率模块的参数

电压参数/V	功率参数/kW			
	PM230	PM240	PM240-2	PM250
AC：200～240+/-10%	—	0.12～0.75	0.55～4	—
AC：200～240+/-10%	—	—	5.5～55	—
AC：380～480+/-10%	0.37～75	0.37～250	0.55～250	7.5～90
AC：350～690+/-10%	—	—	11～132	—

4. 控制单元和功率模块的兼容性

在进行变频器选型时，控制单元和功率模块的兼容性是必须要考虑的因素。控制单元和功率模块的兼容性见表 1-4。

表 1-4　控制单元和功率模块的兼容性

功率模块	控制单元			
	PM230	PM240	PM240-2	PM250
CU230P-2	√	√	√	—
CU240B-2	√	√	√	√
CU240E-2	√	√	√	√
CU250S-2	√	√	√	√

四、紧凑型变频器 G120C

紧凑型变频器 G120C 是将控制单元和功率模块做成一体的集成式变频器，具有结构紧凑、安装快速和调试简便等优点。G120C 功率范围为 0.55～132kW，可以覆盖众多通用的应用需求，如传送带、搅拌机、挤出机、水泵、风机、压缩机及一些基本的物料处理机械等。G120C

变频器现有 7 种外形尺寸，其中 FSAA、FSA、FSB、FSC 变频器的型号及参数见表 1-5。

表 1-5　4 种外形尺寸 G120C 变频器的型号及参数

变频器	额定输出功率/kW	额定输出电流/A	产品编号	
	基于轻过载		无滤波器	带滤波器
FSAA	0.55	1.7	6SL3210-1KE11-8U　2	6SL3210-1KE11-8A　2
	0.75	2.2	6SL3210-1KE12-3U　2	6SL3210-1KE12-3A　2
	1.1	3.1	6SL3210-1KE13-2U　2	6SL3210-1KE13-2A　2
	1.5	4.1	6SL3210-1KE14-3U　2	6SL3210-1KE14-3A　2
	2.2	5.6	6SL3210-1KE15-8U　2	6SL3210-1KE15-8A　2
FSA	3.0	7.3	6SL3210-1KE17-5U　1	6SL3210-1KE17-5A　1
	4.0	8.8	6SL3210-1KE18-8U　1	6SL3210-1KE18-8A　1
FSB	5.5	12.5	6SL3210-1KE21-3U　1	6SL3210-1KE21-3A　1
	7.5	16.5	6SL3210-1KE21-7U　1	6SL3210-1KE21-7A　1
FSC	11.0	25.0	6SL3210-1KE22-6U　1	6SL3210-1KE22-6A　1
	15.0	31.0	6SL3210-1KE23-2U　1	6SL3210-1KE23-2A　1
	18.5	37.0	6SL3210-1KE23-8U　1	6SL3210-1KE23-8A　1
G120C USS/MB（USS，Modbus RTU）			B	B
G120C DP（PROFIBUS）			P	P
G120C PN（PROFINET，Ethernet IP）			F	F

　　不同型号的控制单元具有不同的、和上级控制器通信的现场总线接口，对应 USS、Modbus RTU，PROFIBUS，PROFINET、Ethernet IP 等 3 种控制单元。G120C 控制单元对应的现场总线和协议见表 1-6。

表1-6　G120C控制单元对应的现场总线和协议

现场总线	协议 PROFIdrive	协议 PROFIsafe	协议 PROFIenergy	S7通信	控制单元
PROFINET	√	√	√	√	G120C PN
Ethernet IP	—	—	—	—	G120C PN
PROFIBUS	√	√	—	√	G120C DP
USS	—	—	—	—	G120C USS/MB
Modbus RTU	—	—	—	—	G120C USS/MB

任务三　G120变频器接线端子的连接

【任务描述】

G120变频器的功率模块用于完成电力变换，其接收外部电压恒定、频率恒定的正弦三相交流电压，经整流电路和滤波电路后转换成恒定的直流电压，供给逆变电路，逆变电路在CPU的控制下，将恒定的直流电压逆变成电压和频率均可调的三相交流电。G120变频器的控制单元是处理信息的收集、变换和传输的控制电路，用来控制并监测与其连接的电动机。G120变频器的控制单元包括电源、模拟量、数字量等端子排。

本任务将学习G120变频器功率模块和控制单元的电路接线。

【任务实施】

一、连接电源和电动机

1. 功率模块的接线

G120变频器功率模块PM240的接线如图1-5所示，电源输入端子L1、L2、L3接收三相交流电压，电源输出端子U、V、W将电压和频率调整好的电源输送给三相异步电动机，从而实现对异步电动机的速度调节等控制；直流环节采用电容滤波，属于电压型交-直-交变频器，接线端子A、B连接电动机抱闸单元，PE为电动机电缆屏蔽层的接线端子。

2. 保护接地线的连接

驱动部件通过保护接地线传导高放电电流，保护接地线断线时接触导电的部件可能会导致人员重伤，甚至是死亡，因此保护接地线的连接应遵守运行现场高放电电流时保护接地线的当地规定。如图1-6所示，保护接地线主要包括如下4种保护接地线：①电源连接线的保护接地线；②变频器电源连接线的保护接地线；③PE和机柜之间的保护接地线；④电动机连接线的保护接地线。

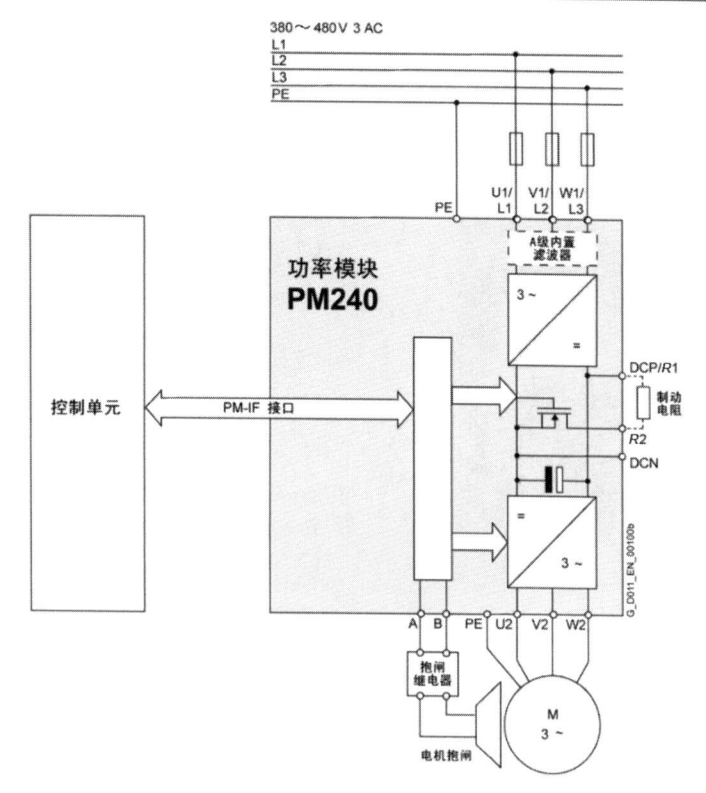

图 1-5　功率模块 P240 接线图

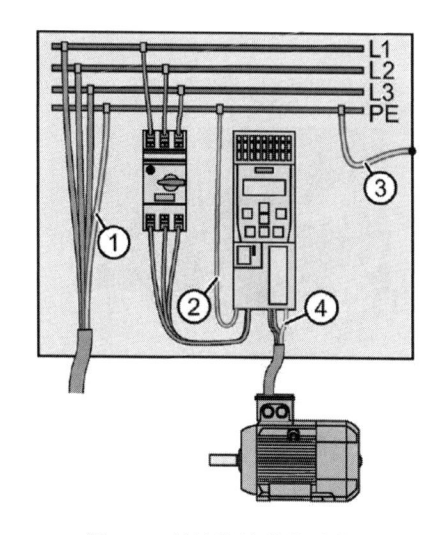

图 1-6　保护接地线的连接

二、控制单元接口

1. 控制单元正面的接口

图 1-7 为 CU240B-2 和 CU240E-2 控制单元正面的接口，必须拆下操作面板并打开正面门盖才可以操作控制单元正面的接口，控制单元 CU240B-2 上没有 AI 1。

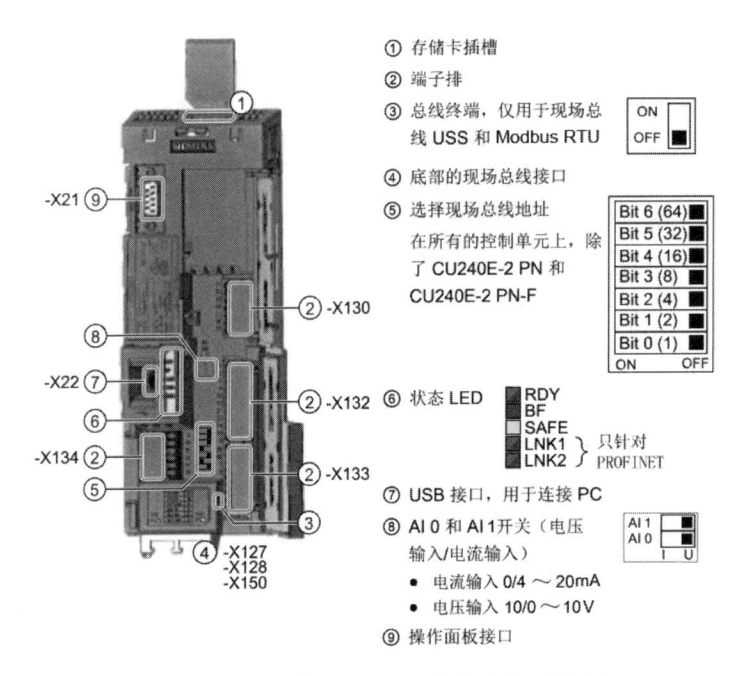

① 存储卡插槽
② 端子排
③ 总线终端，仅用于现场总线 USS 和 Modbus RTU
④ 底部的现场总线接口
⑤ 选择现场总线地址
在所有的控制单元上，除了 CU240E-2 PN 和 CU240E-2 PN-F
⑥ 状态 LED
RDY
BF
SAFE
LNK1
LNK2 } 只针对 PROFINET
⑦ USB 接口，用于连接 PC
⑧ AI 0 和 AI 1 开关（电压输入/电流输入）
- 电流输入 0/4～20mA
- 电压输入 10/0～10V
⑨ 操作面板接口

图 1-7 CU240B-2 和 CU240E-2 控制单元正面的接口

2. 现场总线布局

图 1-8 是控制单元 CU240B-2 和 CU240E-2 底部常见现场总线接口，主要有 3 种：一是用于 USS 和 Modbus RTU 的 RS485 针式接口；二是用于 PROFINET IO 的 RJ45 接口；三是用于 PROFIBUS DP 的 SUB-D 孔式接口。

用于 USS 和 Modbus RTU (X128) 的 RS485 针式接口

引脚
1 0 V, 参考电位
2 RS485P, 接收和发送 (+)
3 RS485N, 接收和发送 (-)
4 电缆屏蔽层
5 未连接

用于 PROFINET IO 的 RJ45 接口 (X150 P1, X150 P2)

引脚
1 RX+, 接收数据 (+)
2 RX-, 接收数据 (-)
3 TX+, 发送数据 (+)
4 未占用
5 未占用
6 TX-, 发送数据 (-)
7 未占用
8 未占用

用于 PROFIBUS DP 的 SUB-D 孔式接口 (X126)

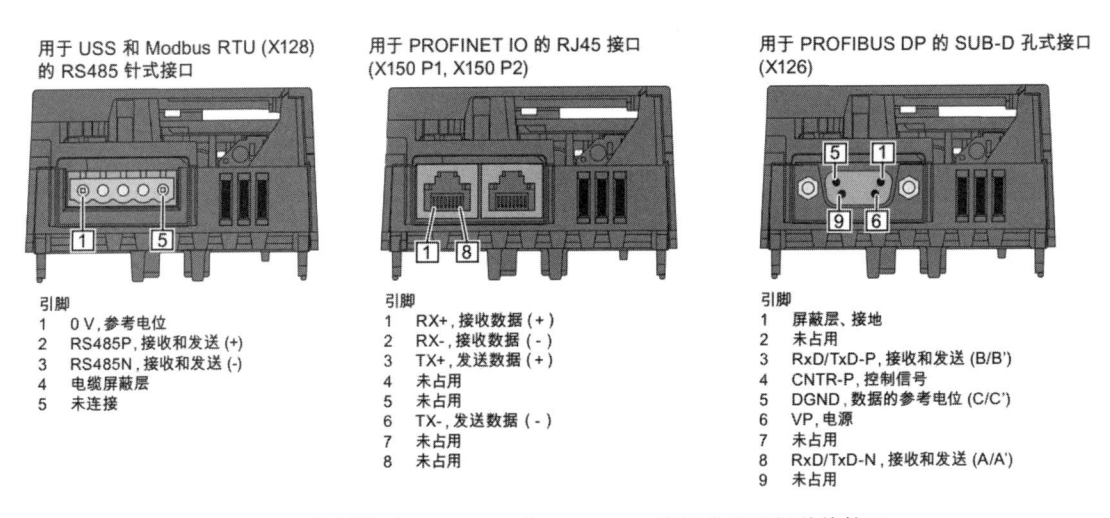

引脚
1 屏蔽层、接地
2 未占用
3 RxD/TxD-P, 接收和发送 (B/B')
4 CNTR-P, 控制信号
5 DGND, 数据的参考电位 (C/C')
6 VP, 电源
7 未占用
8 RxD/TxD-N, 接收和发送 (A/A')
9 未占用

图 1-8 控制单元 CU240B-2 和 CU240E-2 底部常见现场总线接口

3. 控制单元输入、输出数量

G120 控制单元输入、输出数量与具体型号有关，CU240B-2 和 CU240E-2 控制单元按现场总线接口类型和是否包含故障安全数字量输入区分共有 8 种类型，各控制单元输入、输出类型及数量见表 1-7。

表 1-7 CU240B-2 和 CU240E-2 输入、输出类型及数量

控制单元型号	接口类型与数据					
	数字量输入（DI）	数字量输出（DO）	模拟量输入（AI）	模拟量输出（AO）	故障安全数字量输入（F-DI）
CU240B-2，CU240B-2 DP	4	1	1	1	0
CU240E-2，CU240E-2 DP，CU240E-2 PN	6	3	2	2	1
CU240E-2 F，CU240E-2 DP-F，CU240E-2 PN-F	6	3	2	2	3

三、控制单元典型接线

1. CU240E-2 控制单元接线图

控制单元 CU240E-2 是 G120 控制单元接线的典型代表，具体接线如图 1-9 所示。

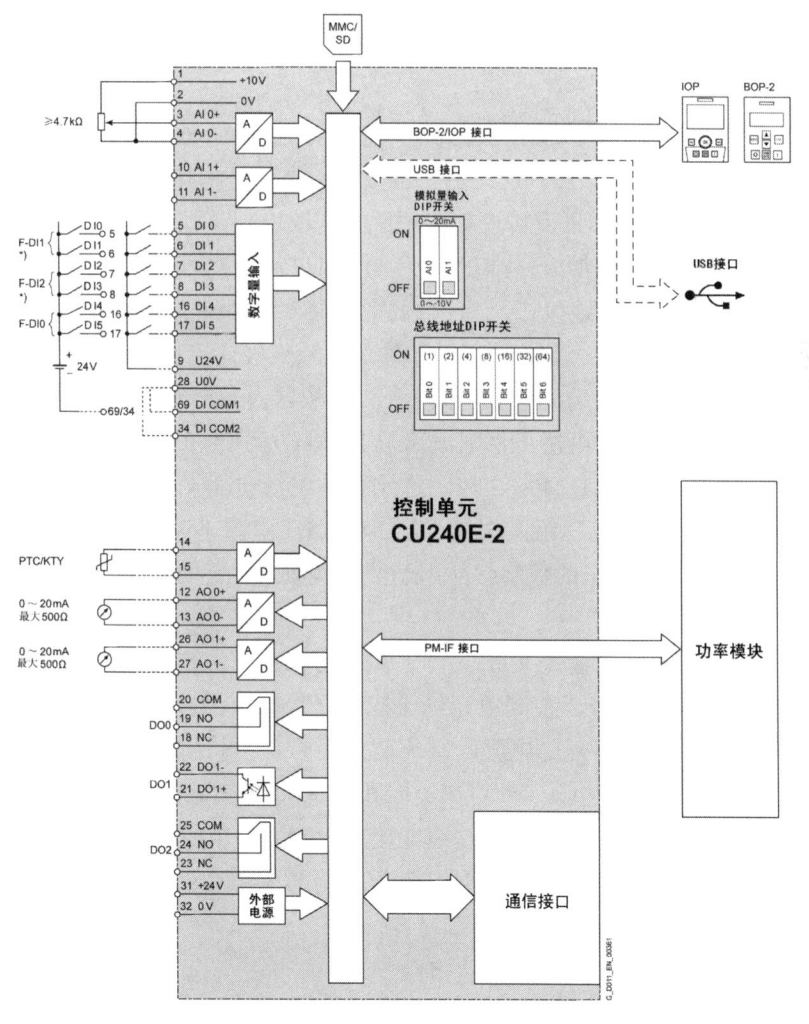

图 1-9 CU240E-2 控制单元接线图

2. 电源端子

（1）内部电源端子。G120 变频器主电路输入电源接通后，CU240E-2 控制单元内部提供了两种电源：一种是高精度的 10V 直流稳压电源，由端子 1、2 输出；另一种是 24V 直流电压，由端子 9、28 输出。

（2）外部电源端子。当 CU240E-2 控制单元外部可选的 24V 电源连接至端子 31、32 时，即使功率模块从电网断开，控制单元仍保持运行状态，这样控制单元便能保持现场总线通信。

3. 模拟量端子

（1）模拟量输入端子。CU240E-2 控制单元为用户提供了两路模拟量输入通道：一路是 3、4 端子的 AI 0；另一路是 10、11 端子的 AI 1。这两路通道都可以用于接收模拟量信号，作为变频器的给定信号来调节变频器的运行频率。

模拟量输入端子可以使用内部 10V 电源，以模拟量输入通道 AI 0 为例，此时必须将端子 4（AI 0-）与端子 2（GND）连接在一起。当然，模拟量输入通道也可以使用外部电源。

（2）模拟量输出端子。CU240E-2 控制单元有两路模拟量输出通道：一路是端子 12、13；另一路是端子 26、27。这两路通道可以用于监测变频器的运行频率、电压和电流等信号。

4. 数字量端子

（1）数字量输入端子。CU240E-2 控制单元为用户提供了 6 个完全可编程的数字量输入端，分别是 5、6、7、8、16、17，这些端子可接收数字信号，接收到的数字量信号经光耦合隔离输入 CPU，对电动机进行正反转控制、正反向点动控制，固定频率设定值控制等。

当数字量输入使用内部电源时，端子 9（+24VOUT）的接线如图 1-9 所示，端子 69（DI COM1）必须和端子 28（GND）连接在一起。当数字量输入使用外部电源时，端子 69（DI COM1）既可以和外部电源负极连接在一起，也可以和外部电源正极连接在一起。端子 69（DI COM1）如果和外部电源负极连接在一起，并且外部电源和变频器内部电源之间不需要电流隔离，则不需要拆除端子 28 和 69 之间的电桥；否则，端子 28 和 69 不允许互联。

（2）数字量输出端子。CU240E-2 控制单元有 3 组继电器输出，第一组是端子 18、19、20，第二组是端子 21、22，第三组是端子 23、24、25，由图 1-9 可知，第一组和第三组是复合开关输出。这 3 组继电器输出的数字信号用于监测变频器的运行状态，例如变频器准备就绪、启动、停止和故障等状态。

数字量输出可以和数字量输入共用一个电源。端子 31 和端子 32 如果连接外部 DC 24V 电源，则即使功率模块从电网断开，控制单元仍保持运行状态，使控制单元能保持现场总线通信。端子 31 和端子 32 如果连接外部电源，则需要使用带保护特低电压（Protective Extra Low Voltage，PELV）的 24V 直流电源（针对在美国和加拿大的应用：使用 NEC 2 类 24V 直流电源），还需要将电源的 0V 端子和保护接地线连接在一起。如果要使用外部电源对端子 31、32 及数字量输入供电，则端子 69（DI COM1）必须和端子 32（GND IN）连接在一起。

5. 保护端子

变频器的端子 14、15 为电动机过热保护输入端。

四、控制单元的端子排布线示例

1. 使用变频器内部 24V 电源的布线

G120 上带的端子排数字量输入既可以使用内部电源,也可以使用外部电源。G120 使用变频器内部 24V 电源的布线示例如图 1-10 所示。

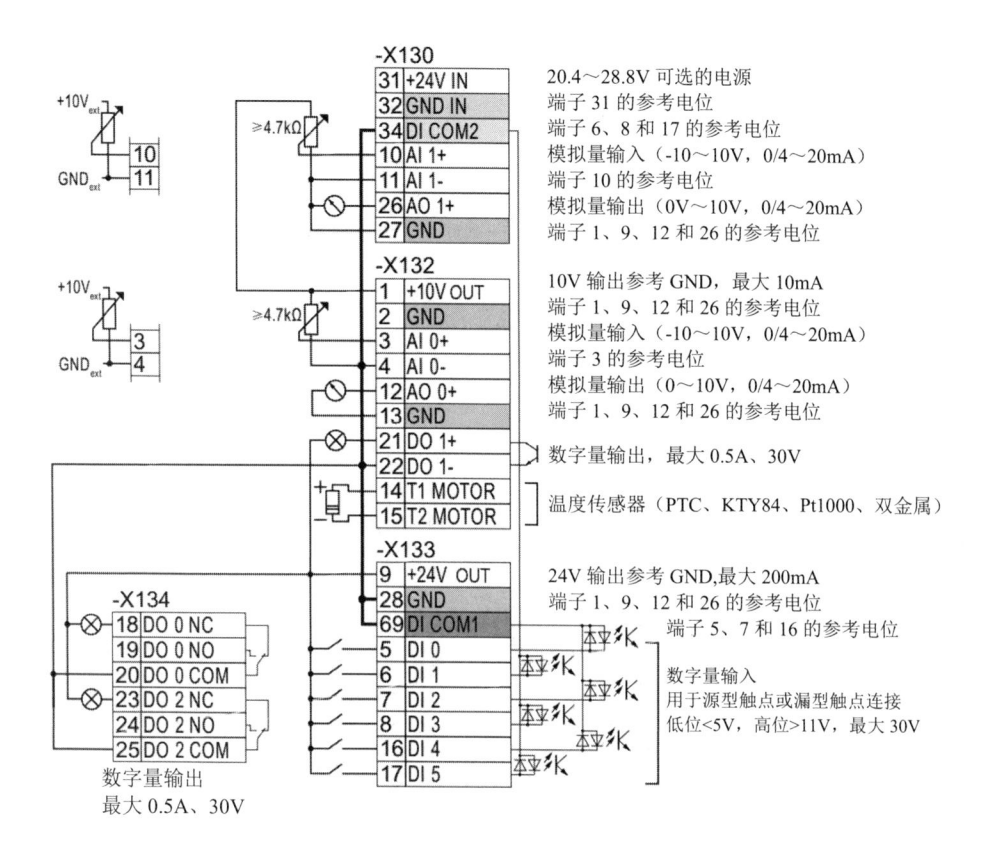

图 1-10 G120 使用变频器内部 24V 电源的布线示例

(1) 参考电位为 GND 的端子内部互联。

(2) 参考电位为 DI COM1 和 DI COM2 的端子与端子 GND 是电流隔离的。

(3) 当将端子 9 的 24V 电源用作数字量输入的电源时,必须互联端子上的 GND、DI COM1 和 DI COM2。

(4) 当可选的 24V 电源连接至端子 31、32 时,即使功率模块从电网断开,控制单元仍保持运行状态。这样,控制单元便能保持现场总线通信。

(5) 只能为端子 31、32 使用带 PELV 的 24V 直流电源。

(6) 针对在美国和加拿大的应用:使用 NEC 2 类 24V 直流电源。

(7) 将电源的 0V 端子和保护接地线连接在一起。

(8) 如果要对端子 31、32 及数字量输入供电,则必须互联端子上的 DI COM1/2 和 GND IN。

(9) 模拟量输入既可以使用内部 10V 电源,也可以使用外部电源。如果使用内部 10V 电源,则必须将 AI 0 或 AI 1 与 GND 连接在一起。

2. 数字量输入的其他布线方式

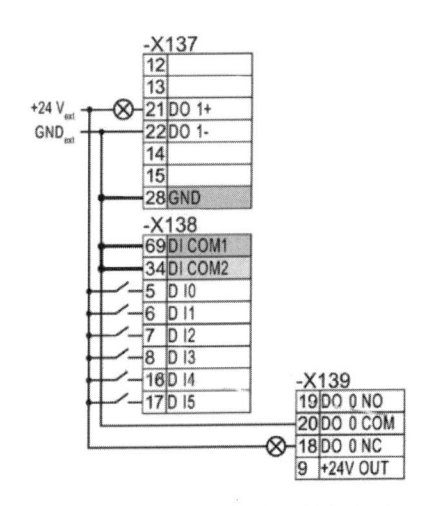

（1）连接源型触点和外部电源。连接源型触点和外部电源如图 1-11 所示，如果要连接外部电源和变频器内部电源的电位，则必须将 GND 与端子 34 和 69 互联。

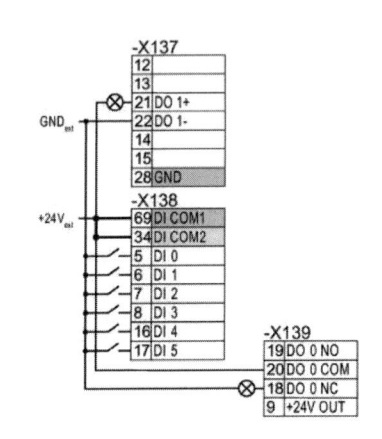

（2）连接漏型触点和外部电源。连接漏型触点和外部电源图 1-12 所示。将端子 69 和 34 互联，端子 28 不允许与端子 69 和 34 连在一起。

图 1-11　连接源型触点和外部电源

图 1-12　连接漏型触点和外部电源

项 目 小 结

变频器是交流伺服技术的一个重要的应用，它可以将电压和频率固定不变的工频交流电源变换成电压和频率可变的交流电源，提供给交流电动机来实现软启动、变频调速、提高运转精度、改变功率因数、过电流/过电压/过载保护等功能。变频器在工业生产自动化控制中有着重要的作用。西门子 SINAMICS G 系列变频器具有较为强大的工艺功能，维护成本低、性价比高，属于通用型变频器，其中的代表 G120 变频器适用于多种变速驱动，因其具有应用的灵活性、良好的动态特性、创新的 BICO 功能等特点，故在变频器市场中占据着重要的地位，可实现对交流异步电动机进行低成本和高精度的转速、转矩控制。G120 的接线包括功率模块和控制单元的电路接线，G120 提供了功率模块和控制单元接线示例。

项目二 G120 变频器面板的控制与参数的应用

【学习目标】

- 熟悉 BOP-2 的基本操作
- 熟悉 BOP-2 参数的预置与调试
- 理解变频器中的信号互联

任务一 BOP-2 的基本操作

【任务描述】

G120 变频器的操作面板用于调试、诊断和控制变频器。BOP-2 有一块液晶显示屏,可以显示参数的序号和数值、报警和故障信息,以及设定值和实际值,参数的信息不能用 BOP-2 存储。

本任务将学习 BOP-2 的菜单结构、菜单功能,熟悉变频器参数的复位和参数的传递。

【任务实施】

G120 变频器在使用之前,需要使用操作面板或软件对其进行驱动器参数配置和基本调试。G120 变频器可以使用基本操作面板(BOP)、智能操作面板(IOP)、基于网络的操作单元 SmartAccess 和安装有 SINAMICS Startdrive 的 TIA 软件的 PC 进行基本调试。基本操作面板 2 (BOP-2)旨在增强 SINAMICS 变频器的接口和通信能力,它通过一个 RS232 接口连接到变频器。BOP-2 能自动识别 SINAMICS G120 系列的 CU230P-2、CU240B-2、CU240E-2、CU250S-2、G120C 等控制单元。

一、BOP-2 的认识

G120 变频器的操作面板用于调试、诊断和控制变频器,其控制单元可以安装两种不同的操作面板:IOP 和 BOP。IOP 是英文 Intelligent Operator Panel 的缩写,中文翻译为"智能操作面板"。IOP 的液晶显示屏采用文本和图形显示,界面提供参数设置、调试向导、诊断及上传与下载功能,有助于用户直观地操作和诊断变频器。IOP 可直接卡紧在变频器上,或者作为手持单元通过一根电缆和变频器相连,用户可通过 IOP 上的手动、自动按键及菜单导航按钮进行功能选择,操作简单方便。BOP 是英文 Basic Operator Panel 的缩写,中文翻译为"基本操作面板"。BOP-2 有一块液晶显示屏,可以显示参数的序号和数值、报警和故障信息,以及设定值和实际值,参数的信息不能用 BOP-2 存储。

1. BOP-2 的按键及其功能

常用的 BOP-2 的外观如图 2-1 所示,BOP-2 的按键及其功能见表 2-1。

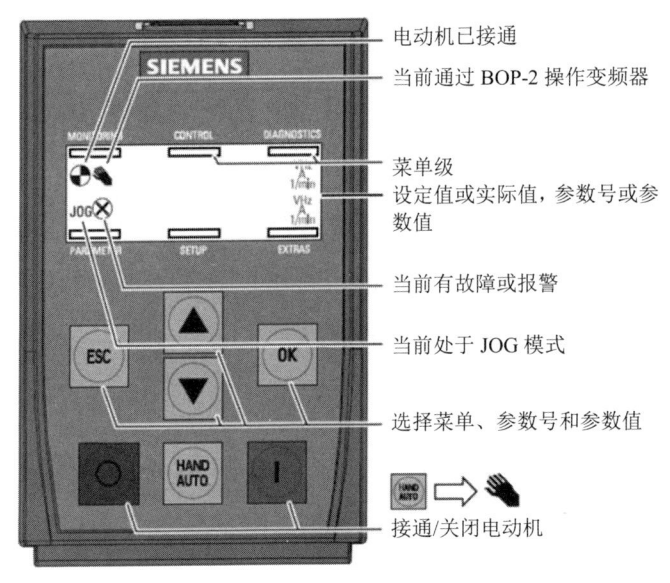

图 2-1 BOP-2 外观

标注说明：
- 电动机已接通
- 当前通过 BOP-2 操作变频器
- 菜单级
- 设定值或实际值，参数号或参数值
- 当前有故障或报警
- 当前处于 JOG 模式
- 选择菜单、参数号和参数值
- 接通/关闭电动机

表 2-1 BOP-2 的按键及其功能

按键	功能
OK 键	浏览菜单时，按 OK 键确定选择一个菜单项； 进行参数操作时，按 OK 键允许修改参数，再次按 OK 键，确认输入的值并返回上一页； 在屏幕显示有设置故障时，该按键用于清除故障
"向上"键	当编辑参数值时，按下该键增大数值； 当浏览菜单时，该键将光标移至向上选择当前菜单下的显示列表； 如果激活 HAND 模式和点动功能，同时长按"向上"键和"向下"键有以下作用： （1）当反向功能开启时，关闭反向功能； （2）当反向功能关闭时，开启反向功能
"向上"键	当浏览菜单时，该键将光标移至向下选择当前菜单下的显示列表； 当编辑参数值时，按下该键减小数值
ESC 键	如果按下时间不超过 2s，则 BOP-2 返回到上一页，如果正在编辑数值，则新数值不会被保存； 如果按下时间超过 3s，则 BOP-2 返回到状态屏幕； 在参数编辑模式下使用 ESC 键时，除非先按 OK 键，否则数据不能被保存
"开机"键	在 AUTO 模式下，"开机"键未被激活，即使按下它也会被忽略； 在 HAND 模式下，变频器启动电动机，操作面板屏幕显示驱动运行图标
"关机"键	在 AUTO 模式下，该按键不起作用，即使按下它也会被忽略； 在 HAND 模式下，若按一次，则变频器将执行 OFF1 命令，即按 p1121 的下降时间停机； 在 HAND 模式下，若连续按二次，则变频器将执行 OFF2 命令，自由停机

续表

按键	功能
HAND/AOTO 键	用于切换 BOP-2（HAND）和现场总线（AUTO）之间的命令源； 在 HAND 模式下，按 HAND/AUTO 键将变频器切换到 AUTO 模式，并禁用"开机"和"关机"键； 在 AUTO 模式下，按 HAND/AUTO 键将变频器切换到 HAND 模式，并禁用"开机"和"关机"键； 在电动机运行时也可切换 HAND 模式和 AUTO 模式

2. BOP-2 的图标描述

BOP-2 在显示屏的左侧显示了很多表示变频器当前状态的图标。这些图标的说明见表 2-2。

表 2-2　屏幕图标说明

功能	状态	符号	备注
命令源	手动		当 HAND 模式启用时，显示该图标。当 AUTO 模式启用时，无图标显示
变频器的状态	变频器和电动机运行		图标不旋转
点动	点动功能激活	JOG	—
故障/报警	故障或报警等待 闪烁的符号=故障 稳定的符号=报警		如果检测到故障，变频器将停止，用户必须采取必要的纠正措施，以清除故障。报警是一种状态，它并不会停止变频器的运行

二、菜单功能的操作

1. 菜单功能描述

BOP-2 菜单包括监视、控制、诊断、参数、调试向导和附加 6 个方面的功能，具体见表 2-3。

表 2-3　BOP-2 菜单功能描述

菜单	功能描述
MONITOR	"监视"菜单：运行速度、电压和电流值显示
CONTROL	"控制"菜单：使用 BOP-2 控制变频器
DIAGNOS	"诊断"菜单：故障/报警和控制字、状态字的显示
PARAMS	"参数"菜单：查看或修改参数
SETUP	调试向导：快速调试
EXTRAS	"附加"菜单：设备的工厂复位和数据备份

2. BOP-2 菜单结构梳理

BOP-2 菜单结构包含选择显示值，控制电动机，诊断应答故障，修改设置，基本调试和复位、备份等内容，具体如图 2-2 所示。

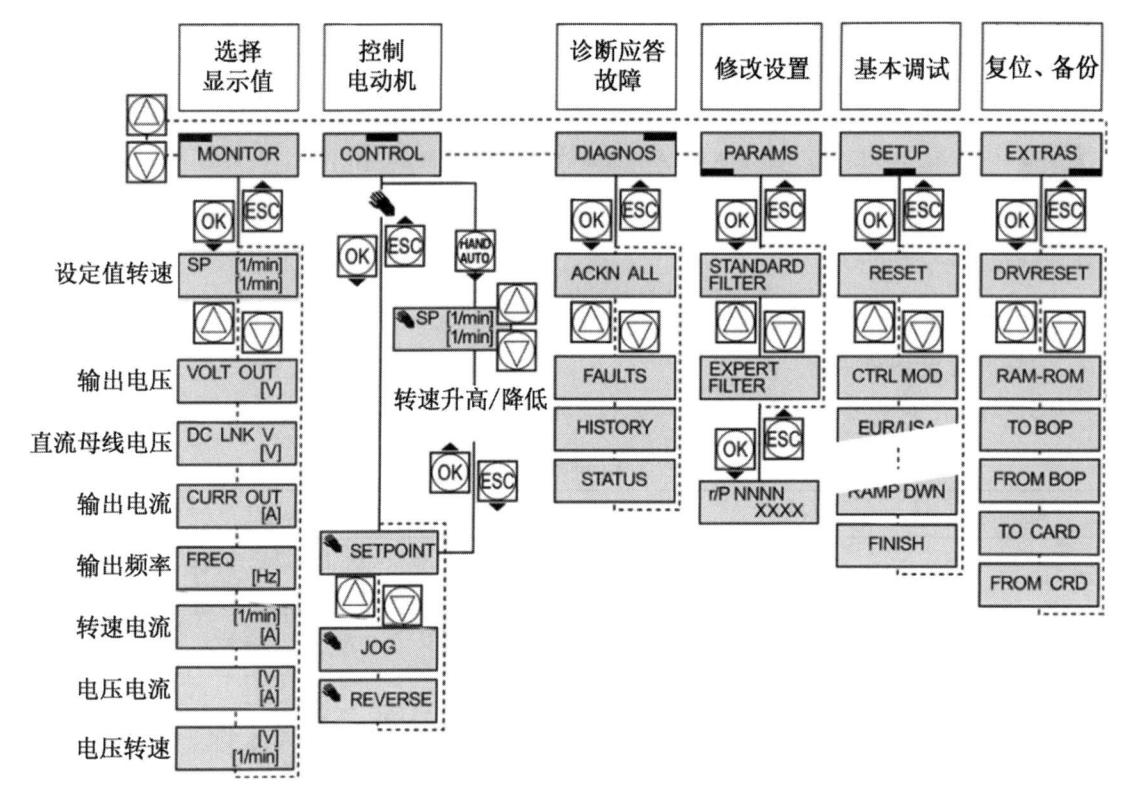

图 2-2 BOP-2 菜单结构

在进行工业生产、设备调试和使用 G120 变频器设置参数时，有时进行了错误的设置，或者在调试过程中出现异常但又不知道具体在哪个参数的设置上出错，这些情况下都需要将变频器恢复到出厂设置，这样就可以重新调试变频器的功能。一般的变频器都有这个功能，复位后变频器的所有参数恢复成出厂的设定值，但工程中正在使用的变频器要谨慎使用此功能。

三、出厂设定值的恢复

1. 恢复出厂设置的方式

通过 BOP-2 恢复出厂设置可以采用两种方式：一种是通过 EXTRAS 菜单的 DRVRESET 功能实现；另一种是在 SETUP 菜单中集成的 RESET 功能实现。该部分主要介绍通过 EXTRAS 菜单的 DRVRESET 功能实现的步骤。

2. G120 的复位步骤

G120 的复位步骤见表 2-4。

表 2-4 G120 的复位步骤

序	操作步骤	BOP-2 显示
1	按 ▲ 键和 ▼ 键将光标移动到 EXTRAS 菜单	EXTRAS

序	操作步骤	BOP-2 显示
2	按 OK 键进入 EXTRAS 菜单，按 ▲ 键或 ▼ 键找到 DRVRESET 功能	DRVRESET
3	按 OK 键激活复位出厂设置，按 ESC 取消复位出厂设置	ESC / OK
4	按 OK 键后开始恢复参数，BOP-2 上会显示 BUSY	- BUSY -
5	复位完成后，BOP-2 显示完成 DONE，按 OK 键或 ESC 键返回 EXTRAS 菜单	- DONE -

四、变频器参数的传递

BOP-2 和变频器之间可以通过面板按键实现参数的相互传递，方便多台变频器之间参数数据的相互交换。

1. 上传变频器参数到 BOP-2

工程实践中，可以上传变频器参数到 BOP-2，通过面板向其他变频器传递参数，见表 2-5。

表 2-5　上传变频器参数到 BOP-2 面板

序	操作步骤	BOP-2 显示
1	按 ▲ 键或 ▼ 键将光标移动到 EXTRAS 菜单	EXTRAS
2	按 OK 键进入 EXTRAS 菜单	DRVRESET
3	按 ▲ 键或 ▼ 键选择 TO BOP 功能	TO BOP
4	按 OK 键进入 TO BOP 功能	ESC / OK

续表

序	操作步骤	BOP-2 显示
5	按 OK 键开始上传参数，BOP-2 显示上传状态	SAVING PArAS
6	BOP-2 将创建一个所有参数的 ZIP 压缩文件	ZIPING FILES
7	BOP-2 上会显示备份过程	CLONING 000 - 149
8	备份完成后，会有 DONE 提示，按 OK 键或 ESC 键返回 EXTRAS 菜单	TO BOP -dOnE-

2. 下载 BOP-2 参数到变频器

其他变频器上传到 BOP-2 的参数，可以通过下载 BOP-2 参数到变频器的方式实现变频器参数的转移，见表 2-6。

表 2-6 下载 BOP-2 参数到变频器

序	操作步骤	BOP-2 显示
1	按 ▲ 键或 ▼ 键将光标移动到 EXTRAS 菜单	EXTRAS
2	按 OK 键进入 EXTRAS 菜单	DRVRESET
3	按 ▲ 键或 ▼ 键选择 FROM BOP 功能	FROM BOP
4	按 OK 键进入 FROM BOP 功能	ESC / OK
5	按 OK 键开始下载参数，BOP-2 显示下载状态	CLONING 000 - 149
6	BOP-2 解压数据文件	UNZIPING FILES

续表

序	操作步骤	BOP-2 显示
7	下载完成后，会有 DONE 提示，按 OK 键或 ESC 键返回 EXTRAS 菜单	FROM BOP -dOnE-

建议大家在调试完变频器后将参数上传到 BOP，这样在更换变频器或控制器时就可以从 BOP 直接下载参数。

任务二　BOP-2 参数的预置与调试

【任务描述】

G120 变频器的变频器控制电动机运行，其各种性能和运行方式的实现均需要设定变频器参数。不同的参数都定义为某一具体功能，不同的变频器参数也是不一样的。正确地理解并设置这些参数是应用变频器的基础。

本任务将学习如何使用 BOP-2 设置最基本的参数，并使用 BOP-2 实现变频器的一些基本操作，如手动点动、手动正反转和快速调试等。

【任务实施】

一、变频器参数的认识

变频器控制电动机运行，其各种性能和运行方式的实现均需要设定变频器参数，G120 变频器的参数设置涉及多个关键方面，包括电机参数识别、运行方式设置以及调试和监控参数，通过这些参数的设置，G120 变频器能够实现高效的电机控制，满足不同应用场景的需求。对变频器进行调试和设置，需要了解变频器的参数。在使用变频器之前，必须对变频器设置必要的参数，否则变频器是不能正常工作的。参数包括参数号和参数值，对变频器的参数进行设置，就是将参数值赋值给参数号。G120 变频器的参数格式包括参数号、参数名称、用户访问级、数据类型、单位、最大值、最小值、默认值、使能有效等，正确理解并设置这些参数是应用变频器的基础。

G120 变频器的参数可以用 BOP-2、高级操作面板（Advanced Operator Panel，AOP）或通过串行通信接口进行修改。设置最基本的参数，并用 BOP-2 实现变频器的一些基本操作，如手动点动、手动正反转和恢复出厂值等，这对初步掌握一款变频器来说是十分必要的。

1. 参数号的使用

参数号是指该参数的编号。参数号用 0000~9999 的 4 位数字表示。参数号由一个前置的 p 或 r、参数编号和可选用的下标或位数组组成。其中 p 表示可调参数（可读写），r 表示显示参数（只读）。

这些参数的设定值可以直接在标题栏的"最小值"和"最大值"范围内进行修改。[下标] 表示该参数是一个带下标的参数，并且指定了下标的有效序号。参数名称是指该参数的名称。

例如：

·p0918：可调参数 918。

·p2051[0...13]：可调参数 2051，下标为 0～13。

·p1001[0...n]：可调参数 1001，下标为 0～n（n＝可配置）。

·r0944：显示参数 944。

·r2129.0...15：显示参数 2129，位数组从位 0（最低位）到位 15（最高位）。

·p1070[1]：设置参数 1070，下标为 1。

·p2098[1].3：设置参数 2098，下标为 1，位 3。

·p0795.4：可调参数 795，位 4。

对于可调参数，出厂交货时的参数值在"出厂设置"项下列出，方括号内为参数单位。参数值可以在通过"最小值"和"最大值"确定的范围内进行修改。如果某个可调参数的修改会对其他参数产生影响，这种影响被称为"关联设置"。

2. 参数的访问

可以通过 p0003 来定义用户访问参数的等级，访问级别分为 1～4 级，设定值越大，用户访问的参数越多，默认值是 1。p0003 参数功能见表 2-7。

表 2-7　p0003 参数功能表

参数设定值	参数功能
p0003=1	标准级（不可调，p0003=3 时包含）
p0003=2	扩展级（不可调，p0003=3 时包含）
p0003=3	专家级
p0003=4	服务级

在进行参数查找或设置时，若查不到相应的参数，则有可能是设置的访问级别低（参数 p0003 出厂值为 1），此时可以查看参数 p0003 的值，增加其值。对于学习者来说，可以将参数设置为 3。

二、BOP-2 参数的修改

借助 BOP-2 可以选择所需的参数号、修改参数并调整变频器的设置。预置或修改参数值在菜单 PARAMS 和 SETUP 中进行，通过 PARAMS 菜单可以自由选择参数号，通过 SETUP 菜单可以进行参数的基本调试。下面通过 BOP-2 来查找和修改参数，具体以修改 p700[0]参数为例详细介绍修改参数的操作步骤，见表 2-8。

表 2-8　BOP-2 修改参数

序	操作步骤	BOP-2 显示
1	按 ▲ 键或 ▼ 键将光标移动到 PARAMS 菜单	PARAMS
2	按 OK 键进入 PARAMS 菜单	STANDARD FILTEr

续表

序	操作步骤	BOP-2 显示
3	按▲键或▼键选择 EXPERT FILTER 功能	EXPERT FILTEr
4	按 OK 键进入，面板显示 r 或 p 参数，并且参数号不断闪烁，按▲键或▼键选择所需的参数 p700	P700 [00] 6
5	按 OK 键焦点移动到参数下标[00]，[00]不断闪烁，按▲键或▼键可以选择不同的下标。本例选择下标[00]	P700 [00] 6
6	按 OK 键焦点移动到参数值，参数值不断闪烁，按▲键或▼键调整参数值	P700 [00] 6
7	按 OK 键保存参数值，画面返回步骤 4 的状态	P700 [00] 6

三、BOP-2 运行电动机

按下 BOP-2 上的手动/自动（HAND/AUTO）键可以切换变频器的手动/自动模式运行电动机。HAND 模式下面板上会显示"手"符号。在 BOP-2 的 CONTROL 菜单中提供了以下 3 个功能。

（1）SETPOINT：用来设置变频器手动运行方式的运行速度，通过面板上的"开机"和"关机"键控制变频器启动和停止。

（2）JOG：使能点动控制，按下面板上的 I 键，变频器按照点动速度运行，释放 I 键，变频器停止运行。点动运行的速度在 p1058 中设置。

（3）REVERSE：改变旋转方向。

具体操作步骤见表 2-9。

表 2-9 手动运行电动机

序	功能	操作步骤	BOP-2 显示
1	SETPOINT	在 CONTROL 菜单下按▲键或▼键选择 SETPOINT 功能，按 OK 键进入 SETPOINT 功能，按▲键或▼键可以修改"SP 0.0"设定值，修改值立即生效	SP 0.0 0.0 1/min
2	激活 JOG	CONTROL 菜单下按▲键或▼键选择 JOG 功能	JOG
		按 OK 键进入 JOG 功能	JOG OFF
		按▲键或▼键选择 ON	JOG On

续表

序	功能	操作步骤	BOP-2 显示
2	激活 JOG	按 OK 键使能点动操作,面板上会显示 JOG 符号	JOG
3	激活 REVERSE	CONTROL 菜单下按 ▲ 键或 ▼ 键选择 REVERSE 功能	REVERSE
		按 OK 键进入 REVERSE 功能	REVERSE OFF
		按 ▲ 键或 ▼ 键选择 ON	REVERSE On
		按 OK 键使能设定值反向。激活设定值反向后变频器会把启停操作方式或点动操作方式的速度设定值反向	REVERSE

四、快速调试运转电动机

快速调试是通过设置电动机参数、变频器的命令源、频率给定源等基本设置信息,从而达到简单快速运转电动机的一种操作模式,基本上所有的变频器都需要这一步骤。使用 BOP-2 进行快速调试的步骤如下。

1. 快速调试的主要内容

(1) 电动机数据的收集。图 2-3 为标准异步电动机铭牌示例,G120 变频器进行快速调试前必须记录下电动机的产品编号以及铭牌上的数据和电动机代码。

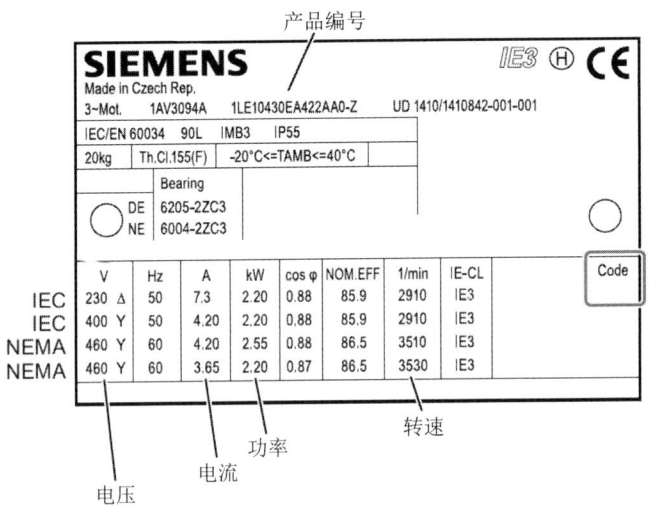

图 2-3 标准异步电动机铭牌示例

(2) 电动机的标准。确认电动机使用地区的电网频率和功率单位。IEC 地区为 50Hz[kW];NEMA 地区为 60Hz[HP];IEC60Hz 地区为 60Hz[kW]。

(3) 确认电动机连接方式。注意电动机的星形接线(Y)或三角形接线(△)方式,记下与接线相对应的电动机数据。

（4）驱动调试参数筛选。G120 变频器的 p0010 参数是驱动器参数，开始快速调试前，首先要设置 p0010=1。p0010 参数的功能见表 2-10。

表 2-10　p0010 参数的功能

参数设定值	参数的功能
p0010=0	就绪
p0010=1	快速调试
p0010=2	功率单元调试
p0010=3	电动机调试

2. 快速调试操作

快速调试是通过设置电动机的参数、变频器的命令源及速度设定源等基本参数，达到简单快速运转电动机的一种操作模式。使用操作面板 BOP-2 对 G120 变频器进行快速调试的步骤如图 2-4 所示，其中 Expert 为专家，Standard Drive Control 为标准驱动控制，Dynamic Drive Control 为动态驱动控制。

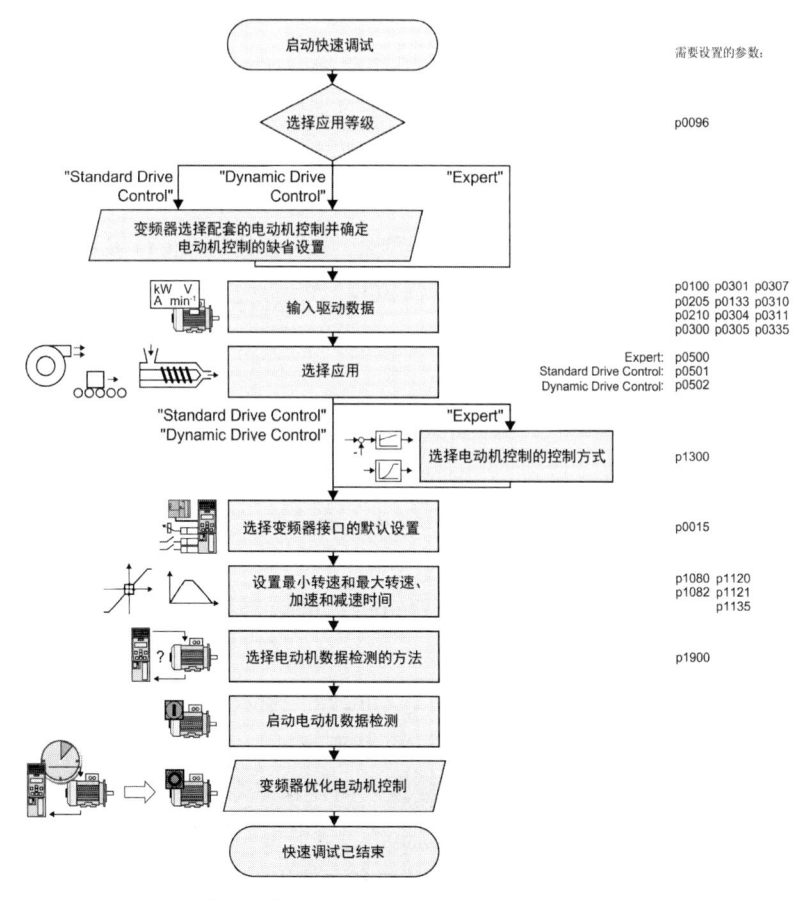

图 2-4　使用操作面板 BOP-2 对 G120 变频器进行快速调试

任务三　变频器中的信号互联

【任务描述】

在参数手册中可以看到，如果在参数后面有 BI、BO、CI、CO 等标识，就代表这个参数属于 BICO 参数，BICO 互联就是将变频器内部的相关参数连接起来，实现变频器的特定功能。本任务将学习 BICO 参数，熟悉西门子变频器 BICO 参数的互联技术。

【任务实施】

变频器中的每个功能都由一个或多个相互连接的功能块组成，大多数功能块可根据实际应用通过参数来调整。不能随意更改一个功能块内部的信号互联，但是将一个功能块的输入和另一个功能块的对应输出连在一起，可以更改功能块之间的连接。功能块之间的信号互联不是采用电线，而是采用软件。

一、信号互联的认识

1. BICO 互联技术介绍

BICO 功能是一种把变频器内部输入和输出功能联系在一起的设置方法，它是西门子变频器特有的功能，可以方便客户根据实际工艺要求来灵活定义端口，在 G120 的调试过程中会大量使用 BICO 功能。

2. BICO 参数的认识

在 G120 的参数表中，有些参数用于信号互联，这些参数为 BICO 参数，在该类参数名称的前面冠有以下字样：BI、BO、CI、CO、CO/BO。

（1）BI 为二进制互联输入（Binector Input），即参数作为某个功能的二进制输入接口，用来选择数字量信号源，通常与 p 参数对应。

（2）BO 为二进制互联输出（Binector Output），即参数作为二进制输出信号，该参数可作为数字量信号继续使用，通常与 r 参数对应。

（3）CI 为模拟量互联输入（Connector Input），即参数作为某个功能的模拟量输入接口，可用来选择模拟量信号的来源，通常与 p 参数对应。

（4）CO 为模拟量互联输出（Connector Output），即参数作为模拟量输出信号，可作为模拟量信号继续使用，通常与 r 参数对应。

（5）CO/BO 为模拟量/二进制互联输出（Connector/Binector Output），将多个二进制信号合并成一个"字"的参数。例如，"r0052 CO/BO:状态字 1"，该字中的每一位都表示一个数字量（二进制）信号。这种合并减少了参数的数量，简化了参数设置。16 个位合并在一起表示一个模拟量互联输出信号。该参数可作为模拟量信号，也可作为数字量信号继续使用。二进制输出或模拟量输出（CO、BO 或 CO/BO）可以被多次使用。

模拟量接口和二进制接口用于单个功能块之间进行信号交换，模拟量接口用于模拟量信号的连接，例如电动电位器（Motor Potentionmeter，MOP）输出转速；二进制接口用于数字量信号的连接，例如指令"提高 MOP"。

可以通过 BICO 参数确定功能块输入信号的来源，确定功能块是从哪个模拟量接口或二进制接口读取输入信号的，这样便可以按照自己的要求，互联设备内的各种功能块了。图 2-5 展示了 5 种 BICO 参数。

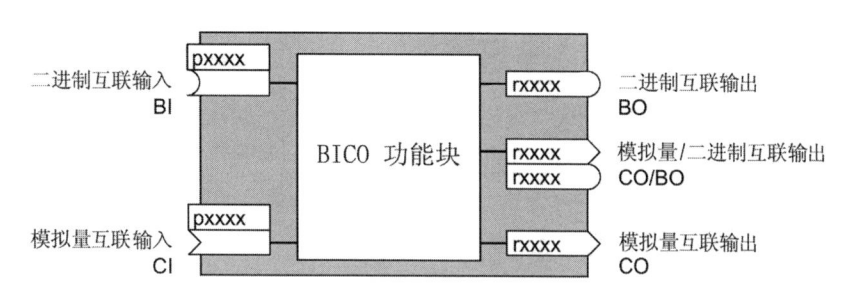

图 2-5 BICO 互联

二、BICO 功能示例

修改了变频器中的信号互联后，可以调整变频器以适合不同的应用需求。这些不一定是高度复杂的任务。

示例 1：重新定义一个数字量输入端。

示例 2：将固定转速设定值切换为模拟量输入。

两个 BICO 模块之间通过一个模拟量接口或二进制接口及一个 BICO 参数进行互联。一个功能块的输入端连到另一个功能块的输出端，在 BICO 参数中输入各个模拟量接口或二进制接口的参数号，其输出信号会提供给 BICO 参数，表 2-11 是 BICO 参数互联示例。

表 2-11 BICO 参数互联示例

参数号	参数值	功能	说明
p0840	722.0	数字量输入 DI 0 作为启动信号	p0840：BI 参数，ON/OFF 命令 r0722.0：CO/BO 参数，数字量输入 DI 0 状态
p1070	755[0]	模拟量输入 AI 0 作为主设定值	p1070：CI 参数，主设定值 r0755[0]：CO 参数，模拟量输入 AI 0 的输入值

三、应用案例实施

1. 目标任务

假设某输送装置只有当两个信号同时存在时才启动，要求在变频器中实现控制逻辑，本案例中：

（1）油泵运转（5s 后才形成压力）；

（2）防护门已关闭。

2. 控制逻辑信号互联

为解决该任务，需要在数字量输入 0 和 ON/OFF1 指令之间插入自由功能块。数字量输入

0（DI 0）的信号连接到时间功能块（PDE 0），进而和逻辑运算功能块（AND 0）的输入端相连。逻辑运算功能块的第二个输入端上又连接了数字量输入 1（DI 1）的信号，它的输出端上给出 ON/OFF1 指令，通断电动机，如图 2-6 所示。

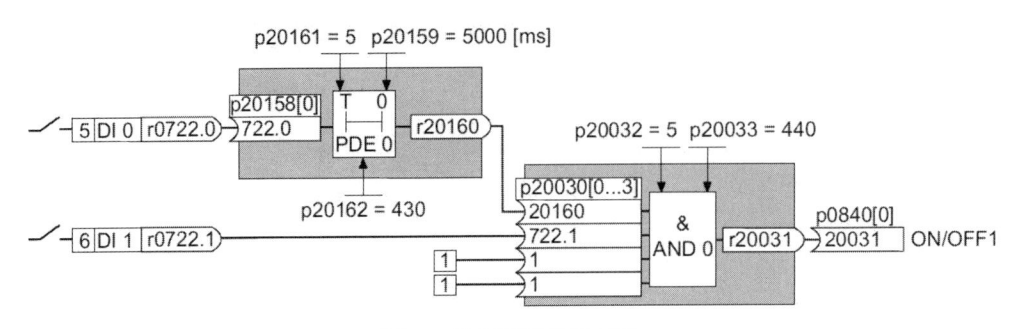

图 2-6 控制逻辑信号互联

3. 控制逻辑参数设置

为实现上述控制逻辑信号互联，必须设置如下参数，见表 2-12。

表 2-12 控制逻辑参数设置

参数	描述
p20161=5	使能时间功能块，指定顺序组 5（时间片 128ms）
p20162=430	顺序组 5 内时间功能块的执行顺序（AND 逻辑运算功能块前处理）
p20032=5	使能 AND 功能块，指定顺序组 5（时间片 128ms）
p20033=440	顺序组 5 内 AND 功能块的执行顺序（时间功能块后处理）
p20159=5000	时间功能块的延时[ms]：5s
p20158=722.0	DI 0 的状态和时间功能块的输入端连接在一起 r0722.0 为显示数字量输入端 0 状态的参数
p20030[0]=20160	时间功能块和 AND 功能块的第 1 个输入端连接在一起
p20030[1]=722.1	DI 1 的状态和 AND 功能块的第 2 个输入端连接在一起 r0722.1 为显示数字量输入端 1 状态的参数
p0840=20031	AND 输出和 ON/OFF1 连接在一起

参数 p0840[0]是变频器功能块 ON/OFF1 的输入端。参数 r20031 是功能块 AND 的输出端。设置 p0840=20031，便可将 ON/OFF1 和 AND 的输出端连接在一起，如图 2-7 所示。

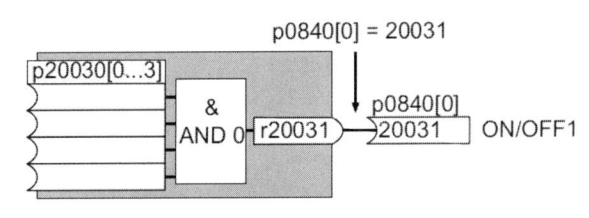

图 2-7 ON/OFF1 连接功能块示意

项 目 小 结

通过 BOP-2 可以选择所需的参数号、修改参数,并调整变频器的设置;BOP-2 实现变频器的一些基本操作,如手动点动、手动正反转和恢复出厂值等;使用 BOP-2 进行快速调试通过设置电动机的参数、变频器的命令源、频率给定源等基本设置信息,从而达到简单快速运转电动机的一种操作模式,基本上所有变频器都需要这一步骤。

在 G120 的参数表中,有些参数用于信号互联,这些参数为 BICO 参数,在该类参数名称的前面冠有以下字样:BI、BO、CI、CO、CO/BO。BICO 功能是一种把变频器内部输入和输出联系在一起的设置方法,它是西门子变频器特有的功能,可以方便客户根据实际工艺要求来灵活定义端口。在 G120 的调试过程中会大量使用到 BICO 功能。

项目三 G120 变频器外部端子的连接与控制

【学习目标】

- 熟悉变频器接口的出厂设置和预设置
- 掌握数字量输入的功能调整方法
- 掌握模拟量输入、输出功能的应用
- 学会设定值源和指令源的选择
- 学会双线制和三线制电动机控制
- 了解停车与抱闸的实现方法
- 了解启动与再启动
- 了解闭环 PID 控制

任务一 变频器接口的出厂设置和预设置

【任务描述】

SINAMICS G120 变频器的端子排接口的出厂设置取决于变频器支持哪种现场总线,现场总线接口和数字量输入 DI 0、DI 1 的功能则取决于 DI 3。G120 为满足不同的接口定义提供了多种预设置接口宏,每种宏对应一种接线方式。选择其中一种宏后,变频器会自动设置与其接线方式相对应的一些参数,这样极大方便了用户的快速调试。

本任务将学习 CU240E-2 出厂设置,熟悉以 G120 的 CU240E-2 系列控制单元为例的各种预设置接口宏的使用和参数设置。

【任务实施】

一、CU240E-2 接口的出厂设置

1. PROFIBUS 或 PROFINET 接口控制单元的出厂设置

变频器端子排接口的出厂设置取决于变频器支持哪种现场总线,现场总线接口和数字量输入 DI 0、DI 1 的功能则取决于 DI 3。控制单元 CU240E-2 DP-F 和 CU240E-2 PN-F 的出厂设置如图 3-1 所示。

2. USS 接口控制单元的出厂设置

USS 接口的控制单元没有 PROFIBUS 或 PROFINET 功能,现场总线接口无效。控制单元 CU240E-2 和 CU240E-2 F 的出厂设置如图 3-2 所示。

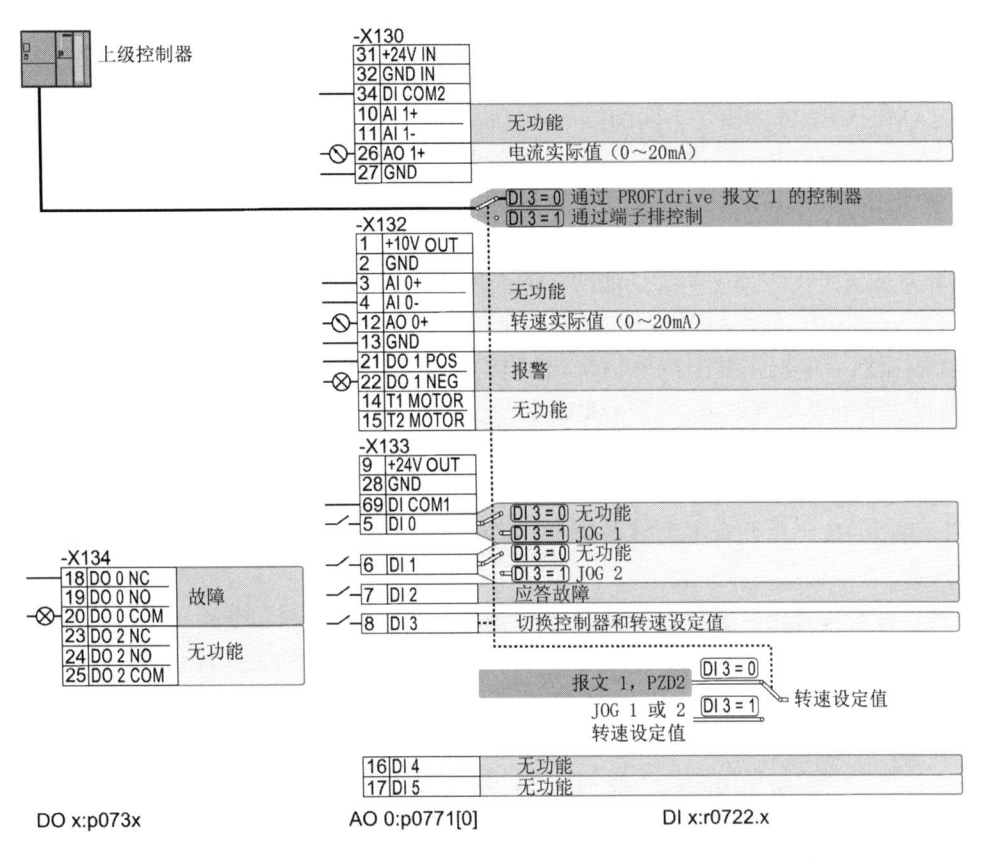

图 3-1 控制单元 CU240E-2 DP-F 和 CU240E-2 PN-F 的出厂设置

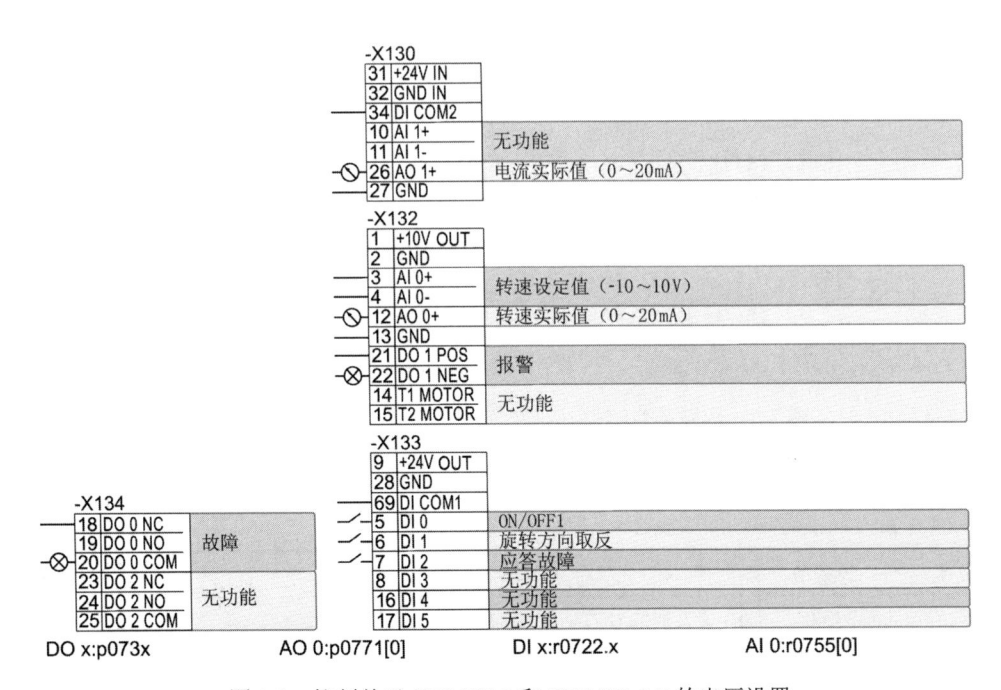

图 3-2 控制单元 CU240E-2 和 CU240E-2 F 的出厂设置

二、CU240E-2 接口的默认设置

SINAMICS G120 为满足不同的接口定义提供了多种预设置接口宏，每种宏对应着一种默认接线方式。选择其中一种宏后变频器会自动设置与其接线方式相对应的一些默认参数，这样极大方便了用户的快速调试。在选用宏功能时请注意以下两点。

（1）如果其中一种宏定义的接口方式完全符合应用，那么就按照该宏的接线方式设计原理图，并在调试时选择相应的宏功能即可方便地实现控制要求。

（2）如果所有宏定义的接口方式都不能完全符合应用，那么就选择与实际布线比较相近的接口宏，然后根据需要来调整输入、输出的配置。只有在设置 p0010=1 时才能更改 p0015 参数。通过参数 p0015 修改宏，修改 p0015 参数步骤：设置 p0010=1；修改 p0015；设置 p0010=0。

三、控制单元预设置功能介绍

不同类型的控制单元有不同数量的宏，下面以 G120 CU240E-2 控制单元为例介绍预设置的接口宏。

注意：宏定义的模拟量输入类型为 -10~+10V 电压输入，模拟量输出类型为 0~20mA 电流输出，通过参数可修改模拟量信号的类型，详细信息请参考相关操作手册。

1. 预设置 1：采用两种固定频率的输送技术

（1）接口预设置定义如图 3-3 所示。

启停控制：变频器采用两线制控制方式，电动机的启停、旋转方向通过数字量输入控制。

速度调节：通过数字量输入选择，可以设置两个固定转速；数字量输入 DI 4 接通时采用固定转速 1；数字量输入 DI 5 接通时采用固定转速 2；DI 4 与 DI 5 同时接通时采用固定转速 1+固定转速 2。p1003 参数设置固定转速 1，p1004 参数设置固定转速 2。

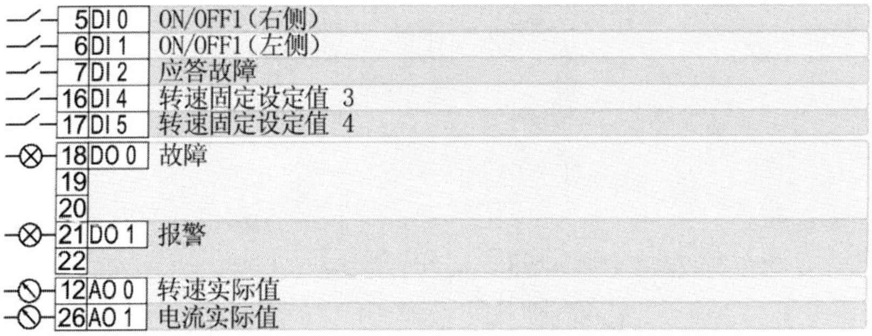

```
 5 DI 0   ON/OFF1（右侧）
 6 DI 1   ON/OFF1（左侧）
 7 DI 2   应答故障
16 DI 4   转速固定设定值 3
17 DI 5   转速固定设定值 4
18 DO 0   故障
19
20
21 DO 1   报警
22
12 AO 0   转速实际值
26 AO 1   电流实际值
```

图 3-3 预设置 1：采用两种固定频率的输送技术的接口定义

（2）预设置 1 自动设置的参数，见表 3-1。

表 3-1 预设置 1 自动设置的参数

参数号	参数值	说明	参数组
p840[0]	r3333.0	由双线制信号启动变频器	CDS0
p1113[0]	r3333.1	由双线制信号反转	CDS0
p3330[0]	r722.0	数字量输入 DI 0 作为双线制-正转启动命令	CDS0

续表

参数号	参数值	说明	参数组
p3331[0]	r722.1	数字量输入 DI 1 作为双线制-反转启动命令	CDS0
p2103[0]	r722.2	数字量输入 DI 2 作为故障复位命令	CDS0
p1022[0]	r722.4	数字量输入 DI 4 作为固定转速 1 选择	CDS0
p1023[0]	r722.5	数字量输入 DI 5 作为固定转速 2 选择	CDS0
p1070[0]	r1024	转速固定设定值作为主设定值	CDS0

（3）预设置 1 手动设置的参数，见表 3-2。

表 3-2　预设置 1 手动设置的参数

参数号	默认值	说明	单位
p1003[0]	0.0	固定转速 1	rpm
p1004[0]	0.0	固定转速 2	rpm

2. 预设置 2：采用基本安全功能的输送技术

（1）接口预设置定义，如图 3-4 所示。

启停控制：电动机的启停通过数字量输入 DI 0 控制。

速度调节：转速通过数字量输入选择，可以设置两个固定转速，数字量输入 DI 0 接通时选择固定转速 1；数字量输入 DI 1 接通时选择固定转速 2；多个 DI 同时接通时将多个固定转速相加。p1001 参数设置固定转速 1，p1002 参数设置固定转速 2。注意：DI 0 同时作为启停命令和固定转速 1 选择命令，也就是任何时刻固定转速 1 都会被选择。

安全功能：DI 4 和 DI 5 预留用于安全功能。

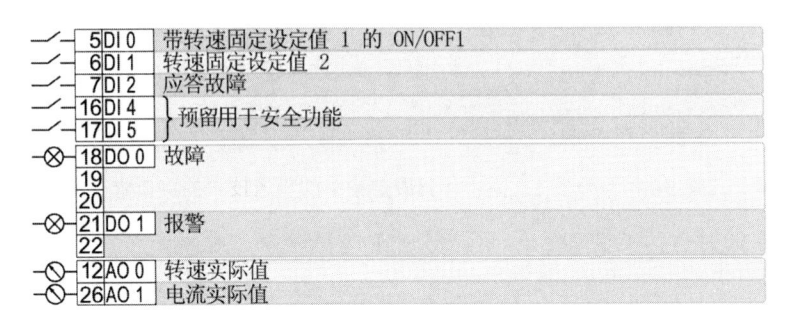

```
─/─ 5 DI 0    带转速固定设定值 1 的 ON/OFF1
─/─ 6 DI 1    转速固定设定值 2
─/─ 7 DI 2    应答故障
─/─ 16 DI 4  ┐
─/─ 17 DI 5  ┘ 预留用于安全功能
─⊗─ 18 DO 0   故障
     19
     20
─⊗─ 21 DO 1   报警
     22
─⊘─ 12 AO 0   转速实际值
─⊘─ 26 AO 1   电流实际值
```

图 3-4　预设置 2：采用基本安全功能的输送技术的接口定义

（2）预设置 2 自动设置的参数，见表 3-3。

表 3-3　预设置 2 自动设置的参数

参数号	参数值	说明	参数组
p840[0]	r722.0	数字量输入 DI 0 作为启动命令	CDS0
p1020[0]	r722.0	数字量输入 DI 0 作为固定转速 1 选择	CDS0
p1021[0]	r722.1	数字量输入 DI 1 作为固定转速 2 选择	CDS0

续表

参数号	参数值	说明	参数组
p2103[0]	r722.2	数字量输入 DI 2 作为故障复位命令	CDS0
p1070[0]	r1024	转速固定设定值作为主设定值	CDS0

（3）预设置 2 手动设置的参数，见表 3-4。

表 3-4 预设置 2 手动设置的参数

参数号	默认值	说明	单位
p1001[0]	0.0	固定转速 1	rpm
p1002[0]	0.0	固定转速 2	rpm

3. 预设置 3：采用 4 种固定频率的输送技术

（1）接口预设置定义，如图 3-5 所示。

启停控制：电动机的启停通过数字量输入 DI 0 控制。

速度调节：转速通过数字量输入选择，可以设置 4 个固定转速，数字量输入 DI 0 接通时采用固定转速 1；数字量输入 DI 1 接通时采用固定转速 2；数字量输入 DI 4 接通时采用固定转速 3；数字量输入 DI 5 接通时采用固定转速 4；多个 DI 同时接通时将多个固定转速相加。p1001 参数设置固定转速 1，p1002 参数设置固定转速 2，p1003 参数设置固定转速 3，p1004 参数设置固定转速 4。

```
—— 5 DI 0  带转速固定设定值 1 的 ON/OFF1
—— 6 DI 1  转速固定设定值 2
—— 7 DI 2  应答故障
—— 16 DI 4  转速固定设定值 3
—— 17 DI 5  转速固定设定值 4
⊗— 18 DO 0  故障
   19
   20
⊗— 21 DO 1  报警
   22
○— 12 AO 0  转速实际值
○— 26 AO 1  电流实际值
```

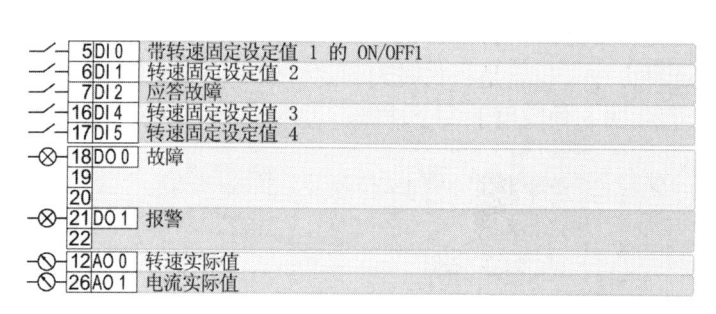

图 3-5 预设置 3：采用 4 种固定频率的输送技术的接口定义

注意：DI 0 同时作为启停命令和固定转速 1 选择命令，也就是任何时刻固定转速 1 都会被选择。

（2）预设置 3 自动设置的参数，见表 3-5。

表 3-5 预设置 3 自动设置的参数

参数号	参数值	说明	参数组
p840[0]	r722.0	数字量输入 DI 0 作为启动命令	CDS0
p1020[0]	r722.0	数字量输入 DI 0 作为固定转速 1 选择	CDS0
p1021[0]	r722.1	数字量输入 DI 1 作为固定转速 2 选择	CDS0
p1022[0]	r722.4	数字量输入 DI 4 作为固定转速 3 选择	CDS0
p1023[0]	r722.5	数字量输入 DI 5 作为固定转速 4 选择	CDS0

续表

参数号	参数值	说明	参数组
p2103[0]	r722.2	数字量输入 DI 2 作为故障复位命令	CDS0
p1070[0]	r1024	转速固定设定值作为主设定值	CDS0

（3）预设置 3 手动设置的参数，见表 3-6。

表 3-6 预设置 3 手动设置的参数

参数号	默认值	说明	单位
p1001[0]	0.0	固定转速 1	rpm
p1002[0]	0.0	固定转速 2	rpm
p1003[0]	0.0	固定转速 3	rpm
p1004[0]	0.0	固定转速 4	rpm

4. 预设置 4：采用现场总线的传输技术

（1）接口预设置定义，如图 3-6 所示。

启停控制：电动机的启停、旋转方向通过 PROFIBUS 通信控制字控制。

速度调节：转速通过 PROFIBUS 通信控制。

报文类型：352 报文。

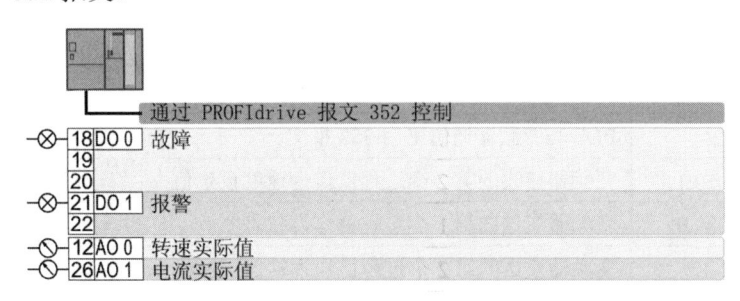

```
              通过 PROFIdrive 报文 352 控制
─⊗─18 DO 0  故障
    19
    20
─⊗─21 DO 1  报警
    22
─⊗─12 AO 0  转速实际值
─⊗─26 AO 1  电流实际值
```

图 3-6 预设置 4：采用现场总线的传输技术的接口定义

（2）预设置 4 自动设置的参数见表 3-7。

表 3-7 预设置 4 自动设置的参数

参数号	参数值	说明	参数组
p922	352	PLC 与变频器通信采用 352 报文	—
p1070[0]	r2050.1	变频器接收的第 2 个过程值作为速度设定值	CDS0
p2051[0]	r2089.0	变频器发送的第 1 个过程值作为状态字	—
p2051[1]	r63.1	变频器发送的第 2 个过程值作为转速实际值	—
p2051[2]	r68.1	变频器发送的第 3 个过程值作为电流实际值	—
p2051[3]	r80.1	变频器发送的第 4 个过程值作为转矩实际值	—
p2051[4]	r2132	变频器发送的第 5 个过程值作为报警编号	—
p2051[5]	r2131	变频器发送的第 6 个过程值作为故障编号	—

5. 预设置 5：采用现场总线和基本安全功能的传输技术

（1）接口预设置定义，如图 3-7 所示。

启停控制：电动机的启停、旋转方向通过 PROFIBUS 通信控制字控制。

速度调节：转速通过 PROFIBUS 通信控制。

报文类型：352 报文，报文结构及控制字和状态字描述请参考其他相关任务。

安全功能：DI 4 和 DI 5 预留用于安全功能。

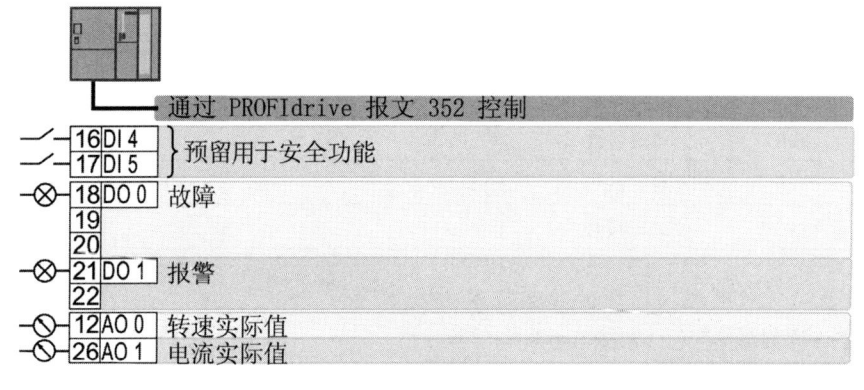

图 3-7 预设置 5：采用现场总线和基本安全功能传输技术的接口定义

（2）预设置 5 自动设置的参数，见表 3-8。

表 3-8 预设置 5 自动设置的参数

参数号	参数值	说明	参数组
p922	352	PLC 与变频器通信采用 352 报文	—
p1070[0]	r2050.1	变频器接收的第 2 个过程值作为速度设定值	CDS0
p2051[0]	r2089.0	变频器发送的第 1 个过程值作为状态字	—
p2051[1]	r63.1	变频器发送的第 2 个过程值作为转速实际值	—
p2051[2]	r68.1	变频器发送的第 3 个过程值作为电流实际值	—
p2051[3]	r80.1	变频器发送的第 4 个过程值作为转矩实际值	—
p2051[4]	r2132	变频器发送的第 5 个过程值作为报警编号	—
p2051[5]	r2131	变频器发送的第 6 个过程值作为故障编号	—

6. 预设置 6：带扩展安全功能的现场总线

此设置只针对配备 CU240E-2 F、CU240E-2 DP-F 和 CU240E-2 PN-F 的变频器。

（1）接口预设置定义，如图 3-8 所示。

启停控制：电动机的启停、旋转方向通过 PROFIBUS 通信控制字控制。

速度调节：转速通过 PROFIBUS 通信控制。

报文类型：标准报文 1，报文结构及控制字和状态字描述请参考其他相关任务。

安全功能：DI 0 和 DI 1、DI 4 和 DI 5 预留用于安全功能。

（2）预设置 6 自动设置的参数，见表 3-9。

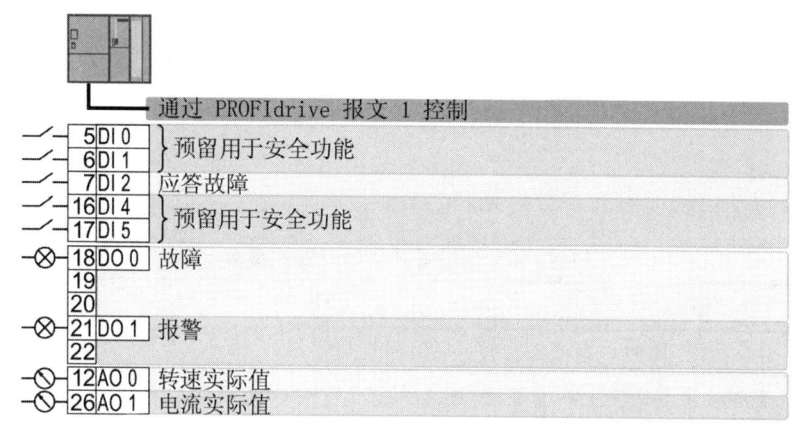

图 3-8 预设置 6：带扩展安全功能的现场总线的接口定义

表 3-9 预设置 6 自动设置的参数

参数号	参数值	说明	参数组
p922	1	PLC 与变频器通信采用标准报文 1	—
p1070[0]	P2051[0]	变频器接收的第 2 个过程值作为速度设定值	CDS0
p2051[0]	r2089.0	变频器发送的第 1 个过程值作为状态字	—
p2051[1]	r63.0	变频器发送的第 2 个过程值作为转速实际值	—

7. 预设置 7：带数据组转换的现场总线

（1）接口预设置定义，如图 3-9 所示。带 PROFIBUS 或 PROFINET 接口的变频器的出厂设置，变频器提供两种控制方式，通过数字量输入 DI 3 切换控制方式，DI 3 断开为远程控制，DI 3 接通为本地控制。

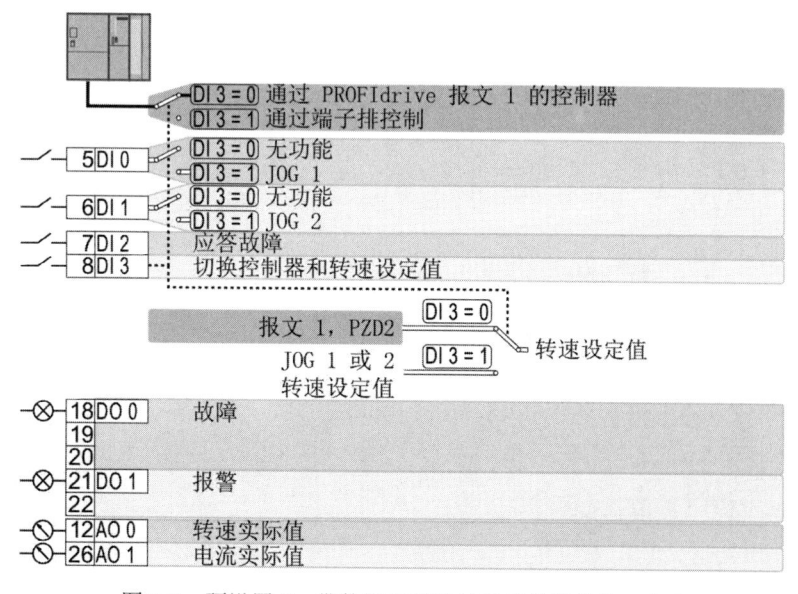

图 3-9 预设置 7：带数据组转换的现场总线的接口定义

远程控制：电动机的启停、旋转方向，速度设定值通过 PROFIBUS 总线控制。标准报文 1，报文结构及控制字和状态字描述请参考相关操作手册。

本地控制：数字量输入 DI 0、DI 1 控制点动 JOG1 和点动 JOG2，点动速度在 p1058、p1059 中设置。

（2）预设置 7 自动设置的参数，见表 3-10。

表 3-10 预设置 7 自动设置的参数

参数号	参数值	说明	参数组
p922	1	PLC 与变频器通信采用标准报文 1	—
p1070[0]	r2050.1	远程控制：变频器接收的第 2 个过程值作为速度设定值	CDS0
p1070[1]	0	本地控制：未定义	CDS1
p2103[0]	r2090.7	远程控制：PROFIBUS 控制字的第 7 位作为故障复位命令	CDS0
p2103[1]	r722.2	本地控制：数字量输入 DI 2 作为故障复位命令	CDS1
p2014[0]	r722.2	远程控制：数字量输入 DI 2 作为故障复位命令	CDS0
p2014[1]	0	本地控制：未定义	CDS1
p1055[0]	0	远程控制：未定义	CDS0
p1055[1]	r722.0	本地控制：数字量输入 DI 0 作为点动 JOG1 命令	CDS1
p1056[0]	0	远程控制：未定义	CDS0
p1056[1]	r722.1	本地控制：数字量输入 DI 1 作为点动 JOG2 命令	CDS1
p810	r722.3	数字量输入 DI 3 作为本地/远程切换命令	—

8. 预设置 8：采用基本安全功能的 MOP

（1）接口预设置定义，如图 3-10 所示。

启停控制：电动机的启停通过数字量输入 DI 0 控制。

速度调节：转速通过电动电位器（MOP）调节，数字量输入 DI 1 接通电动机正向升速（或反向降速），数字量输入 DI 2 接通电动机正向降速（或反向升速）。

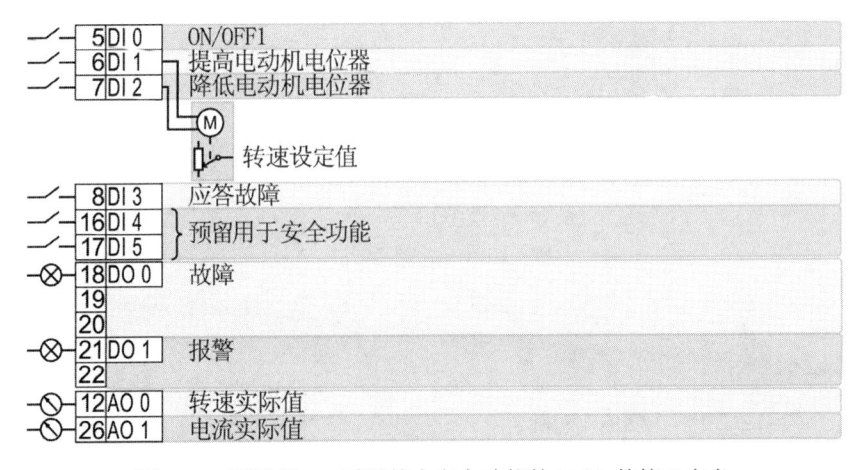

图 3-10 预设置 8：采用基本安全功能的 MOP 的接口定义

安全功能：DI 4 和 DI 5 预留用于安全功能。

（2）预设置 8 自动设置的参数，见表 3-11。

表 3-11 预设置 8 自动设置的参数

参数号	参数值	说明	参数组
p840[0]	r722.0	数字量输入 DI 0 作为启动命令	CDS0
p1035[0]	r722.1	数字量输入 DI 1 作为 MOP 正向升速（或反向降速）命令	CDS0
p1036[0]	r722.2	数字量输入 DI 2 作为 MOP 反向降速（或正向升速）命令	CDS0
p2103[0]	r722.3	数字量输入 DI 3 作为故障复位命令	CDS0
p1070[0]	r1050	MOP 设定值作为主设定值	CDS0

（3）预设置 8 手动设置的参数，见表 3-12。

表 3-12 预设置 8 手动设置的参数

参数号	默认值	说明	单位
p1037	1500.0	MOP 的正向最大转速	rpm
p1038	1500.0	MOP 的反向最大转速	rpm
p1040	0.0	MOP 的初始转速	rpm

9．预设置 9：带 MOP 的标准输入/输出（I/O）

（1）接口预设置定义，如图 3-11 所示。

启停控制：电动机的启停通过数字量输入 DI 0 控制。

速度调节：转速通过 MOP 调节，数字量输入 DI 1 接通电动机正向升速（或反向降速），数字量输入 DI 2 接通电动机正向降速（或反向升速）。

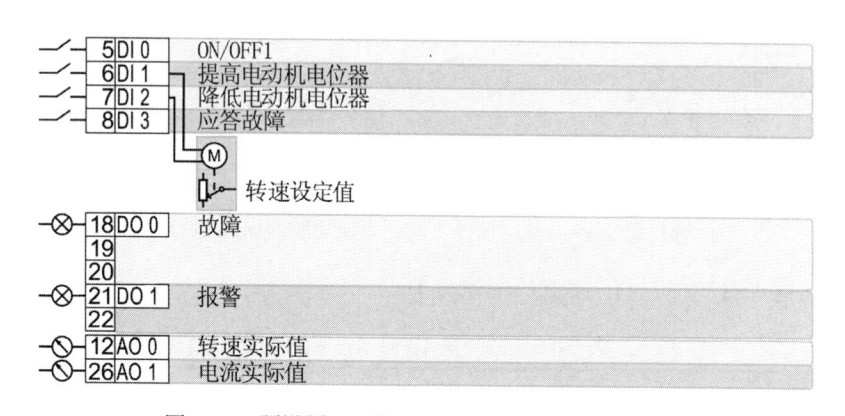

```
5  DI 0   ON/OFF1
6  DI 1   提高电动机电位器
7  DI 2   降低电动机电位器
8  DI 3   应答故障
              转速设定值
18 DO 0   故障
19
20
21 DO 1   报警
22
12 AO 0   转速实际值
26 AO 1   电流实际值
```

图 3-11 预设置 9：带 MOP 的标准 I/O 的接口定义

（2）预设置 9 自动设置的参数，见表 3-13。
（3）预设置 9 手动设置的参数，见表 3-14。

表 3-13　预设置 9 自动设置的参数

参数号	参数值	说明	参数组
p840[0]	r722.0	数字量输入 DI 0 作为启动命令	CDS0
p1035[0]	r722.1	数字量输入 DI 1 作为 MOP 正向升速（或反向降速）命令	CDS0
p1036[0]	r722.2	数字量输入 DI 2 作为 MOP 反向降速（或正向升速）命令	CDS0
p2103[0]	r722.3	数字量输入 DI 3 作为故障复位命令	CDS0
p1070[0]	r1050	MOP 设定值作为主设定值	CDS0

表 3-14　预设置 9 手动设置的参数

参数号	默认值	说明	单位
p1037	1500.0	MOP 的正向最大转速	rpm
p1038	1500.0	MOP 的反向最大转速	rpm
p1040	0.0	MOP 的初始转速	rpm

10. 预设置 13：带模拟量设定值和安全功能的标准 I/O

（1）接口预设置定义，如图 3-12 所示。

启停控制：电动机的启停通过数字量输入 DI 0 控制，数字量输入 DI 1 用于电动机换向。

速度调节：转速通过模拟量输入 AI 0 调节，AI 0 默认为-10～+10V 输入方式。

安全功能：DI 4 和 DI 5 预留用于安全功能。

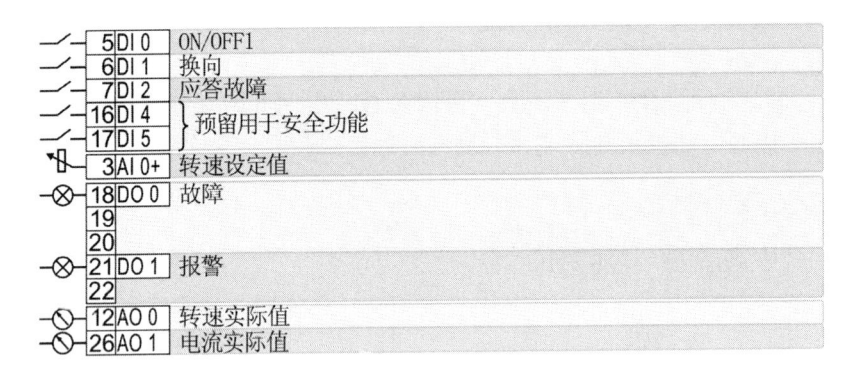

```
─/─ 5  DI 0   ON/OFF1
─/─ 6  DI 1   换向
─/─ 7  DI 2   应答故障
─/─ 16 DI 4 ┐
─/─ 17 DI 5 ┘ 预留用于安全功能
─┤  3  AI 0+  转速设定值
─⊗─ 18 DO 0   故障
    19
    20
─⊗─ 21 DO 1   报警
    22
─⊘─ 12 AO 0   转速实际值
─⊘─ 26 AO 1   电流实际值
```

图 3-12　预设置 13：带模拟量设定值和安全功能的标准 I/O 的接口定义

（2）预设置 13 自动设置的参数，见表 3-15。

表 3-15　预设置 13 自动设置的参数

参数号	参数值	说明	参数组
p840[0]	r722.0	数字量输入 DI 0 作为启动命令	CDS0
p1113[0]	r722.1	数字量输入 DI 1 作为电动机换向命令	CDS0
p2103[0]	r722.2	数字量输入 DI 2 作为故障复位命令	CDS0
p1070[0]	r755.0	模拟量 AI 0 作为主设定值	CDS0

（3）预设置 13 手动设置的参数，见表 3-16。

表 3-16　预设置 13 手动设置的参数

参数号	默认值	说明	单位
p756[0]	4	模拟量输入 AI 0：类型-10~+10V	—
p757[0]	0.0	模拟量输入 AI 0：标定 X1 值	V
p758[0]	0.0	模拟量输入 AI 0：标定 Y1 值	%
p759[0]	10.0	模拟量输入 AI 0：标定 X2 值	V
p760[0]	100.0	模拟量输入 AI 0：标定 Y2 值	%

11. 预设置 14：带现场总线的过程工业

（1）接口预设置定义，如图 3-13 所示。

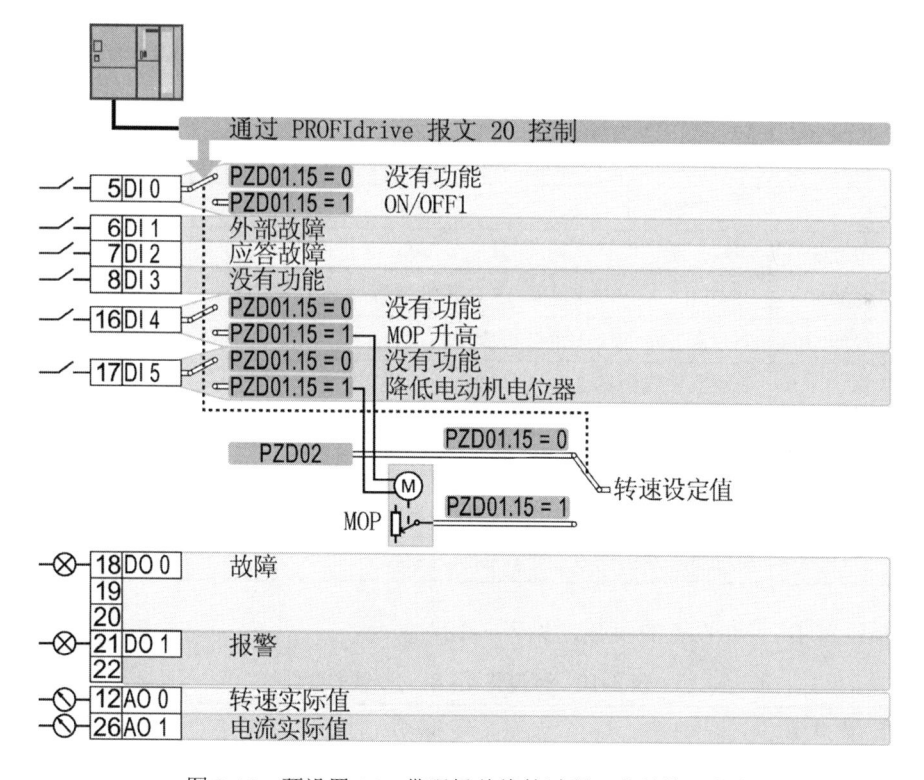

图 3-13　预设置 14：带现场总线的过程工业的接口定义

描述：变频器提供两种控制方式，通过 PROFIBUS 控制字的第 15 位切换控制方式，第 15 位为 0 时为远程控制，第 15 位为 1 时为本地控制。

远程控制：电动机的启停、旋转方向、速度设定值通过 PROFIBUS 总线控制。标准报文 20，报文结构及控制字和状态字描述请参考其他相关任务。

本地控制：电动机的启停通过数字量输入 DI 0 控制，转速通过 MOP 调节，数字量输入 DI 4 接通电动机正向升速（或反向降速），数字量输入 DI 5 接通电动机正向降速（或反向升速）。

无论是远程控制还是本地控制，数字量输入 DI 1 断开时都会触发变频器外部故障。

（2）预设置 14 自动设置的参数，见表 3-17。

表 3-17 预设置 14 自动设置的参数

参数号	参数值	说明	参数组
p922	20	PLC 与变频器通信采用标准报文 20	—
p1070[0]	r2050.1	远程控制：变频器接收的第 2 个过程值作为速度设定值	CDS0
p1070[1]	r1050	本地控制：MOP 的设定值作为主设定值	CDS0
p840[0]	r2090.0	远程控制：PROFIBUS 控制字的第 0 位作为启动命令	CDS0
p840[1]	r722.0	本地控制：数字量输入 DI 0 作为启动命令	CDS0
p2106[0]	r722.1	远程控制：数字量输入 DI 1 断开触发外部故障	CDS0
p2106[1]	r722.1	本地控制：数字量输入 DI 1 断开触发外部故障	CDS0
p2103[0]	r2090.7	远程控制：PROFIBUS 控制字的第 7 位作为故障复位命令	CDS0
p2103[1]	r722.2	本地控制：数字量输入 DI 2 作为故障复位命令	CDS0
p1035[0]	0	远程控制：未定义	CDS0
p1035[1]	r722.4	本地控制：数字量输入 DI 4 作为 MOP 正向升速（或反向降速）命令	CDS1
p1036[0]	0	远程控制：未定义	CDS0
p1036[1]	r722.5	本地控制：数字量输入 DI 5 作为 MOP 正向降速（或反向升速）命令	CDS1
p810	r2090.15	PROFIBUS 控制字的第 15 位作为远程/本地切换命令	—
p2051[0]	r2089.0	变频器发送的第 1 个过程值作为状态字	—
p2051[1]	r63.1	变频器发送的第 2 个过程值作为转速实际值	—
p2051[2]	r68.1	变频器发送的第 3 个过程值作为电流实际值	—
p2051[3]	r80.1	变频器发送的第 4 个过程值作为转矩实际值	—
p2051[4]	r82.1	变频器发送的第 5 个过程值作为当前有功功率	—
p2051[5]	r3113	变频器发送的第 6 个过程值作为故障字	—

（3）预设置 14 手动设置的参数，见表 3-18。

表 3-18 预设置 14 手动设置的参数

参数号	默认值	说明	单位
p1037	1500.0	MOP 的正向最大转速	rpm
p1038	-1500.0	MOP 的反向最大转速	rpm
p1040	0.0	MOP 的初始转速	—

12. 预设置 15：过程工业

（1）接口预设置定义，如图 3-14 所示。

描述：变频器提供两种控制方式，通过数字量输入 DI 3 切换控制方式，DI 3 断开为远程控制，DI 3 接通为本地控制。

远程控制：电动机的启停通过数字量输入 DI 0 控制，转速通过模拟量输入 AI 0 调节，AI 0

默认为-10～+10V 输入方式。

本地控制：电动机的启停通过数字量输入 DI 0 控制，转速通过 MOP 调节，数字量输入 DI 4 接通电动机正向升速（或反向降速），数字量输入 DI 5 接通电动机正向降速（或反向升速）。

无论是远程控制还是本地控制，数字量输入 DI 1 断开时都会触发变频器外部故障。

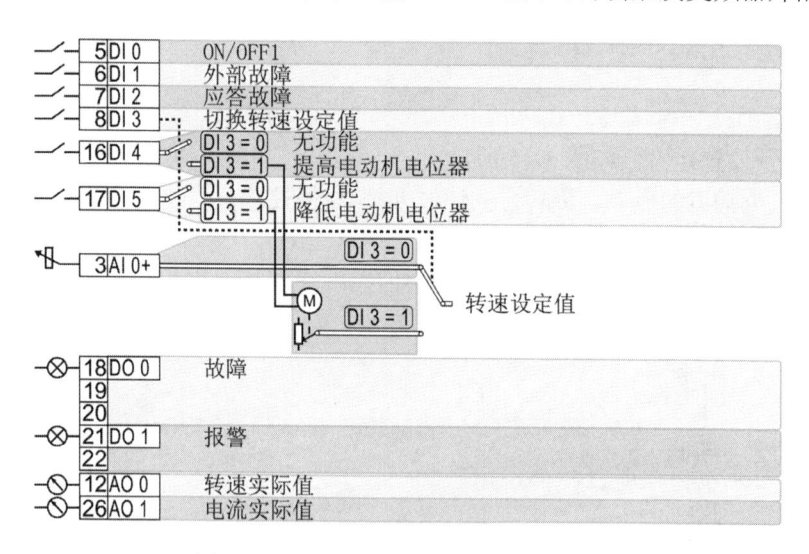

```
5  DI 0    ON/OFF1
6  DI 1    外部故障
7  DI 2    应答故障
8  DI 3    切换转速设定值
              DI 3 = 0  无功能
16 DI 4
              DI 3 = 1  提高电动机电位器
              DI 3 = 0  无功能
17 DI 5
              DI 3 = 1  降低电动机电位器
3  AI 0+            DI 3 = 0
                              转速设定值
              M
                    DI 3 = 1
18 DO 0    故障
19
20
21 DO 1    报警
22
12 AO 0    转速实际值
26 AO 1    电流实际值
```

图 3-14 预设置 15：过程工业的接口定义

（2）预设置 15 自动设置的参数，见表 3-19。

表 3-19 预设置 15 自动设置的参数

参数号	参数值	说明	参数组
p840[0]	r722.0	远程控制：数字量输入 DI 0 作为启动命令	CDS0
p840[1]	r722.0	本地控制：数字量输入 DI 0 作为启动命令	CDS1
p2106[0]	r722.1	远程控制：数字量输入 DI 1 断开触发外部故障	CDS0
p2106[1]	r722.1	本地控制：数字量输入 DI 1 断开触发外部故障	CDS1
p2103[0]	r722.2	远程控制：数字量输入 DI 2 作为故障复位命令	CDS0
p2103[1]	r722.2	本地控制：数字量输入 DI 2 作为故障复位命令	CDS1
p1035[0]	0	远程控制：未定义	CDS0
p1035[1]	r722.4	本地控制：数字量输入 DI 4 作为 MOP 正向升速（或反向降速）命令	CDS1
p1036[0]	r722.2	远程控制：未定义	CDS0
p1036[1]	r722.5	本地控制：数字量输入 DI 5 作为 MOP 反向降速（或正向升速）命令	CDS1
p810	r722.3	数字量输入 DI 3 作为本地/远程切换命令	CDS0
p1070[0]	r755.0	远程控制：模拟量 AI 0 作为主设定值	CDS1
p1070[1]	r1050	本地控制：MOP 的设定值作为主设定值	CDS0

（3）预设置 15 手动设置的参数，见表 3-20。

表 3-20　预设置 15 手动设置的参数

参数号	默认值	说明	单位
p1037	1500.0	MOP 的正向最大转速	rpm
p1038	-1500.0	MOP 的反向最大转速	rpm
p1040	0.0	MOP 的初始转速	rpm

13. 预设置 21：USS 现场总线

（1）接口预设置定义，如图 3-15 所示。

启停控制：电动机的启停、旋转方向通过 USS 总线控制。

速度调节：转速通过 USS 总线控制。

USS 通信控制字和状态字与 PROFIBUS 通信控制字和状态字相同，参考其他相关任务。

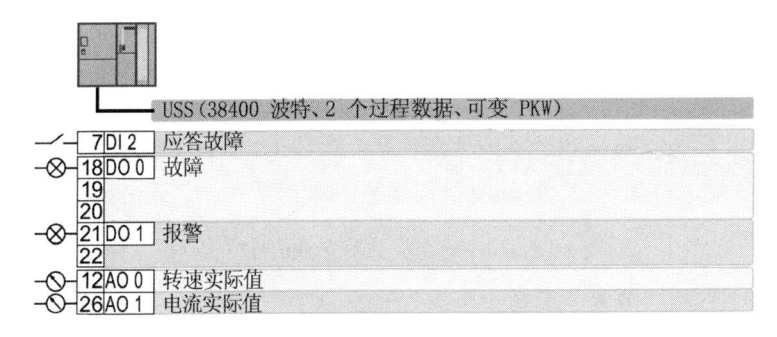

```
         ┌─────┐
         │     │
         └──┬──┘
            │  USS（38400 波特、2 个过程数据、可变 PKW）
─/─┤ 7│DI 2│应答故障
─⊗─┤18│DO 0│故障
   │19│    │
   │20│    │
─⊗─┤21│DO 1│报警
   │22│    │
─⊗─┤12│AO 0│转速实际值
─⊗─┤26│AO 0│电流实际值
```

图 3-15　预设置 21：USS 现场总线的接口定义

（2）预设置 21 自动设置的参数，见表 3-21。

表 3-21　预设置 21 自动设置的参数

参数号	参数值	说明	参数组
p2104[0]	r722.2	数字量输入 DI 2 作为第 2 个故障复位命令	CDS0
p1070[0]	r2050.1	变频器接收的第 2 个过程值作为速度设定值	CDS0
p2051[0]	r2089.0	变频器发送的第 1 个过程值作为状态字	—
p2051[1]	r63.0	变频器发送的第 2 个过程值作为转速实际值	—

（3）预设置 21 手动设置的参数，见表 3-22。

表 3-22　预设置 21 手动设置的参数

参数号	默认值	说明	单位
p2020	8	USS 通信速率	—
p2021	0	USS 通信参数通道（PKW）长度	—
p2022	2	USS 通信过程数据（PZD）长度	—
p2023	127	USS 通信 PKW 长度	—
p2040	100	总线接口监控时间	ms

任务二 数字量输入、输出的功能调整

【任务描述】

G120 提供不同数量的数字量输入和输出端口。二进制互联输入在参数手册的参数表中用 BI 表示，必须将 DI 的状态参数与选中的二进制互联输入连接在一起，只有这样才可以修改 DI 的功能；二进制互联输出在参数手册的参数表中用 BO 表示，必须将数字量输出与选中的二进制互联输出连接在一起，只有这样才可以更改数字量输出的功能。

本任务将学习如何借助数字接口修改变频器各个输入、输出的功能，其中变频器中的输入和输出信号已通过特殊参数与特定的变频器功能互联。

【任务实施】

一、输入、输出端口内部接线认识

图 3-16 为 CU240B-2 和 CU240E-2 输入、输出端口的内部接线。图中标"1)"处表示控制单元 CU240B-2 和 CU240B-2 DP 上不提供该功能。

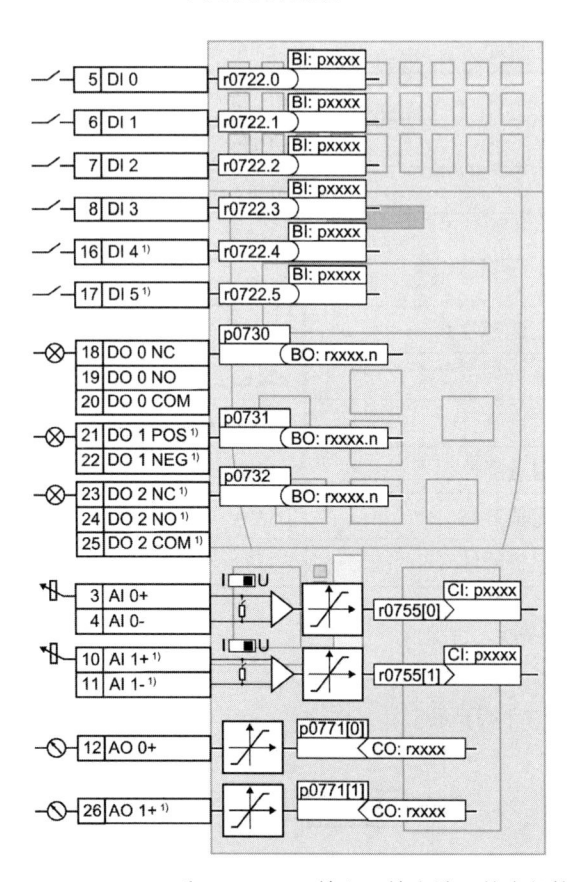

图 3-16 CU240B-2 和 CU240E-2 输入、输出端口的内部接线

二、数字量输入功能调整

1. 数字量输入功能确定

CU240B-2 提供 4 路数字量输入，CU240E-2 提供 6 路数字量输入，CU240B-2 系列不提供 DI 4、DI 5 功能，图 3-17 列出了数字量输入 DI 所对应的状态位。

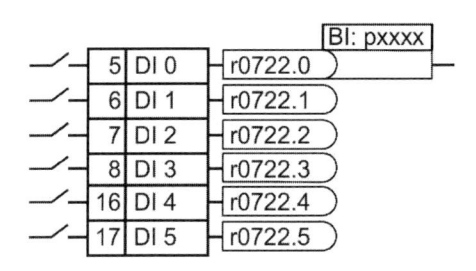

```
                           BI: pxxxx
    ─／─┤ 5│DI 0├─┤r0722.0 ）
    ─／─┤ 6│DI 1├─┤r0722.1 ）
    ─／─┤ 7│DI 2├─┤r0722.2 ）
    ─／─┤ 8│DI 3├─┤r0722.3 ）
    ─／─┤16│DI 4├─┤r0722.4 ）
    ─／─┤17│DI 5├─┤r0722.5 ）
```

图 3-17　数字量输入 DI 所对应的状态位

2. 变频器的二进制互联输入 BI 选择

二进制互联输入在参数手册的参数表中用 BI 表示，必须将 DI 的状态参数与选中的二进制互联输入连接在一起，只有这样才可以修改 DI 的功能。表 3-23 列出了部分常用 BI 参数。

表 3-23　部分常用 BI 参数

BI 参数	说明	BI 参数	说明
p0840	指令数据组选择 CDS 位 0	p1055	JOG 位 0
p0840	ON/OFF1	p1056	JOG 位 1
p0844	OFF2	p1113	设定值取反
p0848	OFF3	p1021	捕捉再启动使能的信号源
p0852	使能运行	p1023	第 1 次应答故障
p1020	转速固定设定值选择位 0	p2106	外部故障 1
p1021	转速固定设定值选择位 1	p2112	外部警告 1
p1022	转速固定设定值选择位 2	p2200	工艺控制器使能
p1023	转速固定设定值选择位 3	p3330	双线/三线控制的控制指令 1
p1035	电动电位器设定值升高	p3331	双线/三线控制的控制指令 2
p1036	电动电位器设定值降低	p3332	双线/三线控制的控制指令 3

3. 数字量输入功能修改

将故障应答 p2103 指令和 DI 1 相连，以通过数字量输入 DI 1 来应答变频器的故障信息，设置 p2103=722.1，如图 3-18 所示。

```
                     ┌─p2103─┐
    ─／─┤6│DI 1├─┤r0722.1 ）722.1├─
```

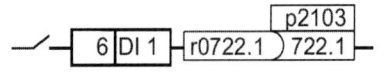

图 3-18　p2103 指令和 DI 1 相连

4. 数字量输入状态查看

BOP-2 可以查看数字量输入状态，具体步骤如图 3-19 所示。

进入 PARAMETER 菜单 → 选择 r722 参数 → 位号 状态
选择专家列表   显示 r722 参数 16 进制状态   按▲键或▼键选择位号
                                              图中显 r722.0=1

图 3-19　数字量输入的状态查看

三、数字量输出功能调整

CU240B-2 提供 1 路继电器输出，CU240E-2 提供 2 路继电器输出、1 路晶体管输出。

1. 数字量输出功能连接

必须将数字量输出与选中的二进制互联输出连接在一起，只有这样才可以更改数字量输出的功能，如图 3-20 所示。二进制互联输出在参数手册的参数表中用 BO 表示。图中标"1)"处表示控制单元 CU240B-2 和 CU240B-2 DP 上不提供该功能。

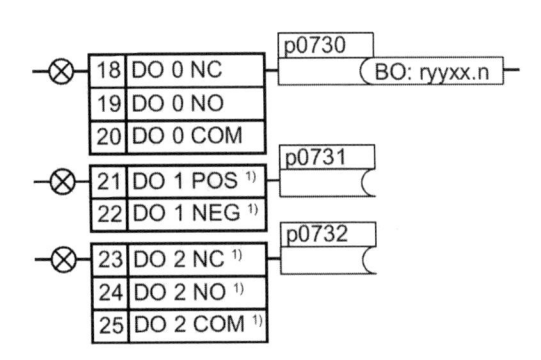

图 3-20　数字量输出功能的内部连接

2. 常用 BO 参数功能认识

表 3-24 是部分常用 BO 参数。

表 3-24　部分常用 BO 参数

BO 参数	说明	BO 参数	说明
0	禁用数字量输出	r0052.08	0 信号：设定/实际转速偏差
r0052.00	1 信号：接通就绪	r0052.09	1 信号：已请求控制
r0052.01	1 信号：待机	r0052.10	1 信号：达到最高转速（p1082）
r0052.02	1 信号：运行已使能	r0052.11	0 信号：达到 I、M、P 极限

续表

BO 参数	说明	BO 参数	说明
r0052.03	1 信号：存在故障 如果信号连接至数字量输出端，则信号 r0052.03 取反	r0052.13	0 信号：报警"电动机过热"
		r0052.14	1 信号：电动机正转
r0052.04	0 信号：OFF2 生效	r0052.15	0 信号：报警"变频器过载"
r0052.05	0 信号：OFF3 生效	r0053.00	1 信号：直流制动生效
r0052.06	0 信号："接通禁止"生效	r0053.02	1 信号：转速>最低转速（p1080）
r0052.07	1 信号：存在报警	r0053.06	1 信号：转速≥设定转速（r1119）

3. 数字量输出功能修改

将 DO 1 与故障信息相连，通过数字量输出 DO 1 来输出变频器的故障信息，设置 p0731=52.3，如图 3-21 所示。

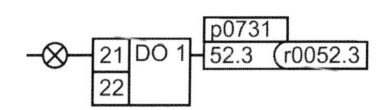

图 3-21 数字量输出 DO 1 的连接

4. 数字量输出取反

BOP-2 可以查看与修改数字量输出，图 3-22 为通过参数 P748 设置数字量输出上的信号反向，其中 p748.0 对应 DO 0，p748.1 对应 DO 1，p748.2 对应 DO 2。

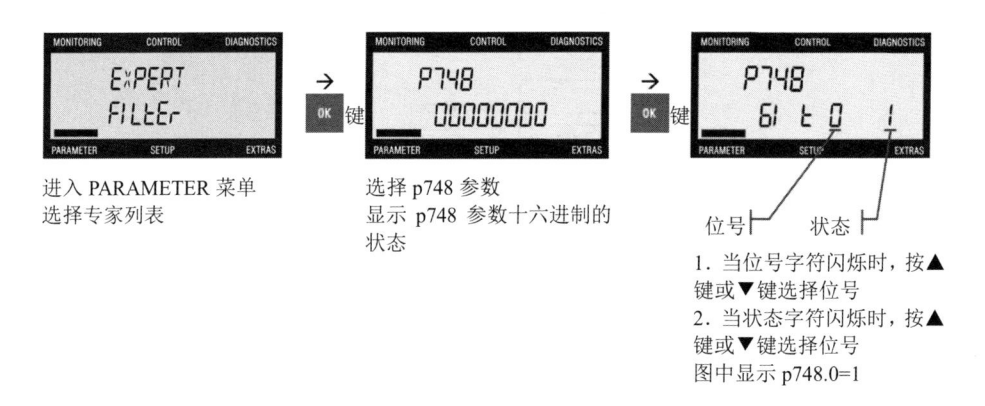

进入 PARAMETER 菜单
选择专家列表

选择 p748 参数
显示 p748 参数十六进制的状态

位号　状态
1. 当位号字符闪烁时，按▲键或▼键选择位号
2. 当状态字符闪烁时，按▲键或▼键选择位号
图中显示 p748.0=1

图 3-22 数字量输出取反的修改与查看

任务三　模拟量输入、输出功能应用

【任务描述】

参数 p0756[x]和变频器上的开关用来确定模拟量输入的类型，模拟量互联输入 CI 与参数 p0755[x]相连可以确定模拟量输入的功能；参数 p0776 用来确定模拟量输出的类型，模拟量互

联输出 CO 与参数 p0771 相连可以确定模拟量输出的功能；模拟量输入 AI 也可以作为数字量输入使用。

本任务将学习如何借助模拟量输入和输出端口修改变频器各个输入、输出的功能。

【任务实施】

一、模拟量输入功能选择

使用参数 p0756[x]和变频器上的开关来确定模拟量输入的类型,确定模拟量输入的功能只需要将用户选择的模拟量互联输入 CI 与参数 p0755[x]相连,如图 3-23 所示。

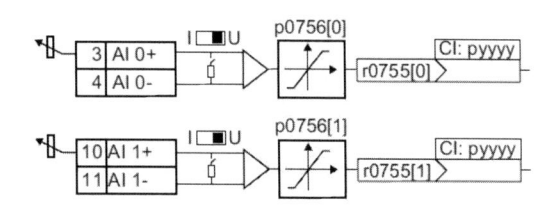

图 3-23 模拟量输入的信号互联

1. 确定模拟量输入的类型

变频器提供了一系列预定义设置,可以使用参数 p0756 进行选择,见表 3-25。另外,还必须设置 AI 所对应的开关,该开关位于控制单元正面保护盖的后面。电压输入位置为开关位置 U,电流输入位置为开关位置 I,开关位置 U 为出厂设置。

表 3-25 模拟量输入类型选择

输入接口	输入类项	输入值范围	预定义参数	参数值
AI 0	单极电压输入	0～+10V	p0756[0] =	0
	单极电压输入受监控	+2～+10V		1
	单极电流输入	0～+20mA		2
	单极电流输入受监控	+4～+20mA		3
	双极电压输入	-10～+10V		4
	未连接传感器	—		8
AI 1	单极电压输入	0～+10V	p0756[1] =	0
	单极电压输入受监控	+2～+10V		1
	单极电流输入	0～+20mA		2
	单极电流输入受监控	+4～+20mA		3
	双极电压输入	-10～+10V		4
	未连接传感器	—		8

2. 特性曲线

用 p0756 修改了模拟量输入的类型后,变频器会自动调整模拟量输入的定标,如图 3-24 所示。线性的定标曲线由两个点(p0757,p0758)和(p0759,p0760)确定。参数 p0757 … p0760

的一个索引分别对应了一个模拟量输入。例如：参数 p0757[0] ... p0760[0]属于模拟量输入 0，表 3-26 为参数与坐标点的对应关系。

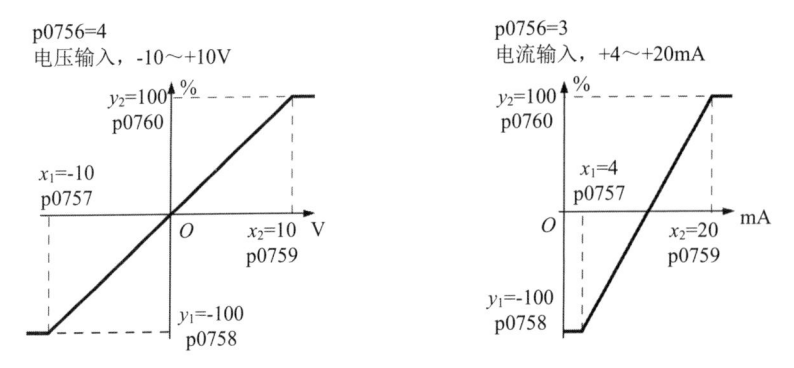

图 3-24 定标曲线示例

表 3-26 参数与坐标点的对应关系

参数	说明
p0757	曲线第 1 个点的 x 坐标（p0756 确定单位）
p0758	曲线第 1 个点的 y 坐标（p200x 的%值） p200x 是基准参数，例如：p2000 是基准转速
p0759	曲线第 2 个点的 x 坐标（p0756 确定单位）
p0760	曲线第 2 个点的 y 坐标（p200x 的%值）
p0761	断线监控的动作阈值

3. 调整特性曲线

当预定义的类型和用户的应用不符时，需要自定义定标曲线，如图 3-25 所示。变频器应通过 AI 0 将"+6~+12mA"范围内的信号换算成"-100%~100%"范围内的%值。低于 6mA 时会触发变频器的断线监控。

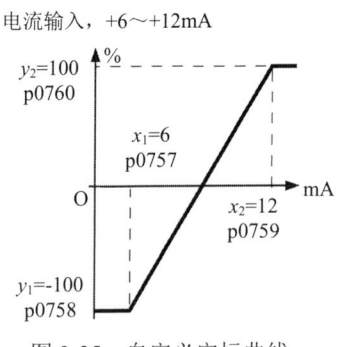

图 3-25 自定义定标曲线

调整定标曲线的操作步骤如下。

（1）将控制单元上模拟量输入 AI 0 的 DIP 开关设置为电流输入"I"。

（2）设置 p0756[0]=3，将模拟量输入 AI 0 定义为带有断线监控的电流输入。

（3）设置 p0757[0]=6.0 (x_1)。
（4）设置 p0758[0]=-100.0 (y_1)。
（5）设置 p0759[0]=12.0 (x_2)。
（6）设置 p0760[0]=100.0 (y_2)。
（7）设置 p0761[0]=6

输入电流＜6mA 会导致故障 F03505。

4. 确定模拟量输入的功能

常用的变频器的模拟量输入（CI）见表 3-27，完整的 CI 列表可以查阅参数手册。

表 3-27 常用的变频器的模拟量输入（CI）

CI	说明	CI	说明
p1070	主设定值	p2253	工艺控制器设定值 1
p1075	附加设定值	p2264	工艺控制器实际值

将用户选择的 CI 与参数 r0755 相连，即可确定模拟量输入的功能，如图 3-26 所示。参数 r0755 的索引表示对应的模拟量输入。例如：r0755[0]表示模拟量输入 AI 0，设置 p1075=r755[0]，将 AI 0 和附加设定值的信号源相连，以通过模拟量输入 AI 0 给定附加设定值。

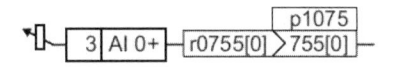

图 3-26 模拟量互联输出模拟量输入的功能

二、模拟量输出功能修改

模拟量互联输出在参数手册的参数表中用 CO 表示，使用参数 p0776 确定模拟量输出的类型，确定模拟量输出的功能只需要将用户选择的 CO 与参数 p0771 相连，如图 3-27 所示。

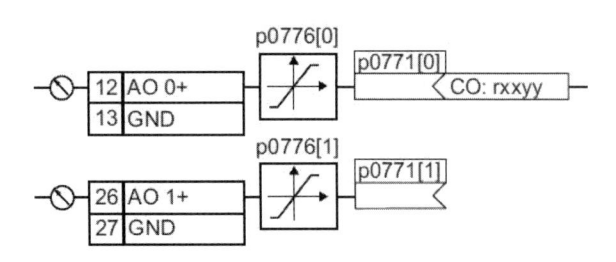

图 3-27 模拟量互联输出的连接

1. 确定模拟量输出的类型

变频器提供了一系列预定义设置，可以使用参数 p0776 进行选择，见表 3-28。

2. 调整模拟量输出的定标

修改了模拟量输出的类型后，变频器会自动调整模拟量输出的定标，如图 3-28 所示。线性的定标曲线由两个点（p0777，p0778）和（p0779，p0780）确定。参数 p0777 … p0780 的一个索引分别对应了一个模拟量输出。例如：参数 p0777[0] … p0770[0] 属于模拟量输出 0，表 3-29 为参数与坐标点的对应关系。

表 3-28　模拟量输出的类型选择

输入接口	输入类项	输入值范围	预定义参数	参数值
AO 0 电流输出（出厂设置）	电流输出（出厂设置）	0～+20mA	p0776[0] =	0
	电压输出	0～+10V		1
	电流输出	+4～+20mA		2
AO 1 电流输出（出厂设置）	电流输出（出厂设置）	0～+20mA	p0776[1] =	0
	电压输出	0～+10V		1
	电流输出	+4～+20mA		2

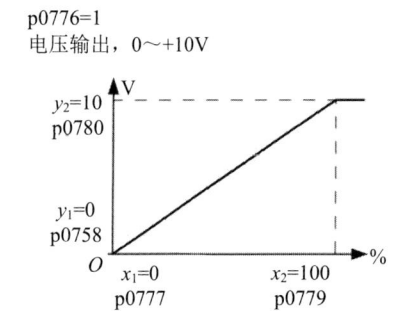

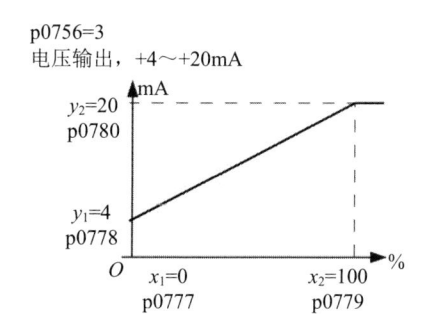

图 3-28　定标曲线示例

表 3-29　参数与坐标点的对应关系

参数	说明
p0777	曲线第 1 个点的 x 坐标（p200x 的%值） p200x 是基准参数，例如：p2000 是基准转速
p0778	曲线第 1 个点的 y 坐标（V 或 mA）
p0779	曲线第 2 个点的 x 坐标（p200x 的%值）
p0780	曲线第 2 个点的 y 坐标（V 或 mA）

3. 设置特性曲线

当预定义的类型和用户的应用不符时，需要自定义定标曲线，如图 3-29 所示。变频器应通过 AO 0 将 "0%～100%" 范围内的%值换算成 "+6～+12mA 范围内的输出信号。

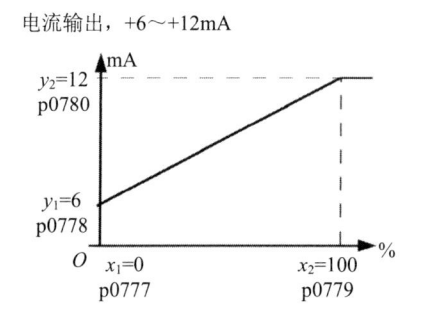

图 3-29　自定义定标曲线

设置特性曲线的操作步骤如下。

（1）设置 p0776[0]=2，将模拟量输出 0 设为电流输出。
（2）设置 p0777[0]=0.0 (x_1)。
（3）设置 p0778[0]=6.0 (y_1)。
（4）设置 p0779[0]=100.0 (x_2)。
（5）设置 p0780[0]=12.0 (y_2)。

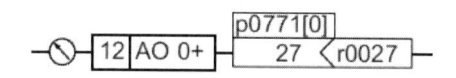

4. 确定模拟量输出的功能

确定模拟量输出的功能只需要将用户选择的 CO 与参数 p0771 相连。参数 p0771 的索引表示对应的模拟量输出。例如：p0771[0]表示模拟量输出 0，见表 3-30。

表 3-30 定标曲线的参数

CO	说明	CO	说明
r0021	经过滤波的转速实际值	r0026	经过滤波的直流母线电压
r0024	经过滤波的输出频率	r0027	经过滤波的电流实际值
r0025	经过滤波的输出电压		

应用示例：确定模拟量输出的功能，将 AO 0 和输出电流信号相连，通过模拟量输出 0 输出变频器的输出电流，设置 p0771=27，如图 3-30 所示。

图 3-30 模拟量输出的功能

三、模拟量输入用作数字量输入

模拟量输入（AI）也可以作为数字量输入使用。为了将模拟量输入用作附加的数字量输入，必须将相应的状态参数 r0722.11 和 r0722.12 的其中一个与选中的 BI 连接。因此，如果将模拟量输入用作数字量输入，则必须将模拟量输入开关置于"电压输入"（U）位置，并按照图 3-31 左侧的方法接线，只允许在 10V 或 24V 的条件下将模拟量输入用作数字量输入驱动。

当模拟量输入开关位于"电流输入"（I）位置时，10V 或 24V 电源电压会导致模拟量输入过电流，过电流会导致模拟量输入损坏。

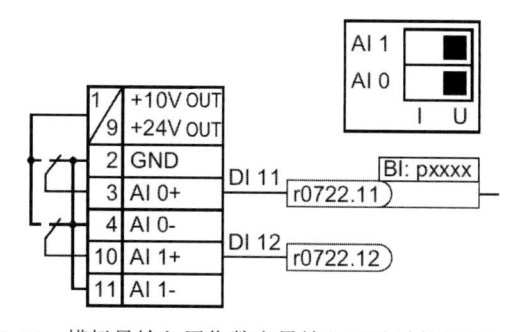

图 3-31 模拟量输入用作数字量输入驱动时的设置与接线

四、I/O 端子模拟量控制转速

1. 控制方案

要求 DI 0 输入时电动机正转,DI 1 输入时电动机反转。电动机的控制转速由 AI 0 控制,见表 3-31。

表 3-31 I/O 端子模拟量控制转速

控制端子	控制状态	说明
控制电动机	正转 STOP 反转 STOP	电动机指令
DI 0	电动机 ON/OFF/正转	接通时正转;断开时停止
DI 1	电动机 ON/OFF/反转	接通时反转;断开时停止
AI 0	输入电流(0~+20mA)/输入电压(0~+10V)	给定 0~+20mA/0~+10V,对应电动机的转速度是 0~最高转速

2. 控制回路原理图

(1) 电流信号控制,图 3-32 所示。

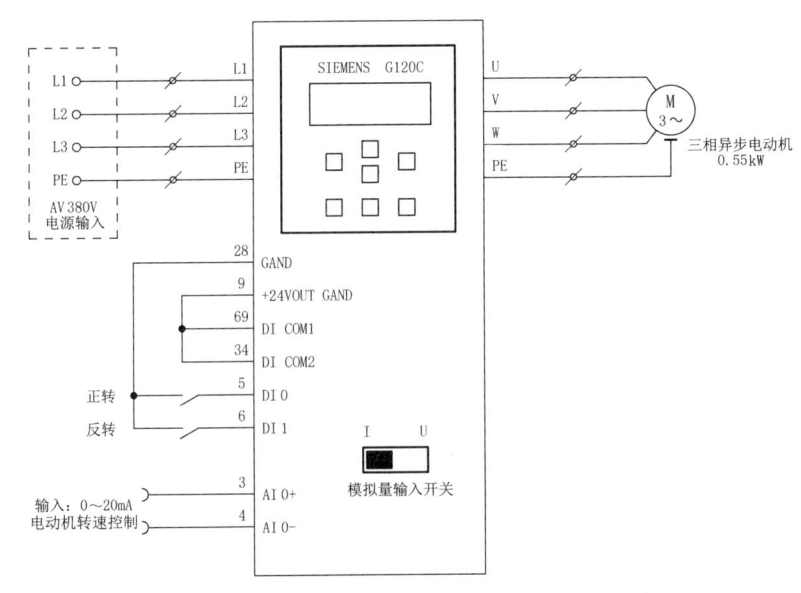

图 3-32 控制原理图(+4~+20mA 电流信号控制)

(2) 电压信号控制,如图 3-33 所示。

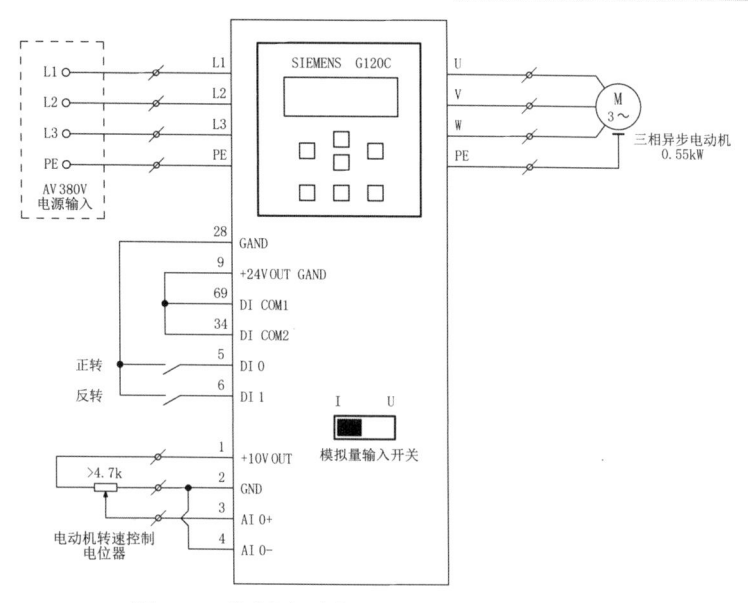

图 3-33 控制原理图（0～+10V 电压信号控制）

3. 参数设置

控制参数在 BOP-2 控制的基础上进行设置，表 3-32 为+4～+20mA 电流信号控制参数设置步骤，表 3-33 为 0～+10V 电压控制信号参数设置步骤。

表 3-32 +4～+20mA 电流信号控制参数设置步骤

步骤	参数号	设置值	说明
1	p0010	1	进入参数调试状态
2	p0015	17	—
3	p0756	3	单极电流输入（+4～+20mA）
4	p0010	0	变频器控制就绪

表 3-33 0～+10V 电压信号控制参数设置步骤

步骤	参数号	设置值	说明
1	p0010	1	进入参数调试状态
2	p0015	17	—
3	p0756	0	单极电压输入（0～+10V）
4	p0010	0	变频器控制就绪

任务四 设定值源和指令源的选择

【任务描述】

主设定值通常是电动机转速，变频器通过设定值源收到主设定值；指令源是变频器收到控制指令的接口。通过预设置接口宏可以定义变频器用什么信号控制启动，由什么信号来控制输出频率。在预设置接口宏不能完全符合要求时，必须根据需要通过 BICO 功能来调整设定值源和指令源。

本任务将学习如何借助 BICO 功能来调整设定值源和指令源。

【任务实施】

主设定值通常是电动机转速，变频器通过设定值源收到主设定值。主设定值的来源可以是变频器的现场总线接口、变频器的模拟量输入、变频器内模拟的电动电位器、变频器内保存的固定设定值，上述来源也可以是附加设定值的来源。通过预设置接口宏可以定义变频器用什么信号控制启动，由什么信号来控制输出频率，在预设置接口宏不能完全符合要求时，必须根据需要通过 BICO 功能来调整设定值源和指令源，主设定值的来源如图 3-34 所示。在以下条件下，变频器控制会从主设定值切换为其他设定值：一是相应互联的工艺控制器被激活时，工艺控制器的输出会给定电动机转速；二是 JOG 被激活时；三是由操作面板或博图（TIA Portal）软件控制时。

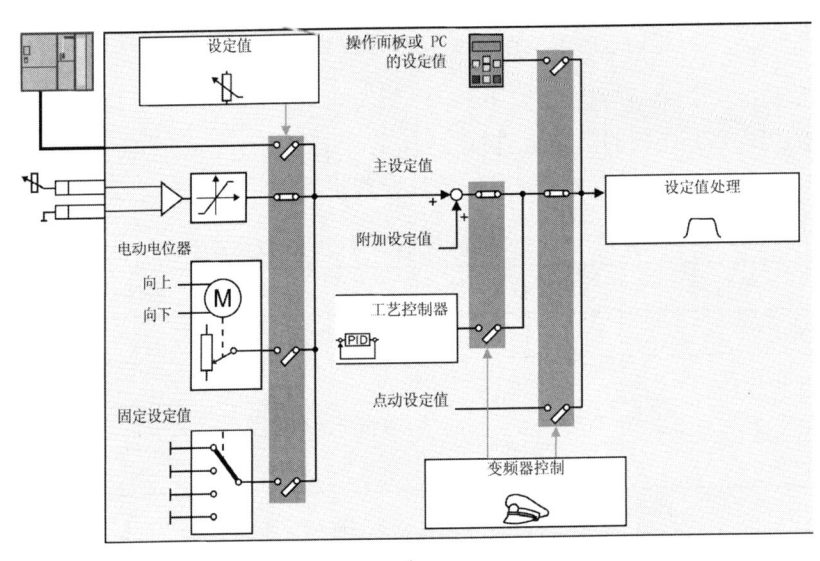

图 3-34 主设定值的来源

设定值源指变频器收到设定值的接口，在设置预设置接口宏 p0015 时，变频器会自动对设定值源进行定义。主设定值 p1070 的常用设定值源见表 3-34，r1050、r755.0、r1024、r2050.1、r755.1 均为设定值源。

表 3-34 主设定值 p1070 的常用设定值源

参数号	参数值	说明
p1070	1050	将电动电位器作为主设定值
	755[0]	将模拟量输入 AI 0 作为主设定值
	1024	将固定转速作为主设定值
	2050[1]	将现场总线作为主设定值
	755[1]	将模拟量输入 AI 1 作为主设定值

一、模拟量输入设为设定值源

当用户选择模拟量输入功能的标准设置时，必须将主设定值的参数和一个模拟量输入互联在一起，如图 3-35 所示。根据相连信号的不同，需要相应调整模拟量输入。例如：将它设为电压输入±10V 或电流输入+4～+20mA。可以在快速调试中确认变频器接口的预设置，根据预设置的选择，模拟量输入可在快速调试之后就与主设定值互联。

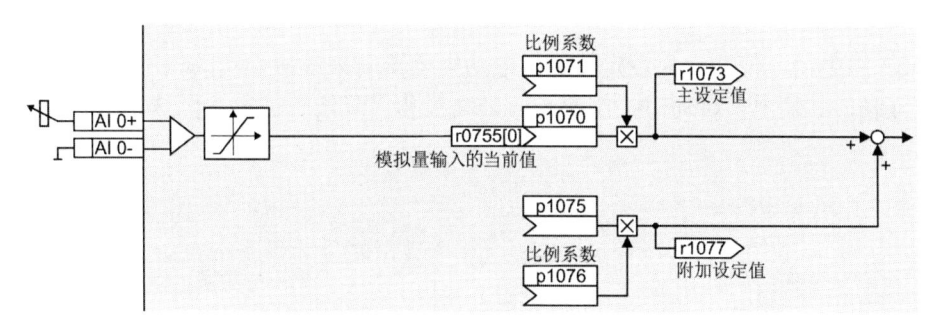

图 3-35 模拟量输入 AI 0 设为设定值源

表 3-35 是模拟量输入 AI 0 分别设置为主设定值和附加设定值的来源示例。

表 3-35 模拟量输入 AI 0 设为设定值的来源

参数	注释
p1070=755[0]	主设定值与模拟量输入 AI 0 互联
p1075=755[0]	附加设定值与模拟量输入 AI 0 互联

二、现场总线设为设定值源

在快速调试中确认变频器接口的预设置，图 3-36 将现场总线设为设定值源，根据预设置的选择，接收字 PZD02 可在快速调试之后就与主设定值互联，大多数标准报文将转速设定值作为第二个过程数据 PZD2 来接收。

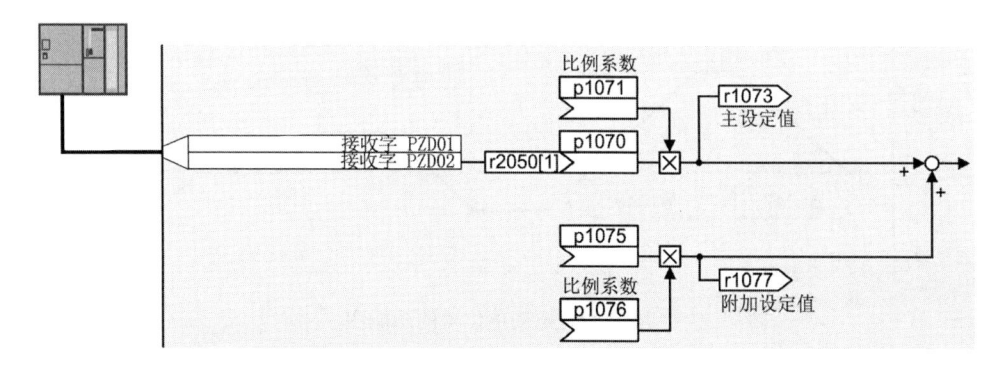

图 3-36 现场总线设为设定值源

表 3-36 为现场总线设为设定值源示例，设定值与现场总线的过程数据互联。

表 3-36 现场总线设为设定值源示例

参数	注释
p1070 =2050[1]	附加设定值与现场总线的过程数据 PZD2 互联
p1075 =2050[1]	—

三、电动电位器设为设定值源

图 3-37 将电动电位器设为设定值源，电动电位器用来模拟真实的电位器。电动电位器与设定值源互联，其输出值可通过控制信号"升高"和"降低"调整。图 3-38 是电动电位器的功能图。

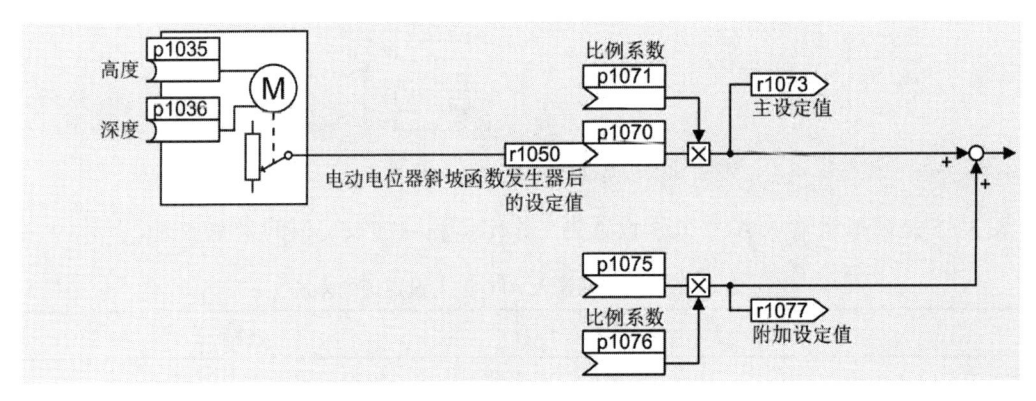

图 3-37 电动电位器设为设定值源

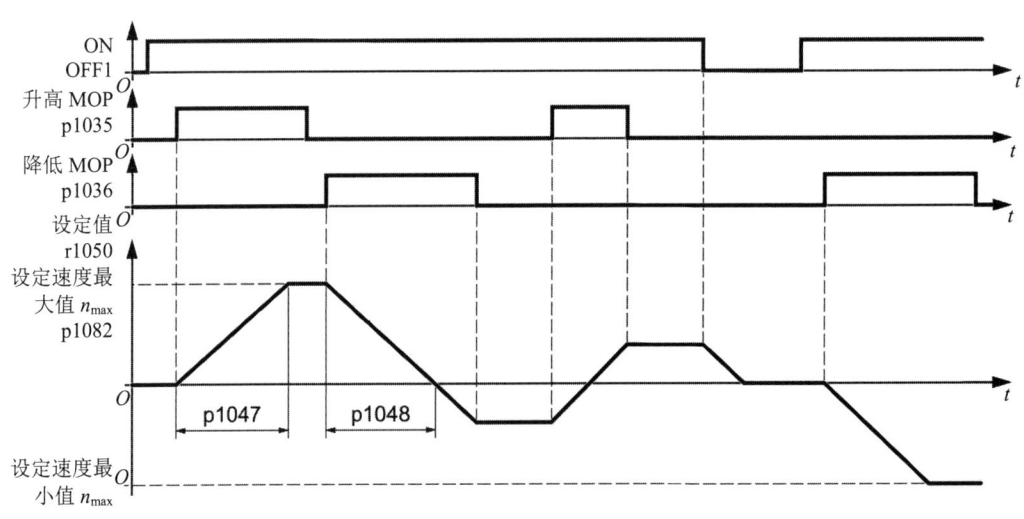

图 3-38 电动电位器的功能图

表 3-37 是电动电位器的基本参数设置，主要参数有电动电位器设定值升高（p1035）、电动电位器设定值降低（p1036）、MOP 初始值（p1040）和主设定值（p1070）等。

表 3-37　电动电位器的基本参数设置

参数	描述
p1035	电动电位器设定值升高
p1036	电动电位器设定值降低

将这些指令与用户选择的信号互联

参数	描述
p1040	MOP 初始值（出厂设置：0rpm） 定义了在电动机接通时生效的初始值[rpm]
p1047	MOP 加速时间（出厂设置：10s）
p1048	MOP 减速时间（出厂设置：10s）
r1050	电动电位器斜坡函数发生器后的设定值
p1070=1050	主设定值

四、固定转速设为设定值源

在很多应用中，只需要电动机在通电后以固定转速运转，或者在不同的固定转速之间来回切换，例如输送带在接通后只使用两个不同的速度运行。将固定转速与主设定值互联，变频器提供了两种选择固定设定值的方法，如图 3-39 所示。

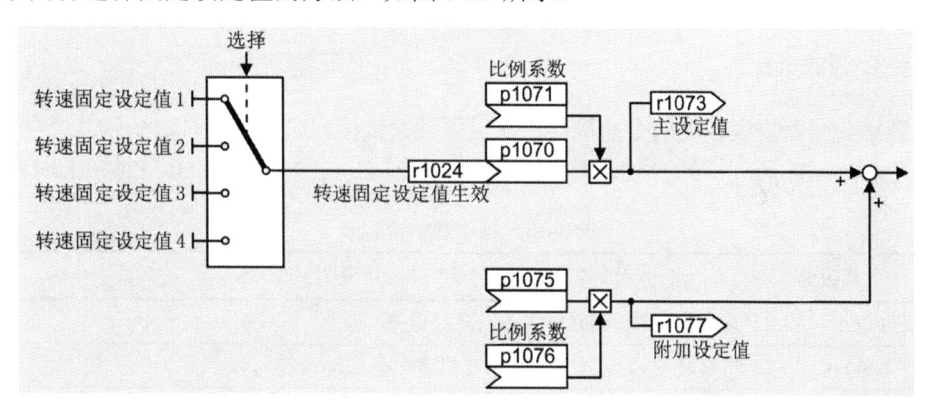

图 3-39　固定转速设为设定值源

1. 固定设定值的直接选择

图 3-40 为固定设定值的直接选择，可以设置 4 个不同的固定设定值，通过添加 1~4 个固定设定值，最多可得到 16 个不同的设定值。

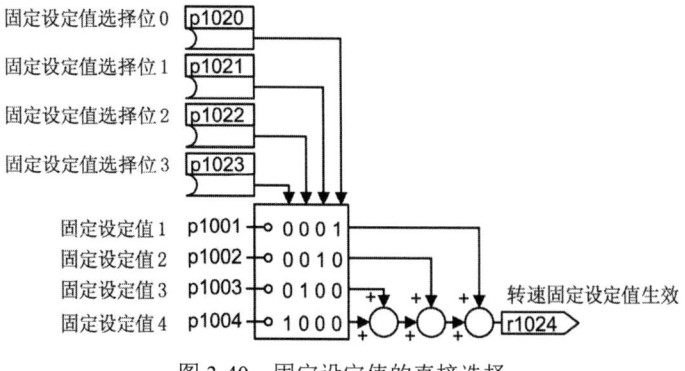

图 3-40　固定设定值的直接选择

2. 固定设定值的二进制选择

图 3-41 为固定设定值的二进制选择，可以设置 16 个不同的固定设定值。通过 4 个选择位的不同组合，可以准确地从 16 个不同的固定设定值中选择一个固定设定值。

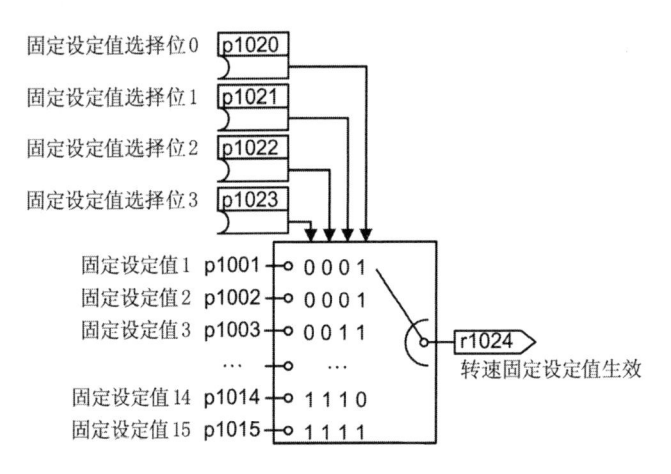

```
固定设定值选择位0    p1020
固定设定值选择位1    p1021
固定设定值选择位2    p1022
固定设定值选择位3    p1023

固定设定值1   p1001 — 0001
固定设定值2   p1002 — 0001
固定设定值3   p1003 — 0011
   …            …      …
固定设定值14  p1014 — 1110
固定设定值15  p1015 — 1111
                            → r1024 转速固定设定值生效
```

图 3-41 固定设定值的二进制选择

五、指令源的选择

指令源指变频器收到控制指令的接口。在设置预设置接口宏 p0015 时，变频器会自动对指令源进行定义。表 3-38 所列举的参数设置中，r722.0、r722.2、r722.3、r2090.0、r2090.1 均为指令源。

表 3-38 指令源参数列表

参数号	参数值	说明
p0840	722.0	将数字量输入 DI 0 定义为启动命令
p0840	2090.0	将现场总线控制字 1 的第 0 位定义为启动命令
p0844	722.2	将数字量输入 DI 2 定义为 OFF2 命令
p0844	2090.1	将现场总线控制字 1 的第 1 位定义为 OFF2 命令
p2103	722.3	将数字量输入 DI 3 定义为故障复位

六、主要参数设置

模拟量输入 AI 0 设为设定值源的主要参数见表 3-39。

表 3-39 模拟量输入 AI 0 设为设定值源的主要参数

参数	说明	设置
r0755[0...1]	CO：CU 模拟量输入，当前值[%]	显示模拟量输入当前所基于的输入值 [0]=模拟量输入 AI 0 [1]=模拟量输入 AI 1
p1070[0...n]	CI：主设定值	主设定值的信号源，出厂设置取决于变频器 带 PROFIBUS 或 PROFINET 接口的变频器：[0] 2050[1] 不带 PROFIBUS 或 PROFINET 接口的变频器：[0] 755[0]

续表

参数	说明	设置
p1071[0…n]	CI：主设定值比例系数	主设定值比例系数的信号源 出厂设置：1
r1073	CO：主设定值生效	显示生效的主设定值
p1075[0…n]	CI：附加设定值	附加设定值的信号源 出厂设置：0
p1076[0…n]	CI：附加设定值比例系数	附加设定值比例系数的信号源 出厂设置：0

任务五　双线制和三线制电动机控制

【任务描述】

双线制、三线制实质上是指用开关还是用按钮来进行电动机的正反转控制。双线制控制是一种使用开关触点进行闭合、断开的启停方式，有 2 个控制指令；三线制控制是一种脉冲上升沿触发的启停方式，需要 3 个控制指令。

本任务的学习双线制和三线制电动机正反转控制的方法。

【任务实施】

一、双线制和三线制的定义

双线制和三线制的控制方法见表 3-40。如果用户选择了通过数字量输入来控制变频器启停，则在基本调试中通过参数 p0015 定义数字量输入如何启动或停止电动机，如何在正转和反转之间进行切换。有 5 种方法可用于控制电动机：双线制控制有 2 条控制指令、3 种控制方法，是一种使用开关触点进行闭合、断开的启停方式；三线制控制有 3 条控制指令、2 种控制方法，是一种脉冲上升沿触发的启停方式。

表 3-40　双线制和三线制的控制方法

控制状态	控制指令	典型应用
电机 ON/OFF、换向波形图	双线制控制方法 1： （1）接通和断开电动机（ON/OFF1）； （2）切换电动机的旋转方向（反向）	传送带应用中的现场控制
电机 ON/OFF、电机通电、换向波形图	双线制控制方法 2 和方法 3： （1）接通和断开电动机（ON/OFF1），正转； （2）接通和断开电动机（ON/OFF1），反转	通过主开关进行控制的运行

控制状态	控制指令	典型应用
使能/电机 OFF 电机 ON/正转 电机 ON/反转	三线制控制方法 1： （1）使能电动机和断开电动机（OFF1）； （2）接通电动机（ON），正转； （3）接通电动机（ON），反转	通过主开关进行控制的运行传动
电机 ON/OFF/ 正转 电机 ON/OFF/ 反转	三线制控制方法 2： （1）使能电动机和断开电动机（OFF1）； （2）接通电动机（ON）； （3）切换电动机的旋转方向（反向）	—

二、双线制控制方法 1

双线制控制方法 1 有"ON/OFF1"和"反向"2 条指令，指令"ON/OFF1"用于接通和断开电动机，指令"反向"用于切换电动机的旋转方向，如图 3-42 所示。

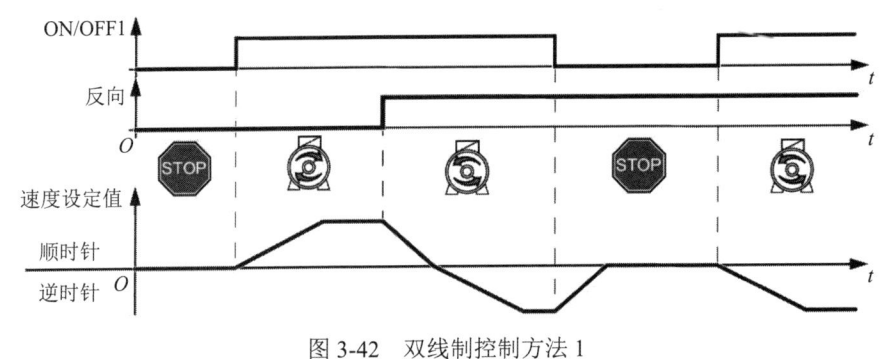

图 3-42 双线制控制方法 1

1. 功能表

双线制控制方法 1 可以实现的功能见表 3-41。

表 3-41 双线制控制方法 1 的功能

ON/OFF1	反向	功能
0	0	OFF1：电动机停止
0	1	OFF1：电动机停止
1	0	ON：电动机正转
1	1	ON：电动机反转

2. 接口预设置定义

双线制控制方法 1 对应预设置 12，带模拟量设定值的标准 I/O，如图 3-43 所示。
启停控制：电动机的启停通过数字量输入 DI 0 控制，数字量输入 DI 1 用于电动机反向。
速度调节：电动机的转速通过模拟量输入 AI 0 调节，AI 0 默认为-10～+10V 输入方式。

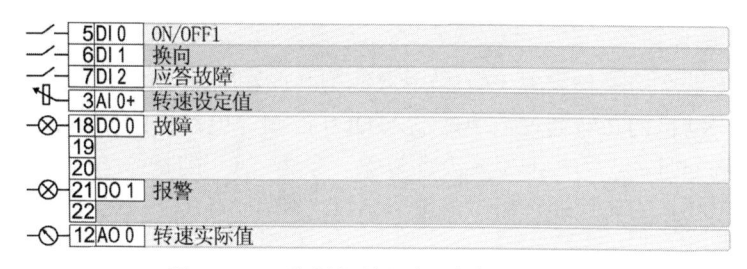

```
—/ — 5  DI 0    ON/OFF1
—/ — 6  DI 1    换向
—/ — 7  DI 2    应答故障
—⊗— 3  AI 0+   转速设定值
—⊗—18  DO 0    故障
       19
       20
—⊗—21  DO 1    报警
       22
—⊗—12  AO 0    转速实际值
```

图 3-43 双线制控制方法 1 的接口预设置

3. 数字量输入的修改与分配

数字量输入 DI 0 用于 ON/OFF1，数字量输入 DI 1 用于电动机反向，这些数字量输入可以重新修改与分配不同的端子，见表 3-42。

表 3-42 数字量输入的修改与分配

参数	说明
p0840[0 … n]=722.x	BI：ON/OFF1 (ON/OFF1) 示例：p0840=722.3 ⇒ DI 3：ON/OFF1
p1113[0 … n]=722.x	BI：设定值取反（反向）

三、双线制控制方法 2

双线制控制方法 2 有"ON/OFF1 正转"和"ON/OFF1 反转"2 条指令，指令"ON/OFF1 正转"和"ON/OFF1 反转"能接通电动机并同时选择电动机的旋转方向，仅在电动机静止时变频器才会接收新指令，如图 3-44 所示。

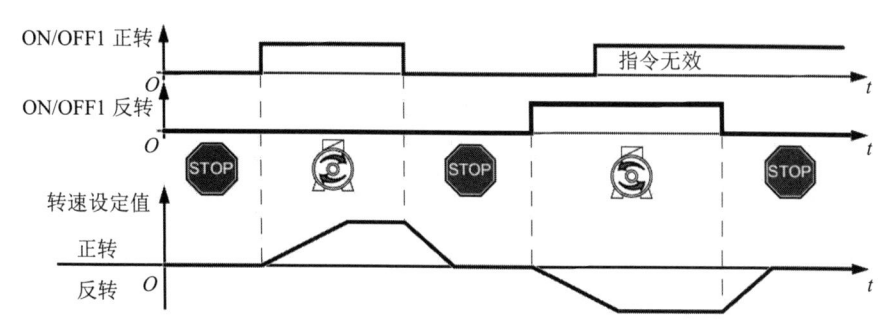

图 3-44 双线制控制方法 2

1. 功能表

双线制控制方法 2 可以实现的功能见表 3-43。

表 3-43 双线制控制方法 2 的功能

ON/OFF1 正转	ON/OFF1 反转	功能
0	0	OFF1：电动机停止
1	0	ON：电动机正转
0	1	ON：电动机反转
1	1	ON：电动机的旋转方向以第一条为"1"的指令为准

2. 接口预设置定义

双线制控制方法 2 对应预设置 17，采用双线制，如图 3-45 所示。

启停控制：电动机的正转通过数字量输入 DI 0 控制，电动机的反转通过数字量输入 DI 1 控制；两个同时接通时，电动机的旋转方向以第一条为"1"的指令为准。

速度调节：电动机的转速通过模拟量输入 AI 0 调节，AI 0 默认为-10～+10V 输入方式。

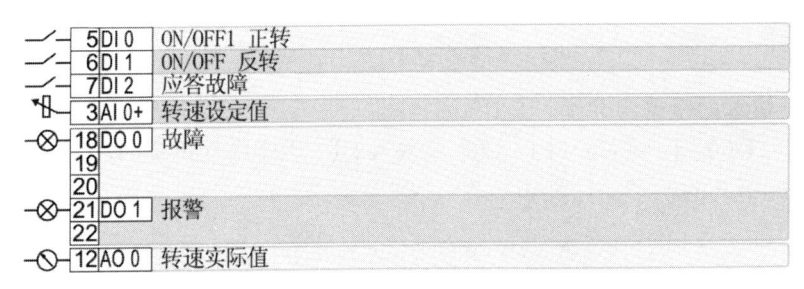

```
5  DI 0    ON/OFF1 正转
6  DI 1    ON/OFF 反转
7  DI 2    应答故障
3  AI 0+   转速设定值
18 DO 0    故障
19
20
21 DO 1    报警
22
12 AO 0    转速实际值
```

图 3-45 双线制控制方法 2 的接口预设置

3. 数字量输入的修改与分配

数字量输入 DI 0 用于电动机的正转，数字量输入 DI 1 用于电动机的反转，这些数字量输入可以重新修改与分配不同的端子，见表 3-44。

表 3-44 数字量输入的修改与分配

参数	说明
p3330[0 … n]=722.x	BI：双线制控制指令 1（ON/OFF1 正转）
p3331[0 … n]=722.x	BI：双线制控制指令 2（ON/OFF1 反转） 示例：p3331=722.0 ⇒ DI 0：ON/OFF1 反转

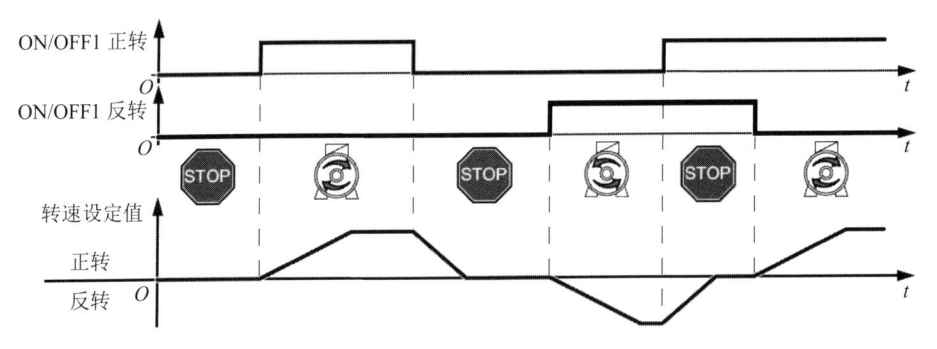

四、双线制控制方法 3

双线制控制方法 3 有"ON/OFF1 正转"和"ON/OFF1 反转"2 条指令，2 条指令能接通电动机并同时选择电动机的旋转方向，变频器可随时接收控制指令，与电动机的转速无关，如图 3-46 所示。

图 3-46 双线制控制方法 3

1. 功能表

双线制控制方法 3 可以实现的功能见表 3-45。

表 3-45 双线制控制方法 3 的功能

ON/OFF1 正转	ON/OFF1 反转	功能
0	0	OFF1：电动机停止
1	0	ON：电动机正转
0	1	ON：电动机反转
1	1	OFF1：电动机停止

2. 接口预设置定义

双线制控制方法 3 对应预设置 18，采用双线制，如图 3-47 所示。

启停控制：电动机的正转通过数字量输入 DI 0 控制，电动机的反转通过数字量输入 DI 1 控制；两个同时接通时，电动机的旋转方向以第一条为"1"的指令为准。

速度调节：电动机的转速通过模拟量输入 AI 0 调节，AI 0 默认为-10～+10V 输入方式。

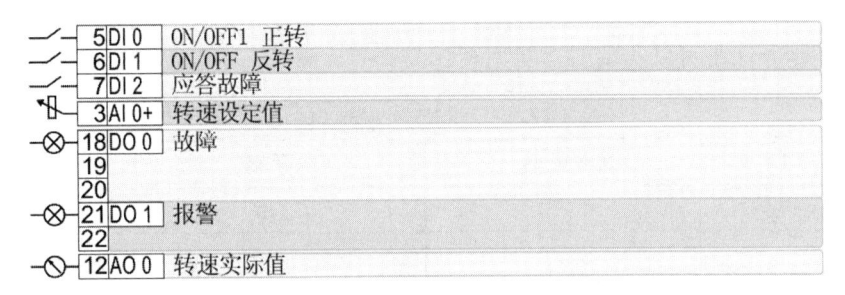

```
─/─ 5 DI 0    ON/OFF1 正转
─/─ 6 DI 1    ON/OFF 反转
─/─ 7 DI 2    应答故障
─┤├─ 3 AI 0+  转速设定值
─⊗─ 18 DO 0   故障
     19
     20
─⊗─ 21 DO 1   报警
     22
─⊗─ 12 AO 0   转速实际值
```

图 3-47 双线制控制方法 3 的接口预设置

3. 数字量输入的修改与分配

数字量输入 DI 0 用于电动机的正转，数字量输入 DI 1 用于电动机的反转，这些数字量输入可以重新修改与分配不同的端子，见表 3-46。

表 3-46 数字量输入的修改与分配

参数	说明
p3330[0 … n]=722.x	BI：双/三线制控制指令 1（ON/OFF1 正转）
p3331[0 … n]=722.x	BI：双/三线制控制指令 2（ON/OFF1 反转） 示例：p3331=722.0 ⇒ DI 0：ON/OFF1 反转

五、双线制控制方法的区别

（1）双线制控制方法 2 只能在电动机停止时接受新的控制指令，如果控制指令 1 和 2 同时接通电动机，则电动机按照之前的旋转方向旋转。

（2）双线制控制方法 3 可以在任何时刻接受新的控制指令，如果控制指令 1 和 2 同时接通电动机，则电动机将按照 OFF1 斜坡停止。

六、三线制控制方法 1

三线制控制方法 1 接通电动机的前提条件是给出"使能/OFF1"指令，指令"ON 正转"

和"ON 反转"能接通电动机并同时选择电动机的旋转方向,指令为脉冲上升沿触发,取消使能后,电动机关闭(OFF1),如图 3-48 所示。

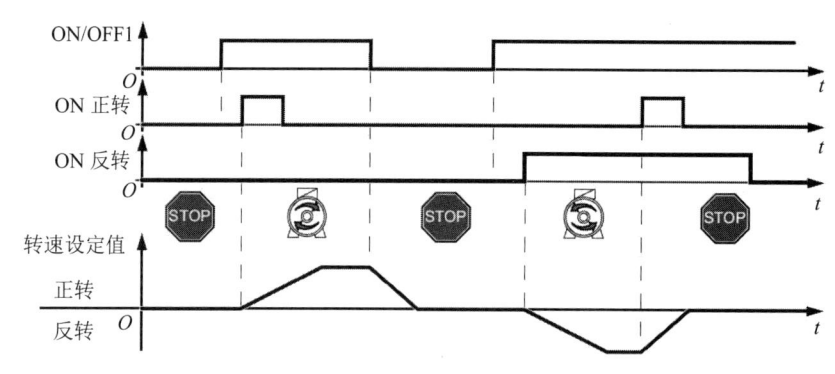

图 3-48 三线制控制方法 1

1. 功能表

三线制控制方法 1 可以实现的功能见表 3-47。

表 3-47 三线制控制方法 1 的功能

使能/OFF1	ON 正转	ON 反转	功能
0	0 或 1	0 或 1	电动机停止
1	0→1	0	电动机正转
1	0	0→1	电动机反转
1	1	1	电动机停止

2. 接口预设置定义

三线制控制方法 1 对应预设置 19,采用三线制,分为使能/向前/向后控制,如图 3-49 所示。

使能控制:电动机接通使能通过数字量 DI 0 控制。

启停控制:电动机的正转通过数字量输入 DI 1 控制,电动机的反转通过数字量输入 DI 2 控制,电动机的旋转方向以最新的指令上升沿为准。

速度调节:电动机的转速通过模拟量输入 AI 0 调节,AI 0 默认为-10~+10V 输入方式。

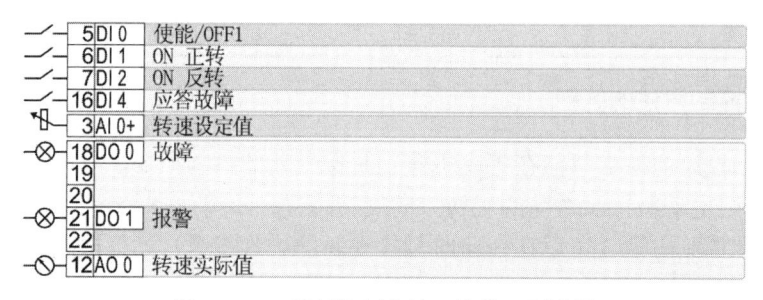

图 3-49 三线制控制方法 1 的接口预设置

3. 数字量输入的修改与分配

数字量输入 DI 0 使能/OFF1,数字量输入 DI 1 用于电动机的正转,数字量输入 DI 2 用于电动机的反转，这些数字量输入可以重新修改与分配不同的端子，见表3-48。

表3-48 数字量输入的修改与分配

参数	说明
p3330[0 … n]=722.x	BI：双/三线制控制指令1（使能/OFF1）
p3331[0 … n]=722.x	BI：双/三线制控制指令2（ON 正转）
p3332[0 … n]=722.x	BI：双/三线制控制指令3（ON 反转） 示例：p3332=722.0 ⇒ DI 0：ON 反转

七、三线制控制方法2

三线制控制方法2接通电动机的前提条件是给出"使能"指令；"使能"状态下，指令"ON"脉冲接通电动机，电动机同时正转；"使能"状态下，指令"ON"脉冲接通电动机，指令"换向"改变电动机的旋转方向；"换向"指令消失，电动机恢复正转；取消使能后，电动机关闭（OFF1），如图3-50所示。

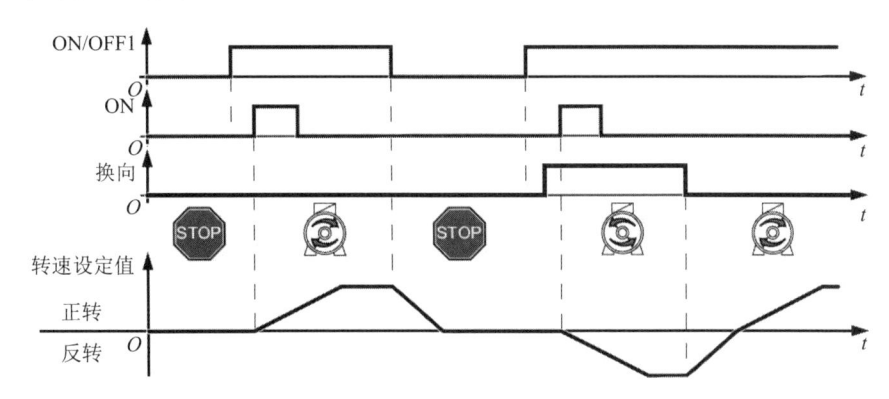

图3-50 三线制控制方法2

1. 功能表

三线制控制方法2可以实现的功能见表3-49。

表3-49 三线制控制方法2的功能

使能/OFF1	ON	换向	功能
0	0 或 1	0 或 1	电动机停止
1	0→1	0	电动机正转
1	0→1	1	电动机反转

2. 接口预设置定义

三线制控制方法2对应预设置20，采用三线制，分为使能/向前/向后控制，如图3-51所示。

使能控制：电动机接通使能通过数字量 DI 0 控制。

启停控制：电动机的激活与正转通过数字量输入 DI 1 控制；电动机激活有效时，电动机的反转通过数字量输入 DI 2 控制。

速度调节：电动机的转速通过模拟量输入 AI 0 调节，AI 0 默认为-10～+10V 输入方式。

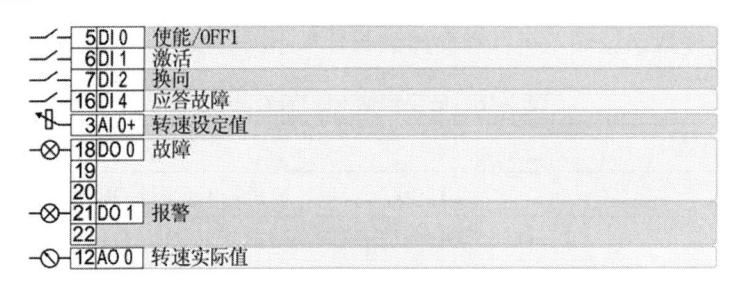

```
 ─/ ─ 5  DI 0   使能/OFF1
 ─/ ─ 6  DI 1   激活
 ─/ ─ 7  DI 2   换向
 ─/ ─ 16 DI 4   应答故障
 ─╱ ─ 3  AI 0+  转速设定值
 ─⊗─ 18 DO 0   故障
      19
      20
 ─⊗─ 21 DO 1   报警
      22
 ─⊙─ 12 AO 0   转速实际值
```

图 3-51 三线制控制方法 2 的接口预设置

3. 数字量输入的个修改与分配

数字量输入 DI 0 使能/OFF1，数字量输入 DI 1 激活，数字量输入 DI 2 用于电动机的换向，这些数字量输入可以重新修改与分配不同的端子，见表 3-50。

表 3-50 数字量输入的修改与分配

参数	说明
p3330[0 … n]=722.x BI：双/三线制控制指令 1（使能/OFF1）	BI：双/三线线制控制指令 1（使能/OFF1）
p3331[0 … n]=722.x	BI：双/三线线制控制指令 2（ON） 示例：p3331=722.0 ⇒ DI 0：ON 指令
p3332[0 … n]=722.x	BI：双/三线线制控制指令 3（换向）

任务六　停车与抱闸的实现

【任务描述】

停车指的是将电动机的转速降到零速的操作；电动机抱闸将关闭电动机并将电动机保持在某一位置，可以防止电动机静止时意外旋转。

本任务将学习变频器的停车控制和抱闸控制。

【任务实施】

一、停车控制

CU240B-2 和 CU240E-2 支持的停车方式包括 OFF1、OFF2 和 OFF3，具体见表 3-51。

表 3-51 CU240B-2 和 CU240E-2 支持的停车方式

停车方式	功能解释	对应参数	参数描述
OFF1	变频器将按照 p1121 所设定的斜坡下降时间减速	p0840	OFF1 停车信号源
OFF2	变频器封锁脉冲输出，电动机靠惯性自由旋转停车。如果使用抱闸功能，则变频器立即关闭抱闸	p0844	OFF2 停车信号源 1
		p0845	OFF2 停车信号源 2
OFF3	变频器将按照 p1135 所设定的斜坡下降时间减速	p0848	OFF3 停车信号源 1
		p0849	OFF3 停车信号源 2

停车方式优先级：OFF2 > OFF3 > OFF1，通过 BICO 功能在 OFFx 停车信号源中定义停车命令，在该命令为低电平时执行相应的停车命令。如果同时使能了多种停车方式，则变频器按照优先级最高的停车方式停车。

注：如果 OFF2、OFF3 命令已经被激活，则必须首先取消 OFF2、OFF3 命令，重新发出启动命令，这样变频器才能启动。

表 3-52 的停车方式应用示例使用 DI 0 作为 ON/OFF1 指令，DI 1 作为 OFF2 停车指令。

表 3-52 停车方式应用示例

参数号	参数值	说明
p0840	722.0	将 DI 0 作为 ON/OFF1 指令，r0722.0 为 DI 0 状态的参数
p0844	722.1	将 DI 1 作为 OFF2 停车指令，r0722.1 为 DI 1 状态的参数

二、抱闸控制

当正确设置"电动机抱闸"功能时，只要电动机抱闸打开，电动机就会保持接通。仅当电动机抱闸闭合时，变频器才关闭电动机。电动机抱闸可以防止电动机静止时意外旋转，变频器具有一个内部逻辑用于控制抱闸。

1. 抱闸控制方式

有以下两种方式实现 G120 抱闸控制。

（1）使用西门子抱闸继电器模块，订货号为 6SL3252-0BB00-0AA0。

（2）利用控制单元数字量输出控制中间继电器，由中间继电器触点控制电动机抱闸。

2. 抱闸控制时序图

图 3-52 是抱闸控制时序图。

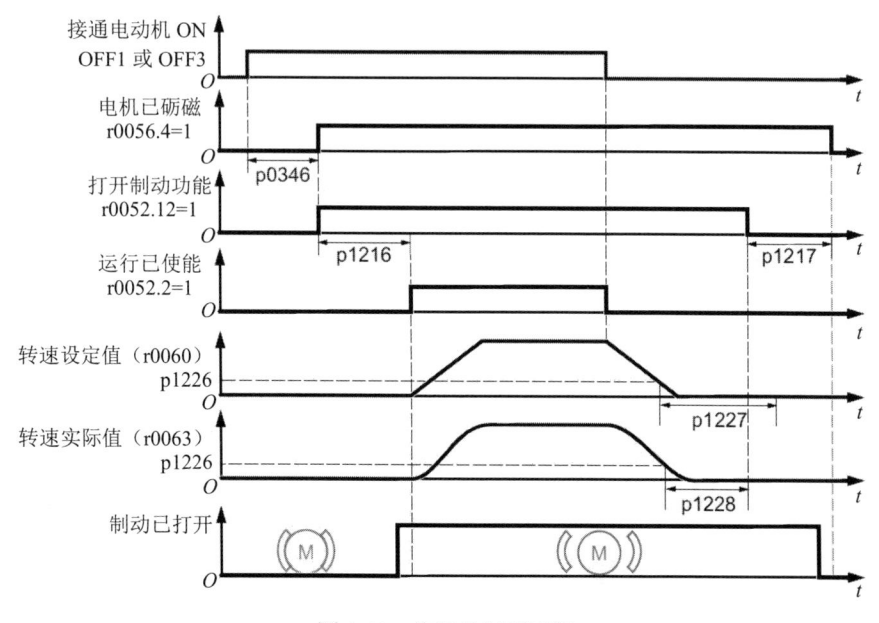

图 3-52 抱闸控制时序图

（1）发出 ON 指令（接通电动机）后，变频器开始对电动机进行励磁。励磁时间（p0346）截止后，变频器发出打开抱闸的指令。

（2）此时电动机保持静止，直到延迟 p1216 时间后，抱闸才会实际打开。

（3）抱闸打开、延迟时间截止后，电动机开始加速到目标速度。

（4）发出 OFF 指令。OFF1 或 OFF3 指令后电动机减速；如果发出 OFF2 指令，则抱闸立刻闭合。

（5）如果收到 OFF1 或 OFF3 指令，则变频器会使电动机制动直至静止，如果收到 OFF2 指令，则抱闸立刻闭合。

（6）制动时，变频器将转速设定值和当前转速与静止状态检测转速阈值（p1226）进行比较：若转速设定值<p1226，则启动静止状态检测监控时间（p1227）；若当前转速< p1226，则启动脉冲封锁延迟时间（p1228）。

（7）若 p1227 或 p1228 中任意一个时间结束，则变频器命令抱闸闭合。

（8）电机抱闸闭合时间（p1217）结束后变频器会关闭电动机，在该时间（p1217）内电动机抱闸必须闭合。

3. 抱闸功能的主要参数

抱闸功能的主要参数包括抱闸功能模式（p1215）、电动机抱闸打开和闭合时间（p1216 和 p1217）、电动机启动频率（p1351）等参数，具体见表 3-53。

表 3-53 抱闸功能的主要参数

参数号	说明
p1215	抱闸功能模式有以下 4 种： 0：禁止抱闸功能； 1：使用西门子抱闸继电器控制； 2：抱闸一直打开； 3：由 BICO 连接控制（使用控制单元数字量输出控制中间继电器）
p1216	电动机抱闸打开时间（该时间应配合抱闸机构的打开时间）
p1217	电动机抱闸闭合时间（该时间应配合抱闸机构的闭合时间）
p1351	电动机启动频率
p1352	V/f 控制方式时，电动机抱闸启动频率的信号源
p1475	矢量控制方式时，电动机抱闸启动转矩的信号源
r0052.12	电动机抱闸打开状态

4. 应用示例

（1）使用控制单元数字量输出控制中间继电器，数字量输出的功能和接线方式请参考"数字量输出功能"。V/f 控制方式下，使用继电器输出 DO 0 作为抱闸控制信号的参数示例见表 3-54。

表 3-54 使用继电器输出 DO 0 作为抱闸控制信号的参数示例

参数号	参数值	说明
p1215	3	抱闸功能模式定义为：由 BICO 连接控制
p1216	100	电动机抱闸的打开时间（具体时间根据抱闸特性而定）

续表

参数号	参数值	说明
p1217	100	电动机抱闸的闭合时间（具体时间根据抱闸特性而定）
p1352	1315	将 p1351 作为 V/f 控制方式时，电动机抱闸启动频率的信号源
p1351	50	电动机启动频率定义为滑差频率的 50%（具体数值根据负载特性而定）
p0730	52.12	将继电器输出 DO 0 功能定义为抱闸控制信号输出

（2）使用西门子抱闸继电器。该抱闸继电器由预制电缆连接到功率模块，提供一个最大容量 AC 440V/3.5A、DC 24V/12A 的动合触点，接线方式如图 3-53 所示。

参数设置：p1215=1，其他参数设置参考"使用控制单元数字量输出控制中间继电器"方式。

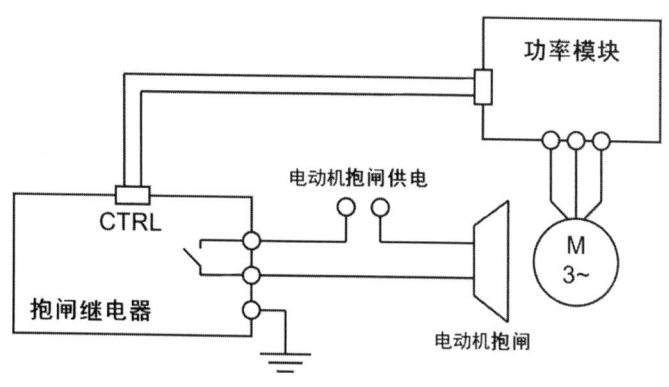

图 3-53 抱闸继电器的接线方法

任务七　启动与再启动

【任务描述】

自动再启动是变频器在主电源跳闸或故障后重新启动的功能。自动再启动包含了两种模式：故障自动应答和自动启动。

本任务将学习变频器的启动与再启动的实现。

【任务实施】

一、自动再启动

自动再启动是变频器在主电源跳闸或故障后重新启动的功能。需要启动命令保持 ON 状态才能进行自动再启动。自动再启动包含了两种模式：故障自动应答和自动启动。自动再启动功能在参数 p1210 中设置，见表 3-55。

表 3-55 自动再启动功能参数（p1210）设置

参数号	参数值	说明
p1210	0	不自动应答故障，不自动启动（默认设置）
	1	无论有无 ON 命令自动应答故障，都不自动启动
	4	在发生欠电压故障时，在有 ON 命令时自动应答故障，自动启动
	6	在发生任何故障时，在有 ON 命令时自动应答故障，自动启动
	14	在发生欠电压故障时，在有 ON 命令时需手动应答故障，自动启动
	16	在发生任何故障时，在有 ON 命令时需手动应答故障，自动启动
	26	在发生任何故障时，无论有无 ON 命令都能自动应答故障，在有 ON 命令时自动启动

1. 自动再启动相关参数

自动再启动还需要设置自动再启动的模式、自动再启动的次数、自动再启动的等待时间等相关参数，具体见表 3-56。

表 3-56 自动再启动相关参数设置

参数号	说明
p1206	设置不自动再启动的故障编号，只在 p1210=6 或 16 时有效
p1210	自动再启动的模式
p1211	自动再启动的次数
p1212	自动再启动的等待时间
p1213.0	自动再启动的监控时间
p1213.1	用于启动计数器的复位时间

2. 应用示例

以风机水泵类负载为例，在出现欠电压故障后希望变频器自动再启动，实现无人值守，具体参数设置见表 3-57。

表 3-57 自动再启动应用示例

参数号	参数值	说明
p1210	4	在发生欠电压故障后自动确认故障，自动启动
p1211	3	允许再启动次数，该次数在成功启动后复位，然后重新计数
p1212	2	欠电压故障 2s 后再启动
p1213[0]	60	60s 内没有完成启动报 F07320 故障
p1213[1]	3	启动 3s 后复位启动计数器

注：如果在风机大惯性负载应用中，在发生故障再启动时电动机仍然在高速旋转，则需要使用捕捉再启动功能，否则变频器可能会出现故障导致跳闸。

二、捕捉再启动

捕捉再启动应用于启动自由旋转的电动机，变频器可以快速改变输出频率，搜索电动机的实际速度。一旦捕捉到电动机的当前转速,电动机按常规斜坡函数曲线升速运行到目标速度。捕捉再启动模式在参数 p1200 中设置,见表 3-58。

表 3-58 捕捉再启动模式参数 p1200 设置

参数号	参数值	说明
p1200	0	禁止捕捉再启动(默认设置)
	1	捕捉再启动总是有效,双方向搜索电动机的速度
	4	捕捉再启动总是有效,只在设定值方向搜索电动机的速度

捕捉再启动还需要设置捕捉再启动的使能信号源、捕捉再启动的搜索电流、捕捉再启动的搜索速度系数等相关参数,具体见表 3-59。

表 3-59 捕捉再启动相关参数设置

参数号	说明
p1201	捕捉再启动的使能信号源
p1202	捕捉再启动的搜索电流
p1203	捕捉再启动的搜索速度系数

三、制动单元与制动电阻的使用

外形尺寸 FSA 至 FSF 的 PM240 功率模块内置制动单元,连接制动电阻即可实现能耗制动。根据现场工艺要求选择制动电阻。采用制动电阻进行能耗制动时,需要禁止最大直流电压控制器:V/f 控制时 p1280=0;矢量控制时 p1240=0。

表 3-60 推荐的制动电阻的功率是以 5%的工作停止周期选配的。如果实际工作周期大于 5%,则需要将功率加大,电阻阻值保持不变,确保制动电阻和制动单元不被烧毁。

表 3-60 制动电阻选型与订货

变频器的功率		G120 PM240 功率单元		制动电阻的订货号	阻值
kW	HP	订货号 6SL3224-...	尺寸		
0.37	0.5	0BE13-7UA0	FSA	6SE6400-4BD11-0AA0	390Ω
0.55	0.75	0BE15-5UA0	FSA		
0.75	1.0	0BE17-5UA0	FSA		
1.1	1.5	0BE21-1UA0	FSA		
1.5	2	0BE21-5UA0	FSA		
2.2	3	0BE22-2.A0	FSB	6SL3201-0BE12-0AA0	160Ω
3.0	4	0BE23-0.A0	FSB		
4.0	5	0BE24-0.A0	FSB		
7.5	10	0BE25-5.A0	FSC	6SE6400-4BD16-5CA0	56Ω
11.0	15	0BE27-5.A0	FSC		
15	20	0BE31-1.A0	FSC		

续表

变频器的功率		G120 PM240 功率单元		制动电阻的订货号	阻值
kW	HP	订货号 6SL3224-...	尺寸		
18.5	25	0BE31-5.A0	FSD	6SE6400-4BD21-2DA0	27Q
22	30	0BE31-8.A0	FSD		
30	40	0BE32-2.A0	FSD		
37	50	0BE33-0.A0	FSE	6SE6400-4BD22-2EA1	15Q
45	60	0BE33-7.A0	FSE		
55	75	0BE34-5.A0	FSF	6SE6400-4BD24-0FA0	8.2Q
75	100	0BE35-5.A0	FSF		
90	125	0BE37-5.A0	FSF		
110	150	0BE38-8UA0	FSF	6SE6400-4BD26-0FA0	5.5Q
132	200	0BE41-1UA0	FSF		
160	250	0XE41-3UA0	FSGX*	"*"表示需要额外增加制动单元，根据制动单元选择制动电阻	
200	300	0XE41-6UA0	FSGX*		
250	400	0XE42-0UA0	FSGX*		

任务八　闭环 PID 控制

【任务描述】

闭环 PID 控制器又称工艺控制器，可以实现所有类型的简单过程控制，使控制系统的被控量迅速而准确地接近目标值。

本任务将学习 PID 控制主要参数设置和实现。

【任务实施】

一、PID 控制的认识

闭环 PID 控制器是一种带比例元件、积分元件和差分元件的控制器，可以实现各种类型的简单过程控制，如压力控制、液位控制、流量控制等。PID 控制功能可以使控制系统的被控量迅速而准确地接近目标值，它实时地将传感器反馈回来的信号与被控量的目标信号相比较，如果有偏差，那么通过 PID 控制器使偏差趋于 0。G120 变频器 PID 控制原理如图 3-54 所示。图中的标注①同时满足以下两个条件时，变频器会采用初始值：一是工艺控制器提供主设定值（p2251=0）；二是工艺控制器的斜坡函数发生器输出端还没有到达初始值。最低配置在图 3-54 中以灰色标记：

（1）设定值和实际值与所选的信号互联；

（2）设置斜坡函数发生器和控制器参数 K_p、T_i 和 T_d。

二、PID 控制参数设置

1. 主要参数

PID 控制的主要参数包括 PID 功能使能、PID 设定值、PID 实际值、PID 比例增益、PID 积分时间、PID 微分时间等参数，具体见表 3-61。

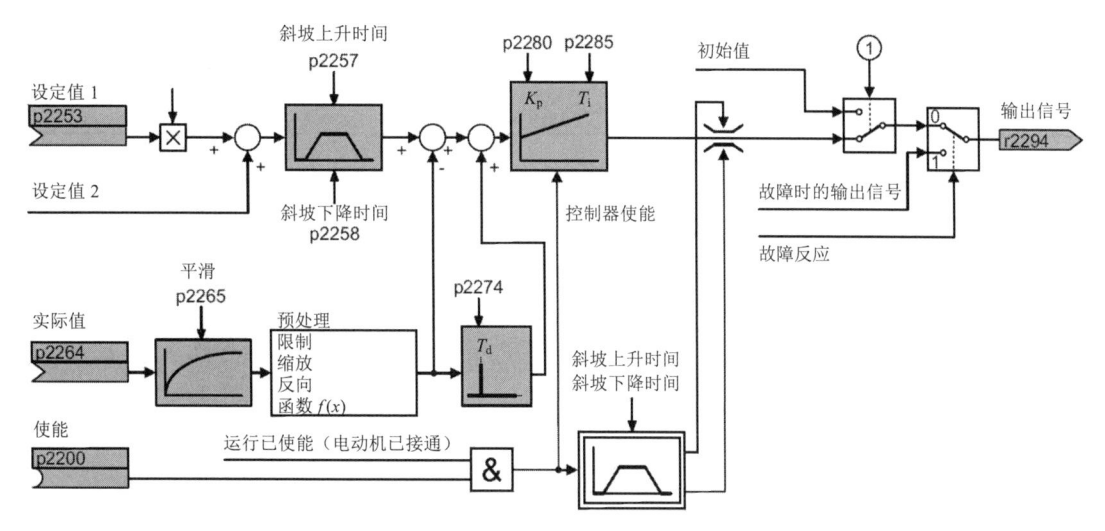

图 3-54 G120 变频器 PID 控制原理

表 3-61 PID 控制主要参数

参数	说明
p2200	PID 功能使能
p2253	PID 设定值
p2264	PID 实际值
p2280	PID 比例增益
p2285	PID 积分时间
p2274	PID 微分时间

2. 操作步骤

（1）将斜坡函数发生器的加速和减速时间（p2257 和 p2258）暂时设为零。

（2）预先给定一个设定值阶跃，观察相应的实际值，例如使用 Starter 的跟踪功能观察 PID 控制性能，表 3-62 为 PID 理想控制性能的两种情况；如果出现不理想的控制性能，则需要调整相关参数，见表 3-63。

表 3-62 PID 理想控制性能

控制性能	控制说明
	最理想的控制性能，没有超调。实际值接近设定值，无明显超调

续表

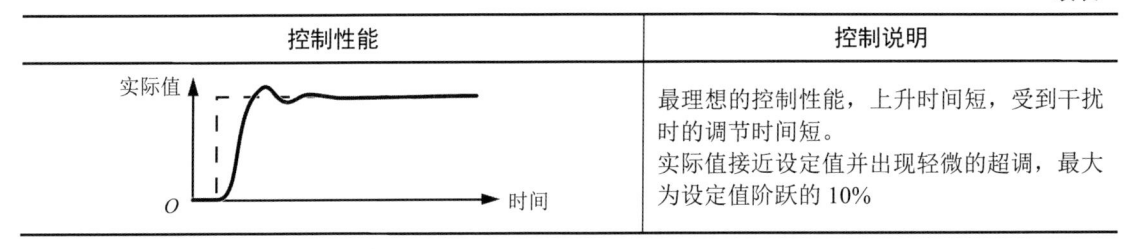

控制性能	控制说明
(实际值曲线：快速上升，轻微超调后稳定)	最理想的控制性能，上升时间短，受到干扰时的调节时间短。实际值接近设定值并出现轻微的超调，最大为设定值阶跃的10%

表 3-63 PID 不理想控制性能

控制性能	控制说明
(实际值曲线：缓慢上升接近设定值)	实际值缓慢接近设定值：提高比例元件 K_p（p2280），降低积分元件 T_i（p2285）
(实际值曲线：缓慢上升带轻微超调)	实际值缓慢接近设定值，但有轻微超调：提高比例元件 K_p（p2280），降低积分元件 T_d（p2274）
(实际值曲线：快速上升有大超调振荡)	实际值快速接近设定值，但超调量很大：降低比例元件 K_p（p2280），提高积分元件 T_i（p2285）

所要控制的过程的反应越迟缓，需要对控制器性能进行观察的时间就越长。例如，进行温度控制时，必须要等待数分钟，直到可以辨别出控制器的性能为止。

（3）将斜坡函数发生器的加速、减速时间恢复为初始值。

三、PID 工艺控制器的自动优化

自动优化是一个用于自动优化 PID 工艺控制器的变频器功能。

1. 条件准备

（1）电动机控制已设置完毕。

（2）PID 工艺控制器必须在后续运行中进行如下设置：

1）实际值已互联；

2）比例缩放、滤波器和斜坡函数发生器已设置；

3）PID 控制器已使能（p2200=1 信号）。

（3）可使用操作面板或 PC 工具更改功能设置。

2. 功能说明

（1）自动优化激活时，变频器会中断 PID 工艺控制器与转速控制器之间的连接；自动优化功能会给出转速设定值，而不是 PID 工艺控制器的输出。

（2）转速设定值由工艺设定值和振幅为 p2355 的上级矩形信号得出。如果实际值=工艺设定值±p2355，则自动优化功能会切换上级信号的极性。为此，变频器会对振动过程量进行励磁调节。图 3-55 为自动优化物位调节示例。

（3）变频器根据测得的振动频率计算 PID 工艺控制器的参数，图 3-56 为自动优化时的转速设定值和实际值调节示例。

3. 自动优化的执行

（1）通过 p2350 选择合适的控制器设置。

（2）接通电动机，变频器会发出报警 A07444。

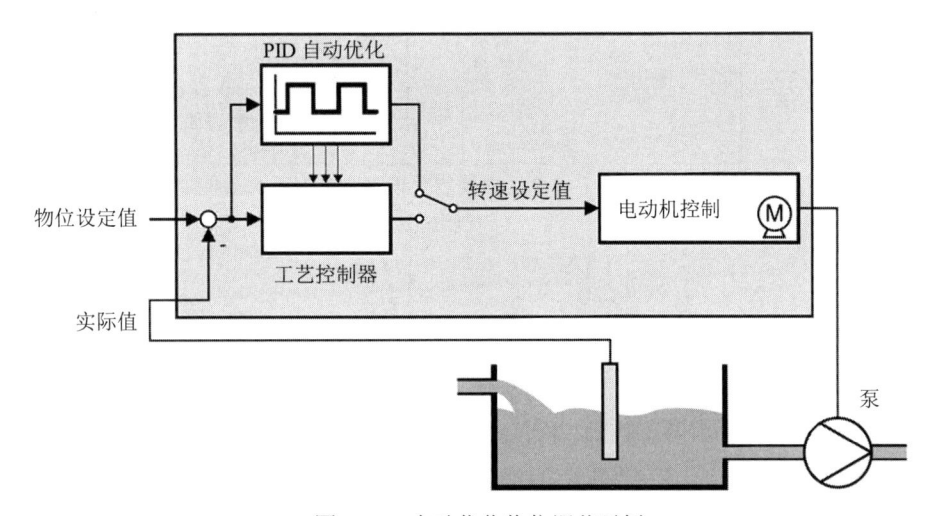

图 3-55　自动优化物位调节示例

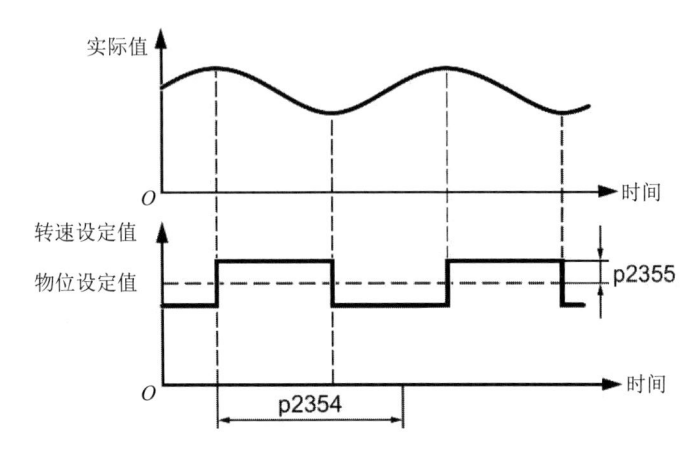

图 3-56　自动优化时的转速设定值和实际值调节示例

（3）等待直至报警 A07444 再次消失。

（4）变频器重新计算参数 p2280、p2274 和 p2285。

（5）变频器发出故障 F07445：

1）如果可以，请将 p2354 和 p2355 增加一倍；

2）使用修改过的参数值重新执行自动优化。

(6) 保存计算的值，例如，通过 BOP-2：OPTIONS → RAM-ROM。至此，成功执行了 PID 工艺控制器的自动优化，自动优化相关参数设置见表 3-64。

表 3-64 自动优化相关参数设置

参数	说明	设置
p2350	使能 PID 自动优化	符合齐格勒-尼科尔斯（Ziegler-Nichols）方法的自动控制器设置。 自动优化结束后，变频器设置 p2350=0。 0：无功能。 1：过程量在设定值骤变后跟随设定值的速度相对较快，但伴随超调。 2：比 p2350=1 时更快的控制器设置，具有更大的控制变量超调。 3：比 p2350=1 时慢的控制器设置，避免了后续控制量超调。 4：自动优化结束后的控制器设置同 p2350=1，只优化 PID 控制器的 P 和 I 分量。 出厂设置：0
p2354	PID 自动优化的监控时间	过程响应的监控时间。 p2354 必须大于过程量振动的半周期。 出厂设置：240s
p2355	PID 自动优化的偏移量	自动优化的偏移量。 p2355 必须足够大，确保能够区分出过程量振动信号的振幅与上级噪声。 出厂设置：5%

四、应用示例

以 PID 控制功能在恒压供水中的应用为例，由系统内置电位器作为压力给定，模拟量通道 2 接入压力反馈信号，具体参数设置见表 3-65。

用户设定的百分比值，基准为反馈通道 100%对应的压力值，需要用户自行计算；比例增益与积分时间设置需要用户根据现场情况综合调整，比例增益越大，积分时间越小，系统响应越快,稳定性越差;对于恒压供水工艺,一般不采用微分时间设置,通常设置为 0。

表 3-65 恒压供水应用中的 PID 参数设置

参数号	参数值	说明
p0700	2	控制命令源于端子
p0840	722.0	将 DIN0 5#端子作为启动信号,r0722.0 作为 DI 0 状态的参数
p2200	1	使能 PID
p2253	2900	PID 设定值来源于固定设定值
p2900	X	用户压力设定值的百分比
p2264	755.1	PID 反馈源于模拟量通道 2
p2280	0.5	比例增益设置(根据现场工艺情况调整)
p2285	15	积分时间设置(根据现场工艺情况调整)
p2274	0	微分时间设置

项 目 小 结

G120 在变频器端子排接口的出厂设置取决于变频器支持的现场总线。G120 为满足不同的接口定义提供了多种预设置接口宏,每种宏对应一种默认接线方式。选择其中一种宏后,变频器会自动设置与其接线方式相对应的一些默认参数,这样极大方便了用户的快速调试。G120 提供不同数量的数字量输入和输出端口,变频器中的输入和输出信号已通过特殊参数与特定的变频器功能互联,借助数字接口修改变频器各个输入、输出的功能。模拟量输入和输出端口的功能同样可以修改,满足不同应用需求。主设定值通常是电动机的转速,变频器通过设定值源收到主设定值;指令源指变频器收到控制指令的接口。双线制、三线制实质上是指用开关还是用按钮来进行电动机的正反转控制。停车指的是将电动机的转速降到零速的操作。电动机抱闸将关闭电动机并将电动机保持在某一位置,电动机抱闸可以防止电动机静止时意外旋转。自动再启动是变频器在主电源跳闸或故障后重新启动的功能,自动再启动包含了两种模式:故障自动应答和自动启动。闭环 PID 控制又称 PID 工艺控制器,是一种带比例元件、积分元件和差分元件的控制器,可以实现各种类型的简单过程控制。

项目四　G120 变频器现场总线控制

【学习目标】

- 掌握变频器的 PROFINET 通信控制
- 熟悉变频器的 PROFINET PZD 通信控制
- 掌握变频器的 PKW 通道读写变频器参数
- 掌握变频器的非周期通信读写参数
- 掌握 TIA Portal 软件的使用方法

任务一　G120 变频器的 PROFINET 通信控制

【任务描述】

SINAMICS G120 变频器实时以太网（PROFINET）总线基于工业以太网，具有很好的实时性，可以直接连接现场设备（使用 PROFINET IO）。变频器从上级控制器中接收循环数据，再将循环数据反馈给控制器，变频器和控制器各自在报文中打包数据；PROFIdrive 协议中为典型应用定义了特定的报文 1 并分配有固定的 PROFIdrive 报文号；控制字和状态字的每一位都有特定的定义。

本任务将认识变频器的 PROFINET 现场总线、协议，学习相关报文结构。

【任务实施】

一、PROFINET 现场总线的认识

SINAMICS G120 变频器不同型号的控制单元具有不同的现场总线接口，CU240B-2 和 CU240E-2 不同类别的控制单元支持的现场总线有 PROFIBUS、PROFINET、Ethernet/IP、USS 和 Modbus RTU。表 4-1 是 G120 控制单元及相应的现场总线、协议、通信之间的关系。

1. PROFINET 是什么

（1）PROFINET 是一种开放式的工业以太网标准，主要用于工业自动化和过程控制领域，符合 IEEE 802.3 规范下的内容，具备自动协商、自动交叉的功能。

（2）PROFINET 是一种基于以太网的技术，因此具有一些和标准以太网相同的特性，如全双工、多种拓扑结构等，其速率可达百兆或千兆。另外它也有自己的独特之处，例如：能实现实时的数据交换，是一种实时以太网；与标准以太网兼容，可一同组网；能通过代理的方式无缝集成现有的现场总线等。

表 4-1　G120 控制单元及相应的现场总线、协议、通信之间的关系

现场总线	协议			S7 通信	控制单元
	PROFIdrive	PROFIsafe	PROFIenergy		
PROFIBUS	√	√	—	√	CU240B-2 DP CU240E-2 DP CU240E-2 DP-F
PROFINET	√	√	√	√	CU240E-2 PN
Ethernet/IP	—	—	—	—	CU240E-2 PN-F
USS	—	—	—	—	CU240B-2
Modbus RTU	—	—	—	—	CU240E-2 CU240E-2 F

2. PROFINET 和以太网的区别

（1）实时性不同。PROFINET 基于工业以太网，具有很好的实时性，可以直接连接现场设备（使用 PROFINET IO），使用组件化的设计，支持分布的自动化控制方式（PROFINET CBA，相当于主站间的通信）。

（2）使用协议不同。以太网应用到工业控制场合后，经过改进使用工业现场的以太网，就成为工业以太网，这样所使用的 TCP 和 ISO 就是应用在工业以太网上的协议。PROFINET 同样是西门子 SIMATIC NET 中的一个协议，具体来说是众多协议的集合，其中包括 PROFINET IORT CBART、IOIRT 等的实时协议。

（3）特点不同。PROFINET 是一种新的以太网通信系统，由西门子公司和 PROFIBUS 用户协会开发。PROFINET 具有多制造商产品之间的通信能力，自动化和工程模式，并针对分布式智能自动化系统进行了优化。其应用结果能够大大节省配置和调试费用。

3. PROFIdrive 协议

PROFIdrive 协议为典型应用定义了特定的报文，并分配有固定的 PROFIdrive 报文号。PROFIdrive 报文号后面还附有确定的信号汇总表。如此一来，一个报文号就能清晰地说明循环数据交换。PROFIBUS 和 PROFINET 的报文是一样的。根据控制单元或变频器型号，有多个不同的报文用于 PROFIBUS DP 或 PROFINET IO 通信。

二、数据交换和参数访问

CU240E-2 PN 和 CU240E-2 PN-F 控制单元支持基于 PROFINET 的周期过程数据交换和变频器参数访问。变频器从上级控制器中接收循环数据，再将循环数据反馈给控制器，变频器和控制器各自在报文中打包数据，如图 4-1 所示。

1. 周期过程数据交换

PROFINET IO 控制器可以将控制字和主给定值等过程数据周期性地发送至变频器，并从变频器周期性地读取状态字和实际转速等过程数据。

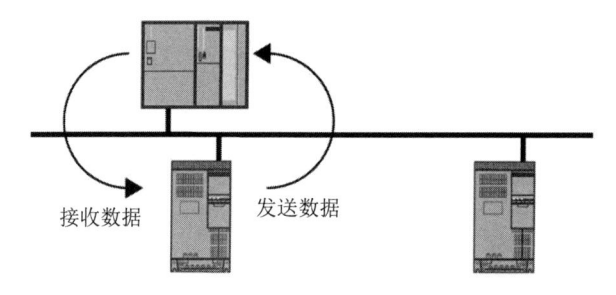

图 4-1　循环数据交换

2. 变频器参数访问

提供 PROFINET IO 控制器访问变频器参数的接口，有以下两种方式能够访问变频器的参数。

（1）周期性通信的 PKW 通道（参数数据区）：通过 PKW 通道，PROFINET IO 控制器可以读写变频器参数，每次只能读或写一个参数，PKW 通道的长度固定为 4 个字。

（2）非周期通信：PROFINET IO 控制器通过非周期通信访问变频器数据记录区，每次可以读或写多个参数。

三、报文结构

循环数据交换的每种报文具有以下基本结构，如图 4-2 所示。

（1）标题和尾标构成了协议框架。

（2）框架内存在以下有效数据。

1）PKW：借助"PKW 数据"，变频器可以读取或更改变频器中的各个参数。不是每个报文中都有"PKW 区域"。

2）PZD：变频器通过"PZD 数据"接收控制指令和上级控制器的设定值或发送状态消息和实际值。

图 4-2　报文基本结构

1. 报文数据结构

可用于周期性通信报文的有效数据结构如图 4-3 所示。

2. 报文 PZD 缩写说明

常见报文 PZD 数据缩写的含义见表 4-2。

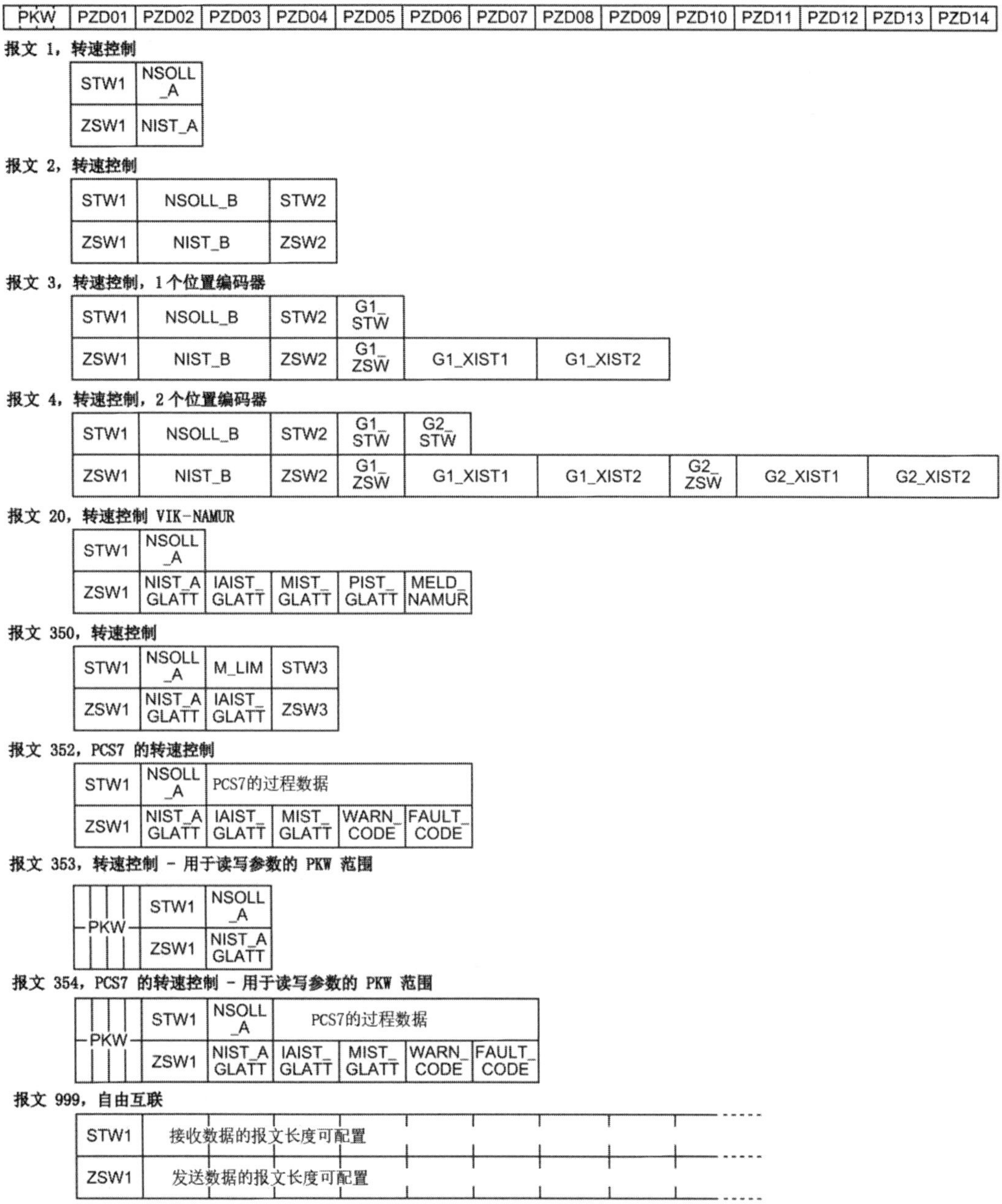

| PKW | PZD01 | PZD02 | PZD03 | PZD04 | PZD05 | PZD06 | PZD07 | PZD08 | PZD09 | PZD10 | PZD11 | PZD12 | PZD13 | PZD14 |

报文 1，转速控制

STW1	NSOLL_A
ZSW1	NIST_A

报文 2，转速控制

STW1	NSOLL_B	STW2
ZSW1	NIST_B	ZSW2

报文 3，转速控制，1 个位置编码器

STW1	NSOLL_B	STW2	G1_STW		
ZSW1	NIST_B	ZSW2	G1_ZSW	G1_XIST1	G1_XIST2

报文 4，转速控制，2 个位置编码器

STW1	NSOLL_B	STW2	G1_STW	G2_STW				
ZSW1	NIST_B	ZSW2	G1_ZSW	G1_XIST1	G1_XIST2	G2_ZSW	G2_XIST1	G2_XIST2

报文 20，转速控制 VIK-NAMUR

STW1	NSOLL_A				
ZSW1	NIST_A_GLATT	IAIST_GLATT	MIST_GLATT	PIST_GLATT	MELD_NAMUR

报文 350，转速控制

STW1	NSOLL_A	M_LIM	STW3
ZSW1	NIST_A_GLATT	IAIST_GLATT	ZSW3

报文 352，PCS7 的转速控制

STW1	NSOLL_A	PCS7的过程数据			
ZSW1	NIST_A_GLATT	IAIST_GLATT	MIST_GLATT	WARN_CODE	FAULT_CODE

报文 353，转速控制 – 用于读写参数的 PKW 范围

PKW	STW1	NSOLL_A
	ZSW1	NIST_A_GLATT

报文 354，PCS7 的转速控制 – 用于读写参数的 PKW 范围

PKW	STW1	NSOLL_A	PCS7的过程数据			
	ZSW1	NIST_A_GLATT	IAIST_GLATT	MIST_GLATT	WARN_CODE	FAULT_CODE

报文 999，自由互联

STW1	接收数据的报文长度可配置
ZSW1	发送数据的报文长度可配置

图 4-3　周期性通信报文的有效数据结构

表 4-2　常见报文 PZD 数据缩写的含义

缩写	含义	缩写	含义
STW	控制字	PIST_GLATT	经过平滑的有功功率实际值
ZSW	状态字	M_LIM	转矩限值
NSOLL_A	转速设定值 16 位	FAULT_CODE	故障代码

续表

缩写	含义	缩写	含义
NSOLL_B	转速设定值 32 位	WARN_CODE	报警代码
NIST_A	转速实际值 16 位	MELD_NAMUR	信息，符合 VIK-NAMUR 定义
NIST_B	转速实际值 32 位	G1_STW/G2_STW	编码器 1 或编码器 2 的控制字
IAIST	电流实际值	G1_ZSW/G2_ZSW	编码器 1 或编码器 2 的状态字
IAIST_GLATT	经过平滑的电流实际值	G1_XIST1/G2_XIST1	编码器 1 或编码器 2 的位置实际值 1
MIST_GLATT	经过平滑的转矩实际值	G1_XIST2/G2_XIST2	编码器 1 或编码器 2 的位置实际值 2

报文 1 中，报文的收/发各占用两个字的数据地址，STW1 表示控制字发出命令，用来控制变频器正反转，停止等；NSOLL_A 表示 16 位的转速设定值，设置变频器的输出频率；ZSW1 表示状态字，显示变频器的运行状态和故障信息；NIST_A 表示实际转速。

任务二　G120 变频器的 PROFINET PZD 通信控制

【任务描述】

本任务将通过示例学习 S7-1200 与 CU250S-2 PN 的 PROFINET PZD 通信，掌握常用控制字和状态字，以组态标准报文为例学习通过 S7-1200 如何控制变频器的启停、调速及读取变频器的状态字和电动机的实际转速。

【任务实施】

一、控制字和状态字的使用

1. 控制字 1（STW1）

G120 变频器通过通信接收到的 STW1 中的每一位都有其特定的功能，在参数手册的 r0054 中有对每一位含义的说明，见表 4-3。

表 4-3　STW1 的位含义

位	含义		说明	变频器中的信号互联
	报文 20	所有其他报文		
0	0=OFF1		电动机按斜坡函数发生器的减速时间 p1121 制动。达到静态后变频器会关闭电动机	p0840[0]=r2090.0
	0 → 1=ON		变频器进入"运行就绪"状态。另外位 3=1 时，变频器接通电动机	
1	0=OFF2		电动机立即关闭，惯性停车	p0844[0] = r2090.1
	1=OFF2 不生效		可以接通电动机（ON 指令）	
2	0=快速停机（OFF3）		快速停机：电动机按 OFF3 减速时间 p1135 制动，直到达到静态	p0848[0]=r2090.2
	1=快速停机无效（OFF3）		可以接通电动机（ON 指令）	

续表

位	含义		说明	变频器中的信号互联
	报文 20	所有其他报文		
3	0=禁止运行		立即关闭电动机（脉冲封锁）	p0852[0]=r2090.3
	1=使能运行		接通电动机（脉冲使能）	
4	0=封锁斜坡函数发生器		变频器将斜坡函数发生器的输出设为 0	p1140[0]=r2090.4
	1=不封锁斜坡函数发生器		允许斜坡函数发生器使能	
5	0=停止斜坡函数发生器		斜坡函数发生器的输出保持在当前值	p1141[0]=r2090.5
	1=使能斜坡函数发生器		斜坡函数发生器的输出跟踪设定值	
6	0=封锁设定值		电动机按斜坡函数发生器减速时间 p1121 制动	p1142[0]=r2090.6
	1=使能设定值		电动机按斜坡函数发生器加速时间 p1120 升高到速度设定值	
7	0→1=应答故障		应答故障。如果仍存在 ON 指令，则变频器进入"接通禁止"状态	p2103[0]=r2090.7
8,9	预留			
10	0=不由 PLC 控制		变频器忽略来自现场总线的过程数据	p0854[0]=r2090.10
	1=由 PLC 控制		由现场总线控制，变频器会采用来自现场总线的过程数据	
11	0=换向		取反变频器内的设定值	p1113[0]=r2090.11
12	未使用			
13	见表注	1=电动电位器升高	提高保存在电动电位器中的设定值	p1035[0]=r2090.13
14	见表注	1=电动电位器降低	降低保存在电动电位器中的设定值	p1036[0]=r2090.14
15	CDS 位 0	预留	在不同的操作接口设置（指令数据组）之间切换	p0810=r2090.15

注　从其他报文切换到报文 20 时，前一个报文的定义保持不变。

如果要控制变频器的启动运行，那么根据控制字每一位的含义，可以知道控制字需要发出的命令，常用的控制字如下。

（1）启动：047Fhex。
（2）停车：OFF1，047Ehex；OFF2，047Chex；OFF3，047Ahex。
（3）反转：0C7Fhex。
（4）故障复位：04FEHex。

2．状态字 1（ZSW1）

状态字 1 为参数字 r0052，其默认定义如下：位 0～10 符合 PROFIdrive 行规，位 11～15 为制造商专用。状态字 1 反馈运行状态和报警信息。G120 变频器通过通信发送的状态字中，每一位都代表了变频器不同的状态，在参数手册的 r0052 中有对每一位含义的说明，见表 4-4。

常用的表示变频器的故障位：状态字第 3 位，52.3；报警位：状态字第 7 位，52.7；运行位：状态字第 1 位，52.1。

表 4-4　r0052 的位含义

位	含义 报文 20	含义 所有其他报文	说明	变频器中的信号互联
0	1=接通就绪		电源已接通,部件已经初始化,脉冲禁止	p2080[0]=r0899.0
1	1=运行准备		电动机已经接通(ON/OFF1=1),当前没有故障。接收到"运行使能"指令(STW1.3),变频器会接通电动机	p2080[1]=r0899.1
2	1=运行已使能		电动机跟踪设定值,见"控制字 1 位3"	p2080[2]=r0899.2
3	1=出现故障		变频器中存在故障,通过 STW1.7 应答故障	p2080[3]=r2139.3
4	1=OFF2 未激活		惯性停车功能未激活	p2080[4]=r0899.4
5	1=OFF3 未激活		快速停止功能未激活	p2080[5]=r0899.5
6	1=接通禁止有效		只有在给出 OFF1 指令并重新给出 ON 指令后,才能接通电动机	p2080[6]=r0899.6
7	1=出现报警		电动机保持接通状态,无须应答	p2080[7]=r2139.7
8	1=转速差在公差范围内		"设定/实际值"差在公差范围内	p2080[8]=r2197.7
9	1=已请求控制		请求自动化系统控制变频器	p2080[9]=r0899.9
10	1=达到或超出比较转速		转速大于或等于最大转速	p2080[10]=r2199.1
11	1=达到电流限值或转矩限值	1=达到转矩限值	—	p2080[11]=r0056.13/r1407.7
12	见表注	1=抱闸打开	用于打开/闭合电动机抱闸的信号	p2080[12]=r0899.12
13	0="电动机过热"报警		—	p2080[13]=r2135.14
14	1=电动机正转 0=电动机反转		变频器内部实际值 >0 变频器内部实际值 <0	p2080[14]=r2197.3
15	1=显示 CDS	0="变频器热过载"报警	—	p2080[15]=r0836.0/r2135.15

注　从其他报文切换到报文 20 时,前一个报文的定义保持不变。

二、PROFINET PZD 通信准备

本任务通信的 CPU 选用 S7-1214C DC/DC/DC,G120 变频器选择支持 PROFINET IO 的 CU250S-2 PN 控制单元和 PM240 功率模块,TIA Portal V16。具体软、硬件列表见表 4-5。

表 4-5　软、硬件列表

设备	订货号	版本
S7-1214C DC/DC/DC	6ES7 214-1AG40-0XB0	V4.5
CU250S-2 PN	6SL3246-0BA22-1FA0	V4.7
PM240	6SL3224-0BE15-5UA0	—
TIA Portal	—	V16

将控制单元带 PROFINET 接口的 G120 与装有 TIA Portal 的 PC 通过 PROFINET 通信电缆

连接在一起。

三、硬件组态

1. 创建 S7-1200 项目

打开 TIA Portal 软件，选择"创建新项目"，输入项目名称；单击"创建"按钮，创建一个新的项目，如图 4-4 所示。

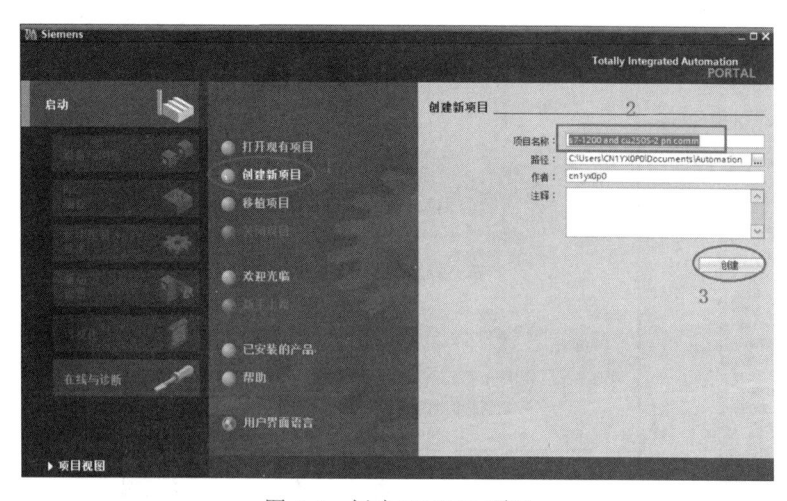

图 4-4 创建 S7-1200 项目

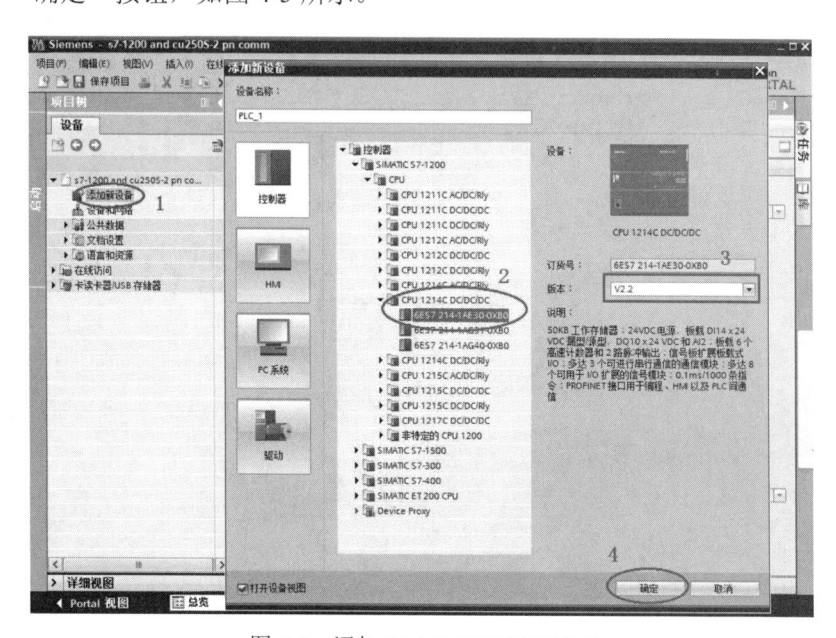

2. 添加 S7-1214C DC/DC/DC

打开项目视图，选择"添加新设备"，弹出"添加新设备"对话框，添加西门子 S7-1200 PLC；在设备树中选择 S7-1200、CPU 1214C DC/DC/DC、6ES7 214-1AE30-0XB0，选择 CPU 版本号，单击"确定"按钮，如图 4-5 所示。

图 4-5 添加 S7-1214C DC/DC/DC

3. 添加 G120 站

选择"设备和网络",进入"网络视图"界面;网络视图下依次单击硬件目录中的"其他现场设备"、PROFINET IO、Drives、Siemens AG、SINAMICS,双击 SINAMICS G120 CU250S-2 PN Vector V4.7 模块将其拖曳到"网络视图"界面的空白处;单击蓝色提示"未分配"以插入站点,选择主站"PLC_1.PROFINET 接口_1",完成与 IO 控制器的网络连接,如图 4-6 所示。

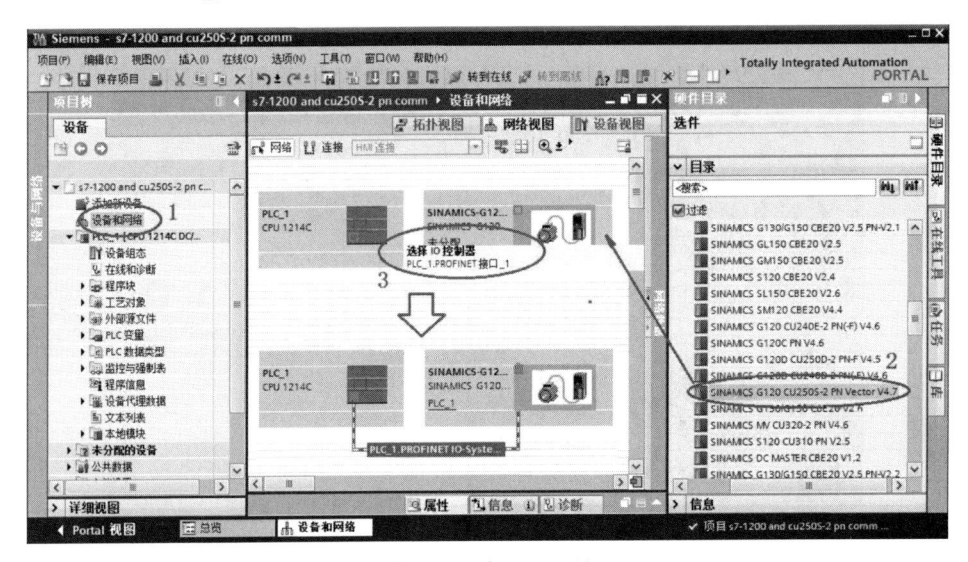

图 4-6 添加 G120 站

4. 组态 S7-1200 的 Device Name 和分配 IP 地址

选择 CPU 1214C DC/DC/DC,选择"以太网地址";分配 IP 地址;设置其 Device Name 为 plc1200,如图 4-7 所示。

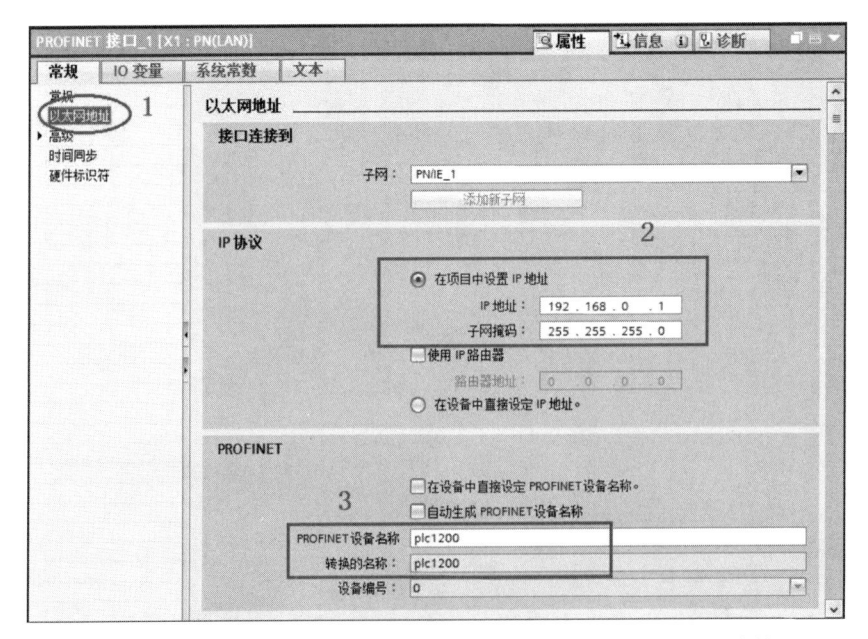

图 4-7 组态 CPU 1214C DC/DC/DC 的 Device Name 和分配 IP 地址

5. 组态 G120 的 Device Name 和分配 IP 地址

选择 G120，选择"以太网地址"；分配 IP 地址；设置其 Device Name 为 g120pn，如图 4-8 所示。

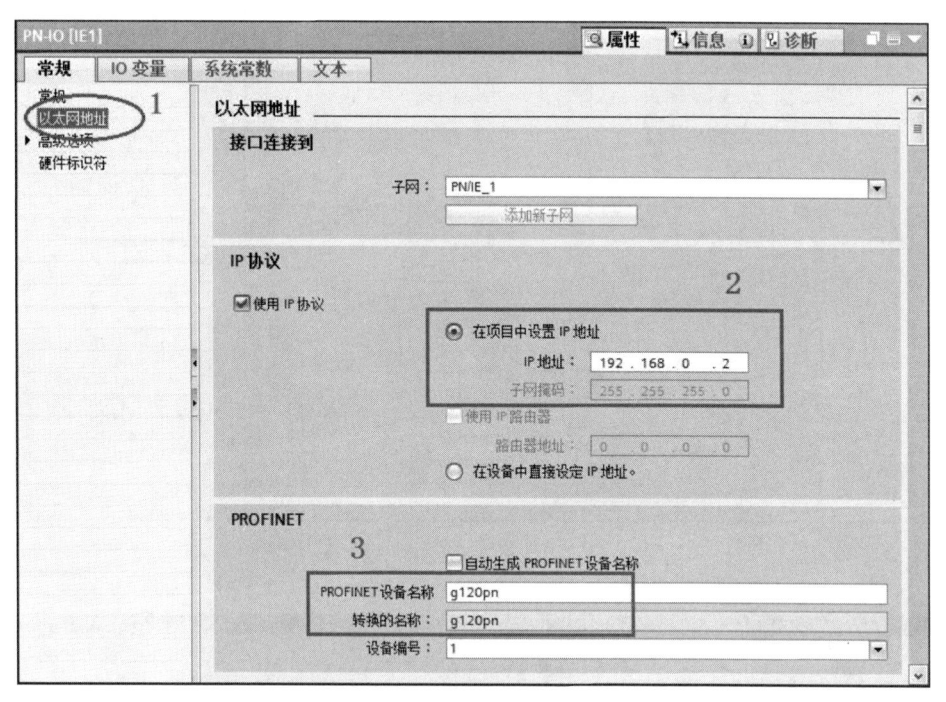

图 4-8 组态 G120 的 Device Name 和分配 IP 地址

6. 组态 G120 的报文

完成上面的操作后，硬件组态中 S7-1200 和 G120 的 IP 地址和 Device Name 就已经设置好了。现在组态 G120 的报文：选择"设备数据"，依次单击"硬件目录""子模块"，添加通信控制报文格式，将硬件目录中的"Standard telegram1，PZD-2/2"模块拖曳到"设备视图"界面的插槽中，系统自动分配了输入、输出地址，如图 4-9 所示。本示例中分配的输入地址 IW68、IW70，IW68 是运行状态，IW70 是当前速度反馈；输出地址 QW64、QW66，QW64 是控制命令，QW66 是主设定值（运转速度给定）。

7. 下载硬件配置

选择 PLC_1[CPU 1214C DC/DC/DC]；单击"下载到设备"按钮；选择"PG/PC 接口的类型""PG/PC 接口/子网的连接"；单击"开始搜索"按钮，选中搜索到的设备 PLC_1，单击"下载"按钮，完成下载操作，如图 4-10 所示。

四、G120 的配置

在完成 S7-1200 的硬件配置下载后，S7-1200 与 G120 还无法进行通信，必须为 G120 分配 Device Name 和 IP 地址，保证为 G120 实际分配的 Device Name 与在硬件组态中为 G120 分配的 Device Name 一致。

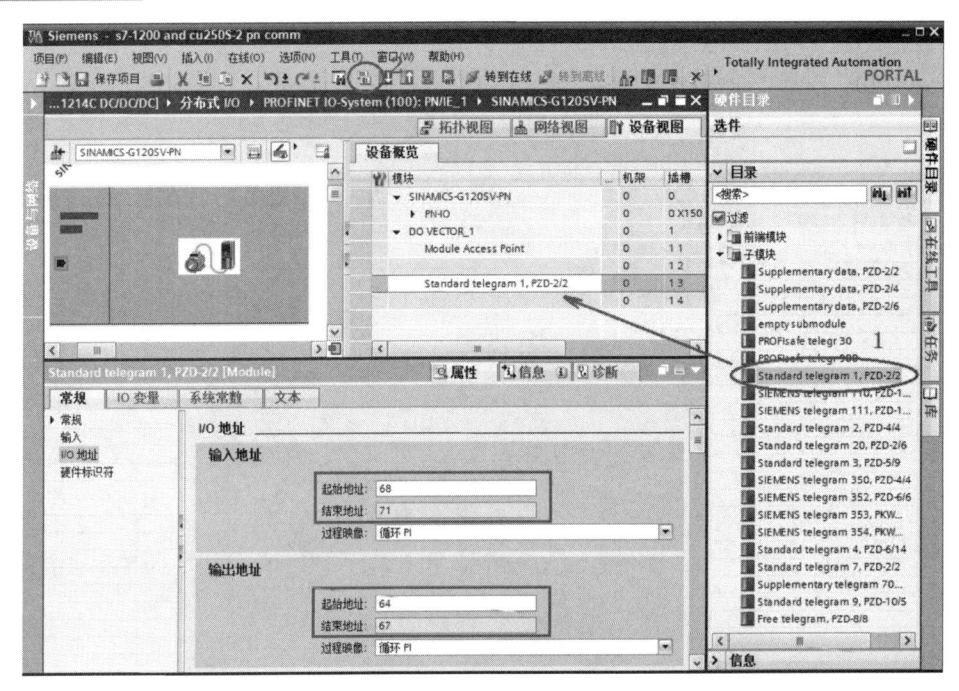

图 4-9 组态 G120 的报文

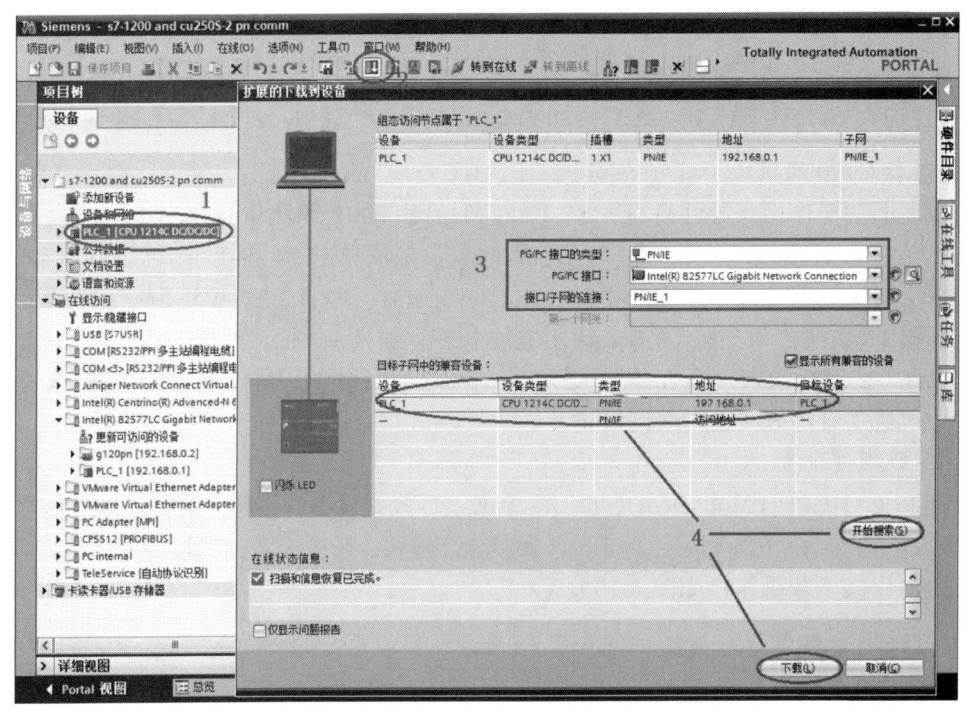

图 4-10 下载硬件配置

1. 分配 G120 的设备名称

按图 4-11 选择"更新可访问的设备"→"在线并诊断";选择"命名",设置 G120 的"PROFINET 设备名称"为 g120pn,并单击"分配名称"按钮,从消息栏中可以看到提示。

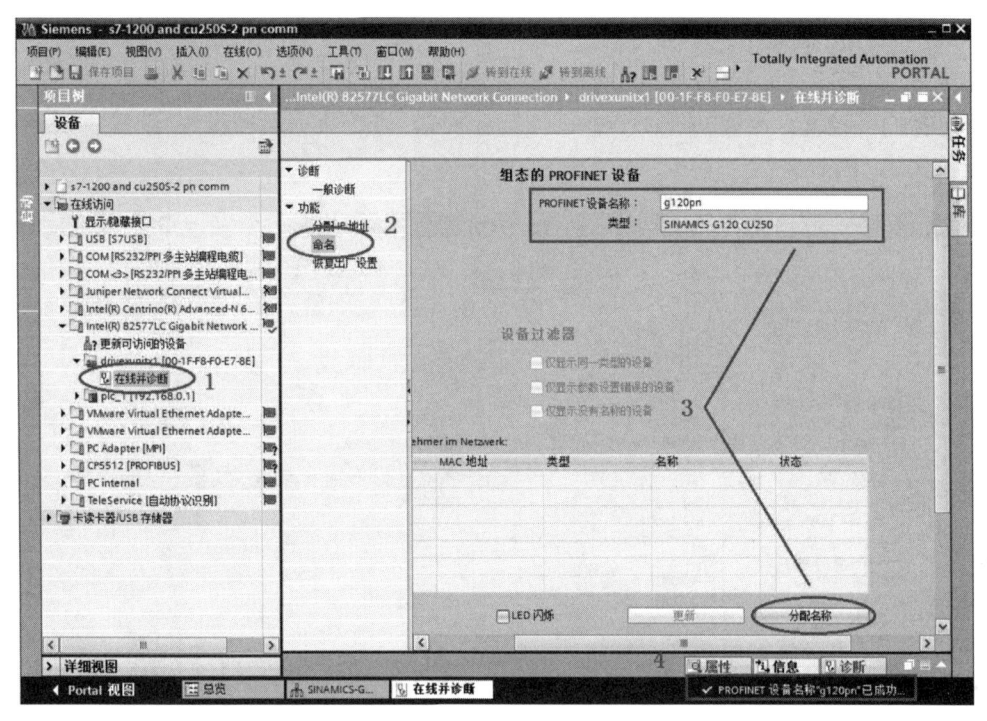

图 4-11 分配 G120 的设备名称

2. 分配 G120 的 IP 地址

按图 4-12 选择"更新可访问的设备"→"在线并诊断";选择"分配 IP 地址";设置 G120 的"IP 地址"和"子网掩码";单击"分配 IP 地址"按钮,分配完成后,需重新启动驱动,新配置才能生效。

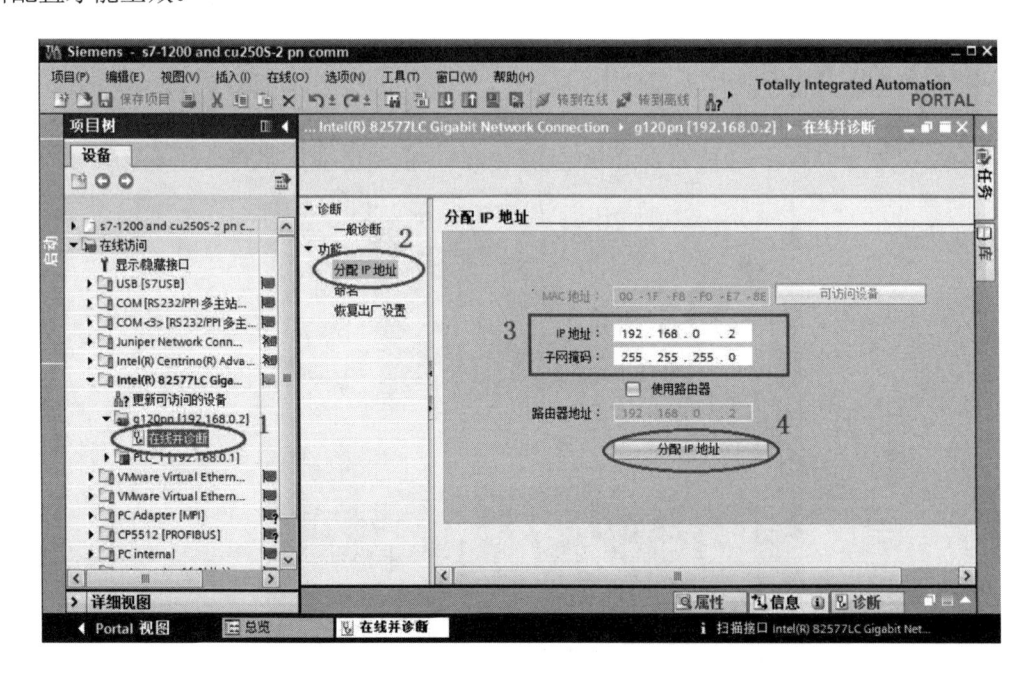

图 4-12 分配 G120 的 IP 地址

3. 设置 G120 的命令源和报文类型

如图 4-13 所示，选择"更新可访问的设备"→"参数"，选择"配置"，进入"参数视图"界面，选择通信设置；设置 P15=7，选择"现场总线，带有数据组转换"；设置 p922=1，选择"标准报文 1，PZD-2/2"。

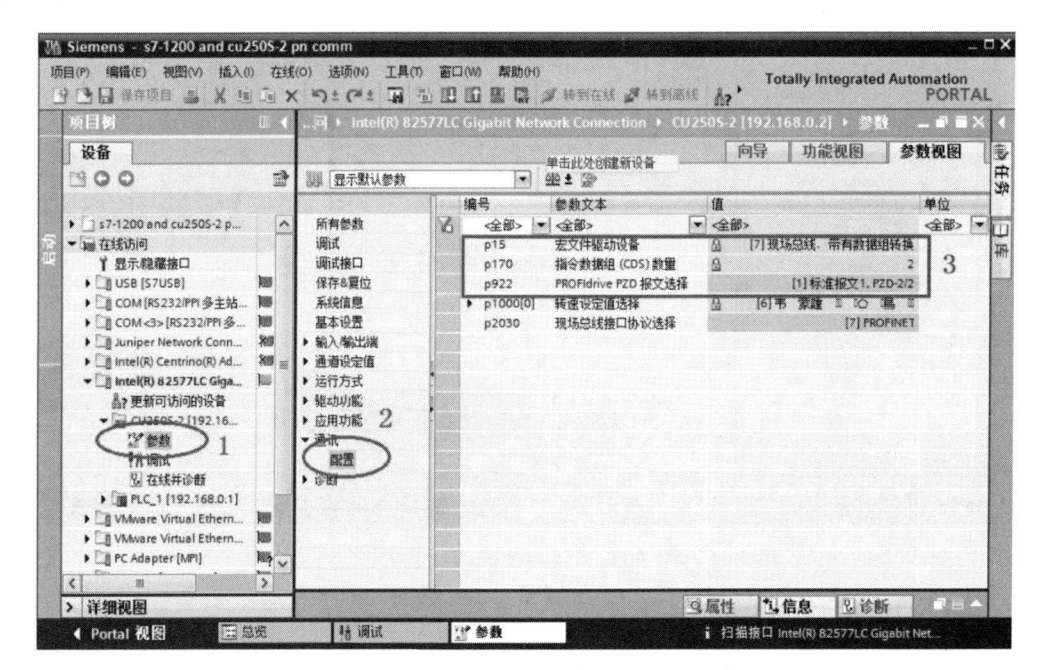

图 4-13 设置 G120 的命令源和报文类型

五、电动机参数的配置

电动机参数的配置主要在调试向导中完成。

1. 查看电动机数据

查看电动机数据如图 4-14 所示，查看电动机数据，根据电动机铭牌进行参数配置。

图 4-14 查看电动机数据

2. 驱动控制应用级设置

G120C 驱动控制应用级有三种：标准驱动控制（Standard Drive Control，SDC）、动态驱动控制（Dynamic Drive Control，DDC）和专家（Expert）。标准驱动控制只限制采用磁通电流控制（Flux Current Control，FCC）的 U/f 及滑差补偿/转速精度等相同性能。因此，不存在转速控制器和标准驱动控制转矩精度，电动机调试时要求使用两个铭牌参数：额定电流和额定转速。动态驱动控制相对于标准驱动控制，无传感器矢量控制、转速精度等性能得到了显著提升，电动机调试时要求使用三个铭牌参数：额定电流、额定功率和额定转速。专家功能包括标准驱动功能和动态驱动功能。本任务选择标准驱动控制，图 4-15 所示。

图 4-15 驱动控制应用级设置

3. 设定值的指定

此处可确定驱动是否连接至 PLC，以及斜坡函数发生器设定值是否已在 PLC 或驱动中指定。基于配置的驱动，最多会显示以下三个选项：一是驱动连接至 PLC，斜坡函数发生器位于 PLC 中，通过该选项，驱动通过 PROFIBUS 或 PROFINET 连接至 PLC，从而指定斜坡函数发生器设定值；二是驱动连接至 PLC，斜坡函数发生器位于驱动中，通过该选项，驱动通过 PROFIBUS 或 PROFINET 连接至 PLC；三是驱动未连接至 PLC，斜坡函数发生器位于驱动中。本任务选择第二个选项，即驱动连接至 PLC，斜坡函数发生器位于驱动中，如图 4-16 所示。

4. 报文配置

因为变频器是通过 PROFINET 总线控制的，所以 I/O 的默认配置选择"[7]场总线，带有数据组转换"。报文配置选择"[1]标准报文 1，P2D-2/2"，如图 4-17 所示。

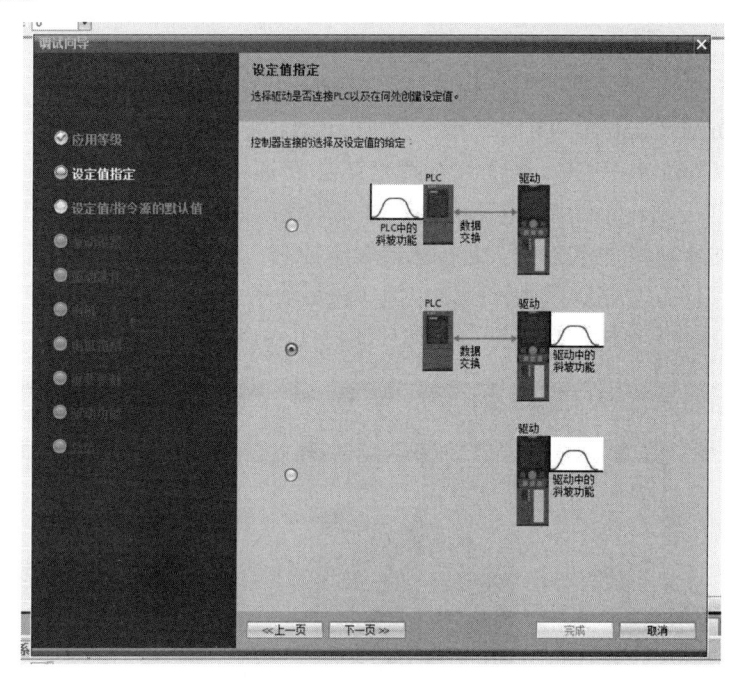

图 4-16 设定值的指定

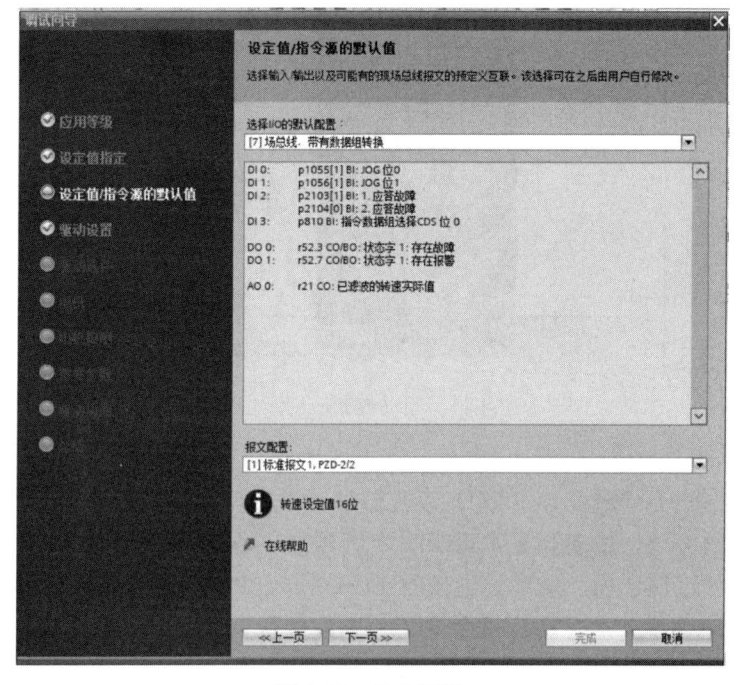

图 4-17 报文配置

5. 电动机标准及负载循环的选择

电动机标准选择"[0]IEC 电动机（50Hz，SI 单位）"，设备输入电压为 400V。这里的设备输入电压是指变频器的进线电压，即市网电压，我国的三相电压是 380V，但通常会略高于这个电压，可能会达到 400V，这里一般使用默认值 400V，不做修改，如图 4-18 所示。

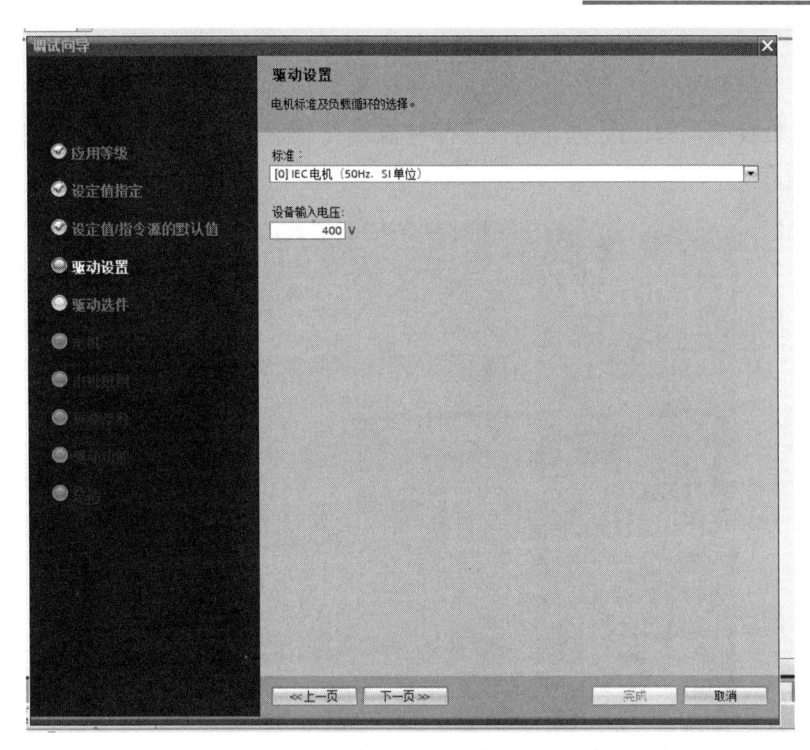

图 4-18　电动机标准及负载循环的选择

6. 驱动选件

驱动选件为"可选制动电阻和驱动滤波器的配置",因为没有制动电阻和滤波器,所以这里都不选,如图 4-19 所示。

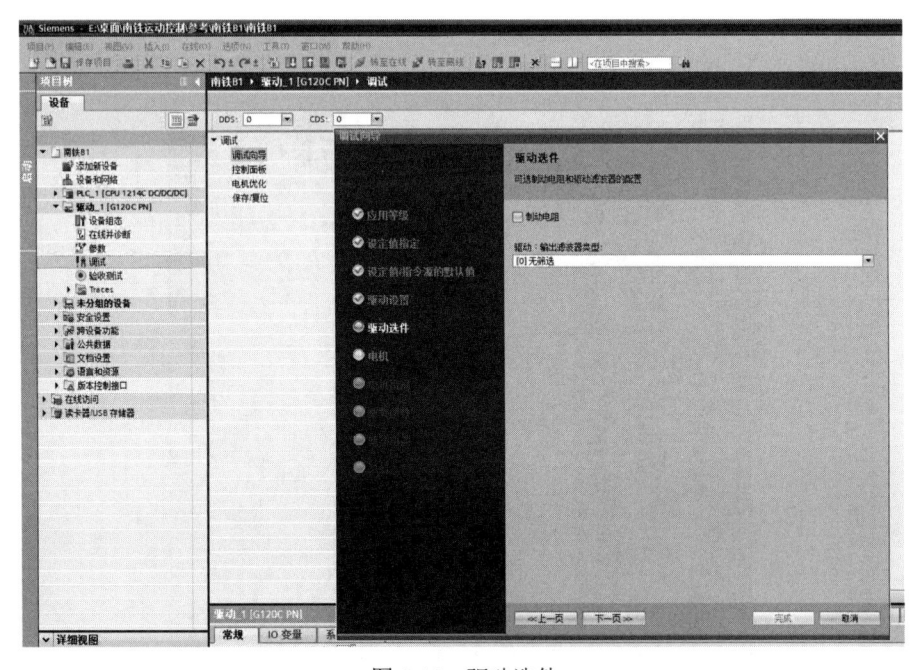

图 4-19　驱动选件

7. 电动机参数的输入

电动机参数的输入为"电动机类型及电动机数据的确定"。这里的电动机参数是根据电动机铭牌上的参数得来的。因为电动机上没有温度传感器,所以这里选择"[0]无传感器",如图 4-20 所示。

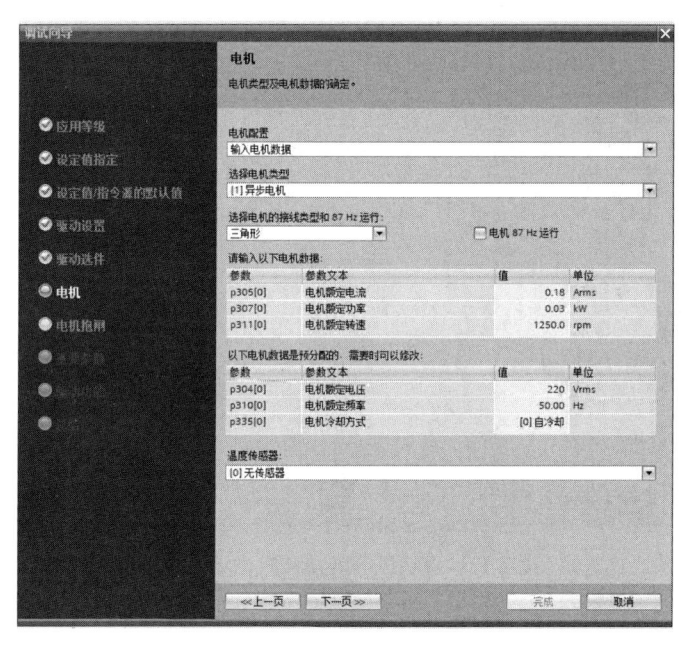

图 4-20 电动机参数的输入

8. 电动机抱闸

电动机抱闸为"电动机抱闸制动的选择和配置"。本任务电动机上没有抱闸,所以这里选择"[0]无电动机抱闸",如图 4-21 所示。

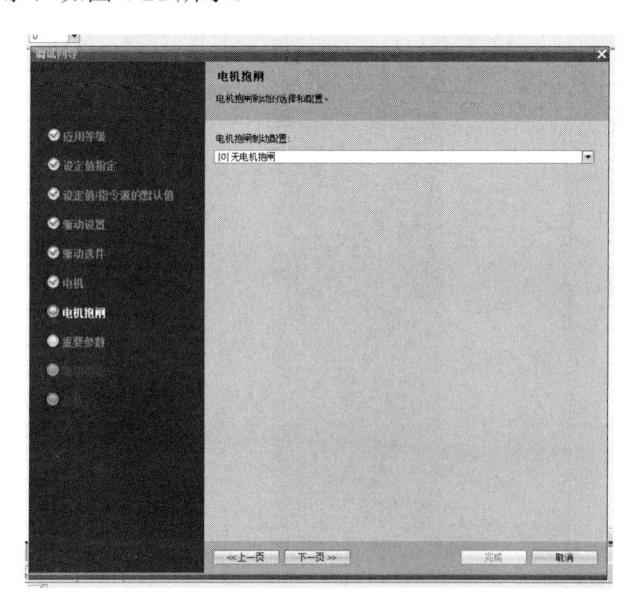

图 4-21 电动机抱闸

9. 重要参数的选择

重要参数的选择为"最重要的动态响应数据的确定"。转速也是根据电动机铭牌上的参数得来的，参考转速是电动机铭牌上标注的，最大转速可以根据实际需要进行放大或减小。斜坡上升时间是指电动机从停止状态加速到设定速度所需要的时间，斜坡下降时间是指电动机从运动状态减速到停止状态所需要的时间，可以根据实际需要设定。需要注意的是，加速、减速时间过短，变频器可能会出现过电流、过电压等报警。如果出现报警，那么就需要适当延长电动机的加减速时间。如果确实需要在短时间实现加速、减速，如提升机、电梯、起重机等设备，那么就需要安装制动电阻，本任务重要参数的选择如图 4-22 所示。

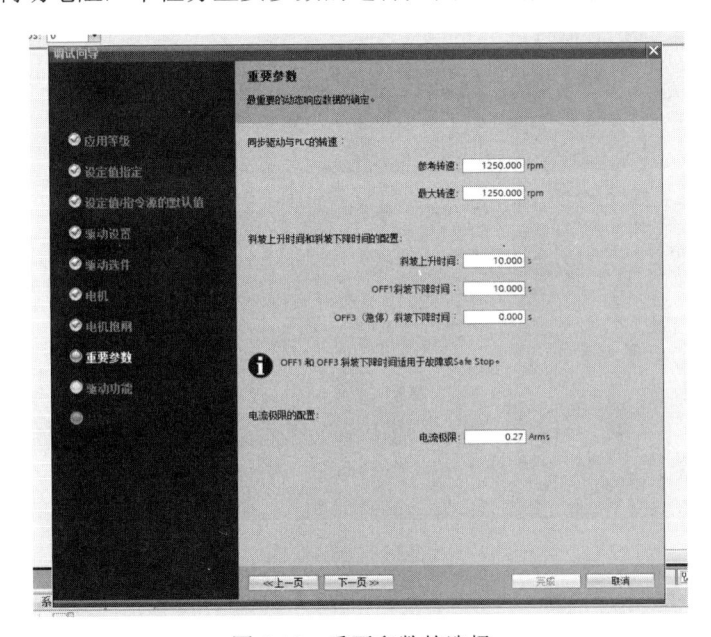

图 4-22 重要参数的选择

10. 驱动功能设置

驱动功能的设置为"电动机数据测量方法的确定"。工艺应用选择"[0]恒定负载（线性特性曲线）"，推荐在首次调试时进行电动机识别。当首次连接驱动时，其使用预选定的电动机识别类型来执行电动机识别，这里选择"[2]电机数据检测（静止状态）"，如图 4-23 所示。

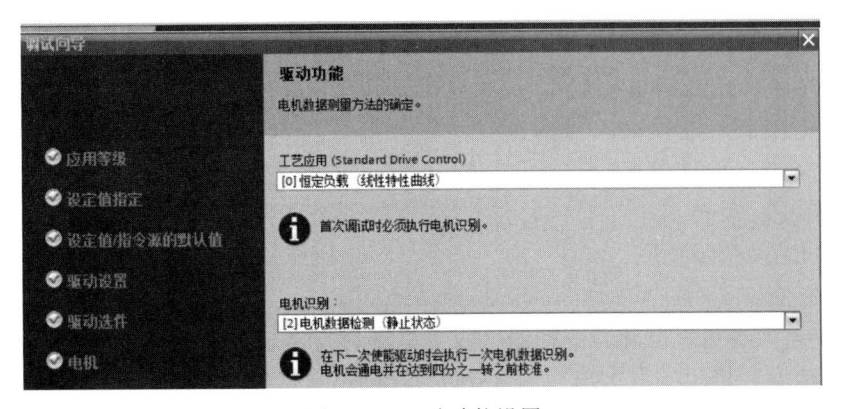

图 4-23 驱动功能设置

11. 总结

在"总结"页面里检查参数配置,确认无误后单击"完成"按钮,如图 4-24 所示。

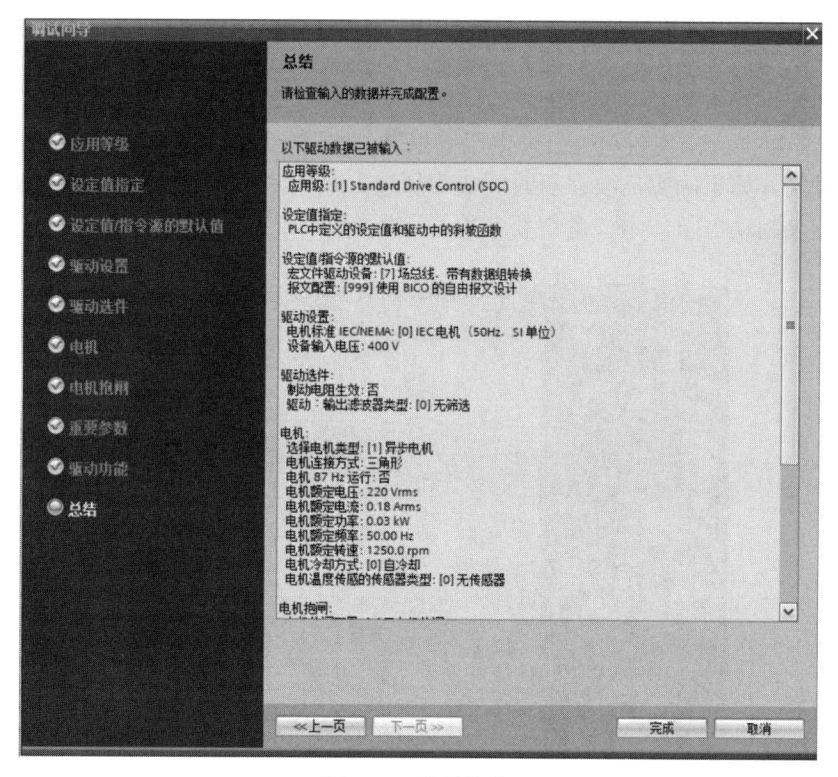

图 4-24 总结检查

六、电动机的启停及监控

S7-1200 通过 PROFINET PZD 通信方式将控制字 1(STW1)和主设定值(NSOLL_A)周期性地发送至变频器,变频器将状态字 1(ZSW1)和实际转速(NIST_A)发送到 S7-1200。

1. 控制字

有关控制字 1(STW1)的详细定义参考 PROFINET 报文结构及控制字和状态字,常用控制字如下。

(1) 047FH:正转启动。

(2) 047EH:OFF1 停车。

(3) 047CH:OFF2 停车。

(4) 047AH:OFF3 停车。

(5) 0C7FH:反转。

(6) 04FEH:故障复位。

2. 主设定值

速度设定值要经过标准化,变频器接收十进制有符号整数 16384(4000H 十六进制)对应于 100% 的速度,接收的最大速度为 32767(200%)。参数 p2000 中设置 100% 对应的参考转速。

3. 状态字

反馈状态字的详细定义见 PROFINET 报文结构及控制字和状态字。

4. 实际转速

反馈实际转速同样需要经过标准化，方法同主设定值。

5. 监控示例

通过 TIA Portal 软件"监控表"模拟控制变频器的启停、调速和监控变频器的运行状态。表 4-6 为本任务 PLC I/O 地址与变频器过程值的对应关系。

表 4-6 PLC I/O 地址与变频器过程值的对应关系

数据方向	PLC I/O 地址	变频器过程数据	数据类型
PLC→变频器	QW64	PZD1-控制字 1（STW1）	十六进制（16bit）
	QW66	PZD2-主设定值（NSOLL_A）	有符号整数（16bit）
变频器→PLC	IW68	PZD1-状态字 1（ZSW1）	十六进制（16bit）
	IW70	PZD2-实际转速（NIST_A）	有符号整数（16bit）

七、PLC 编程

（1）编写控制变频器正向停止的程序。添加赋值指令 MOVE，给 QW64 赋值"16#047E"，控制变频器停止运行，如图 4-25 所示。

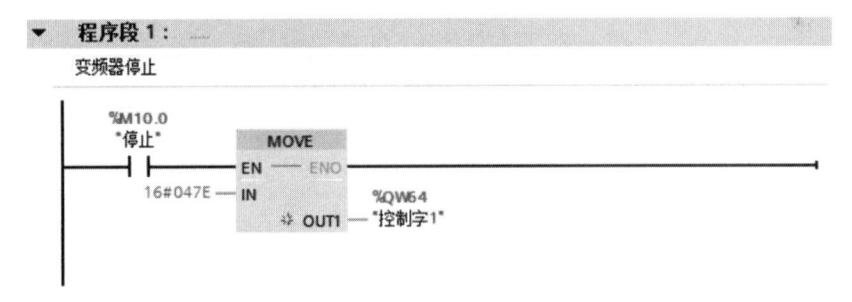

图 4-25 变频器停止运行控制

（2）编写变频器运行速度传送的程序。添加赋值指令 MOVE，给 QW66 赋值"16#4000"，给变频器传送主设定值，对应变频器电动机最大转速 1500rmp，如图 4-26 所示。

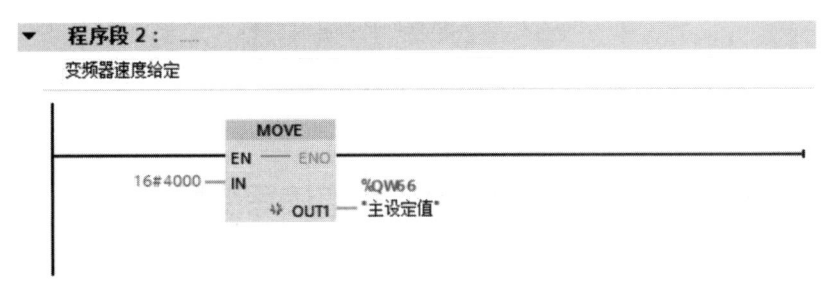

图 4-26 变频器速度给定

（3）编写控制变频器正向启动运行的程序。添加赋值指令 MOVE，给 QW64 赋值

"16#047F",控制变频器正向启动运行,如图 4-27 所示。

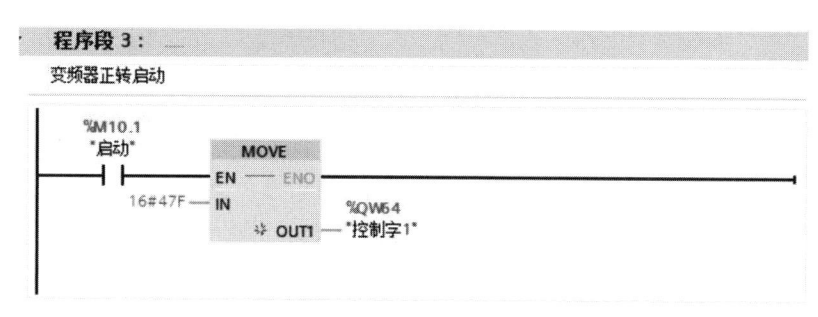

图 4-27 变频器正向启动控制

(4)编写控制变频器状态字和实时转速读取的程序。添加 2 个赋值指令 MOVE,分别读取变频器状态字 IW68 和实时速度 IW70 到 MW100 和 MW200,如图 4-28 所示。

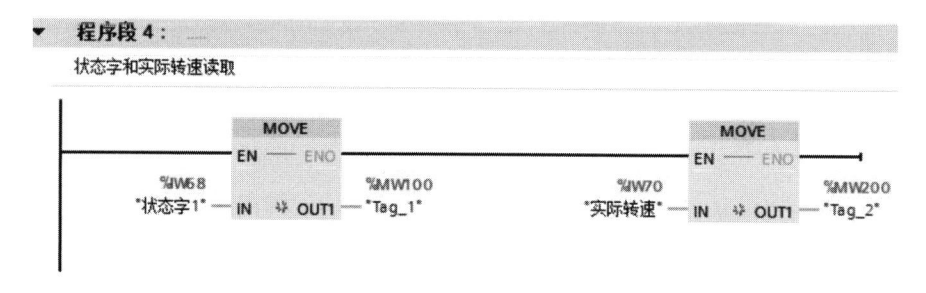

图 4-28 变频器状态字和实时转速读取

(5)编写控制变频器反向运行的程序。添加赋值指令 MOVE,给 QW64 赋值"16#0C7F",控制变频器反向启动运行,如图 4-29 所示。

图 4-29 变频器反向启动运行控制

下载控制程序到 PLC 中,测试变频器的运行。如果第一次控制,变频器运行,则可以先给停止命令,再给启动命令。

任务三 G120 的 PKW 通道读写变频器参数

【任务描述】

CU250S-2 PN 控制单元支持两种参数通道(PKW)通信报文:353 报文和 354 报文,它们的区别在于过程值通道 PZD 数量的不同，PKW 通道功能完全相同。本任务将通过示例介绍 S7-1200 与 CU250S-2 PN 的 PROFINET PKW 通信，以组态标准报文 353 为例介绍如何通过 PKW 通信读 r2902[5]值、写 p1121 参数。

【任务实施】

一、PKW 通信工作模式

PKW 通信工作模式：主站发出请求，变频器接收到主站发出的请求后进行处理，并将处理结果应答给主站。

PKW 包含 4 个字，如图 4-30 所示。第 1、2 个字传送的是参数号、索引及任务类型（读或写）；第 3、4 个字传送的是参数内容，参数内容可以是 16 位值（如波特率）或 32 位值（如 CO 参数）。第 1 个字中的位 11 一直保持预留，值始终为 0。

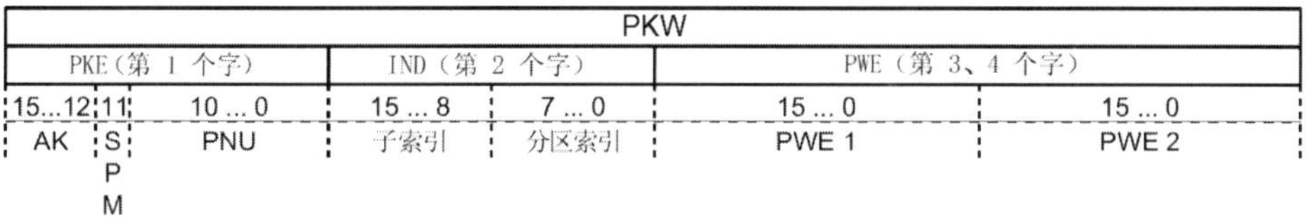

PKW				
PKE（第 1 个字）		IND（第 2 个字）	PWE（第 3、4 个字）	
15…12 / 11	10…0	15…8 / 7…0	15…0	15…0
AK / SPM	PNU	子索引 / 分区索引	PWE 1	PWE 2

图 4-30 PKW 的结构

1. PKE：PKW 第 1 个字

（1）AK：位 12～15 包含了任务 ID 或应答 ID。

（2）SPM：始终为 0。

（3）PNU：参数号＜2000，PNU=参数号；参数号≥2000，PNU=参数号-偏移，将偏移写入分区索引（IND 位 0～7）。

PKW 的第 1 个字的位 12～15 中包含了任务 ID 和应答 ID。

（1）控制器发送给变频器的任务 ID，见表 4-7。

表 4-7 控制器发送给变频器的任务 ID

AK	描述	应答 ID 正	应答 ID 负
0	无任务	0	7/8
1	请求参数值	1/2	7/8
2	修改参数值（单字）	1	7/8
3	修改参数值（双字）	2	7/8
4	请求描述性元素❶	3	7/8
6❷	请求参数值（数组）❶	4/5	7/8
7❷	修改参数值（数组、单字）❶	4	7/8
8❷	修改参数值（数组、双字）❶	5	7/8

续表

AK	描述	应答 ID 正	应答 ID 负
9	请求数组元素数量	6	7/8

注 ❶所需参数元素在 IND（第 2 个字）中规定；❷以下的任务 ID 是相同的：1≡6，2≡7，3≡8，建议使用 ID6、ID7 和 ID8。

（2）变频器发送给控制器的应答 ID，见表 4-8。

表 4-8　变频器发送给控制器的应答 ID

AK	描述
0	无应答
1	传送参数值（单字）
2	传送参数值（双字）
3	传送描述性元素❶
4	传送参数值（数组、单字）❷
5	传送参数值（数组、双字）❷
6	传送数组元素数量
7	变频器无法处理任务。变频器会在参数通道的高位字中将错误号发送给控制器
8	无主站控制权限/无权限修改参数通道接口

注 ❶所需参数元素在 IND（第 2 个字）中规定；❷所需含索引的参数元素在 IND（第 2 个字）中规定。

（3）应答 ID 7 中的错误号，见表 4-9。

表 4-9　应答 ID7 中的错误号

编号	描述
00hex	参数号错误（访问的参数不存在）
01hex	参数值无法修改（修改任务中的参数值无法被修改）
02hex	超出数值的下限或上限（修改任务中的值超出了限值）
03hex	错误的子索引（访问的子索引不存在）
04hex	没有数组（使用子下标访问无下标的参数）
05hex	错误的数据类型（修改任务中的值与参数的数据类型不相符）
06hex	不允许设置，只能复位（不允许使用不等于 0 的值执行修改任务）
07hex	无法修改描述单元（修改任务中的描述单元无法被修改，故障值）
0Bhex	没有操作权限（缺少操作权限的修改任务，另见 p0927）
0Chex	缺少密码
11hex	因运行状态无法执行任务（因某个无法详细说明的临时原因无法进行访问）

续表

编号	描述
14hex	数值错误（修改任务的数值虽然在极限范围内，但是由于其他持久原因而不被允许，即参数被定义为独立值）
65hex	参数号当前被禁止（取决于变频器的运行状态）
66hex	通道宽度不够（通信通道太窄，不够应答）
68hex	参数值非法（参数只允许设为特定值）
6Ahex	没有收到任务/不支持任务（有效的任务 ID 可以在表 4-7 中查阅）
6Bhex	控制器使能时无修改权限（变频器的运行状态拒绝参数改动）
86hex	调试时仅允许写访问（p0010=15）（变频器的运行状态拒绝参数改动）
87hex	专有技术保护生效、禁止访问
C8hex	修改任务低于当前有效的限值（修改任务的访问值虽然在"绝对"限值范围内，但低于当前有效的下限值）
C9hex	修改任务高于当前有效的限值（示例：变频器功率的参数值过大）
CChex	不允许执行修改任务（因为没有访问口令而不允许修改）

2. 参数索引 IND：PKW 第 2 个字

参数号位于 PKE 的第 1 个字的 PNU 值中，分区索引位于 IND（位 0~7）的第 2 个字中，在带索引的参数中，参数索引以十六进制值的形式位于子索引中（IND 位 8~15）。

子下标（参数下标）：标识变频器参数的子索引（参数下标）值。例如，p0840[1]中，中括号中的"1"即为参数下标。

分区下标：变频器参数偏移量，配合 PNU 确定参数号。例如，p2902 的分区下标=0x80，分区下标查询请参考表 4-10。

表 4-10 分区下标设置

参数号	偏移	分区索引								
		hex	位 7	位 6	位 5	位 4	位 3	位 2	位 1	位 0
0000~1999	0	0hex								
2000~3999	2000	80hex								
6000~7999	6000	90hex								
8000~9999	8000	20hex								
10000~11999	10000	A0hex								
20000~21999	20000	50hex								
30000~31999	30000	F0hex								
60000~61999	60000	74hex								

3. 参数值 PWE：PKW 第 3、4 个字

参数值 PWE 总是以双字方式（32 位）发送，一条报文只能传送一个参数值。

（1）32 位的参数值由 PWE1（第 3 个字）和 PWE2（第 4 个字）两个字组成。

（2）16 位的参数值用 PWE2 表示，PWE1 为 0。

（3）8 位的参数值用 PWE2 中位 0～7 表示，高 8 位和 PWE1 为 0。

（4）BICO 参数：PWE1 表示参数号，PWE2 位 10～15 为 1，PWE2 位 0～9 表示参数的索引或位号。

二、S7-1200 系统通信组态

1. 组态 CU250S-2 PN 通信报文

将硬件目录中的"SIEMENS telegram 353，PKW+PZD-2/2"模块拖曳到"设备视图"界面的插槽中，系统自动分配了输入、输出地址，如图 4-31 所示。本示例中分配 PKW 的输入地址为 IB68～IB75，输出地址为 QB64～QB71；分配 PZD 的输入地址为 IW76、IW78，输出地址为 QW72、QW74。

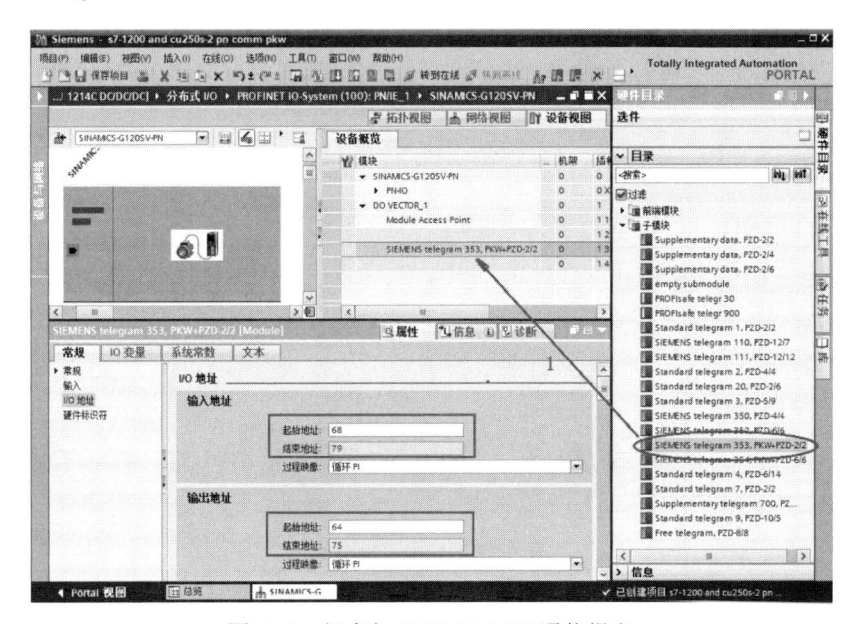

图 4-31　组态与 CU250S-2 PN 通信报文

2. 调用指令

在 S7-1200 中调用扩展指令 DPRD_DAT 读取 PKW 区数据，调用扩展指令 DPWR_DAT 写入 PKW 区数据。

（1）双击项目树下的 Main[OB1] 打开 OB1 程序编辑窗口。

（2）将扩展指令目录中的"分布式 I/O"→"其它"下的 DPRD_DAT 和 DPWR_DAT 指令拖曳到程序编辑窗口中，如图 4-32 所示。

3. 分配硬件标识

（1）单击块参数 LADDR。

（2）在下拉列表中选择"SIEMENS__telegram__353，__PKW＋PZD-2__2［AI/AO］"。

4. 分配其他参数

可以使用数据块（Data Block，DB）作为缓冲区，创建 DB 时请将块访问模式定义为"标准与 S7-300/400 兼容"模式。

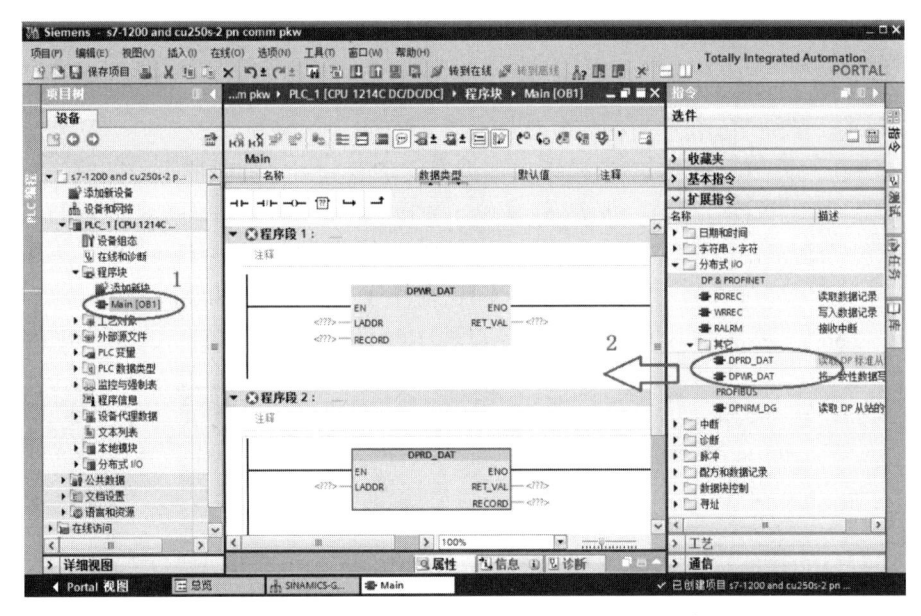

图 4-32 调用 DPRD_DAT 和 DPWR_DAT 指令

（1）DPWR_DAT 发送缓冲区从 MB200 开始的 12 个字节，如图 4-33 所示。

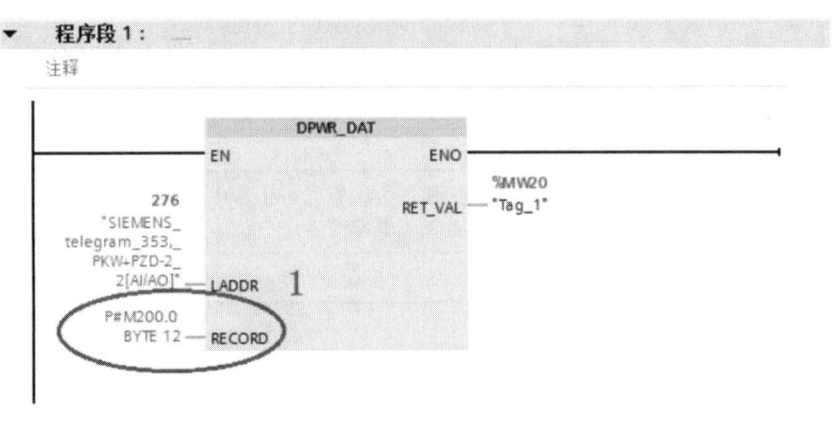

图 4-33 缓冲区写入处理

（2）DPRD_DAT 读取缓冲区从 MB100 开始的 12 个字节，如图 4-34 所示。

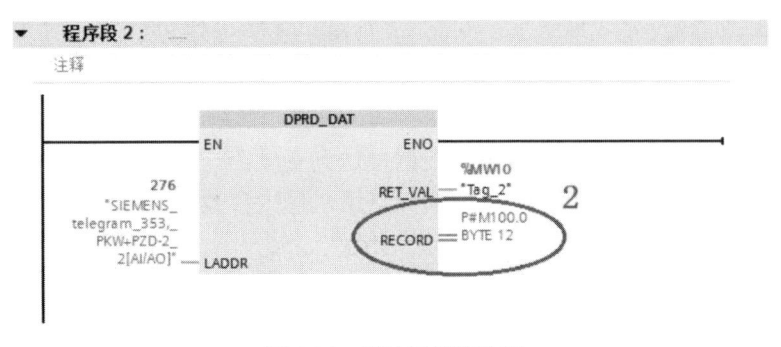

图 4-34 缓冲区读取处理

三、使用实例

1. 读取参数 r2902[5]值

将 MB200~MB207 的 8 个字节请求数据发送到变频器，变频器返回的响应数据保存在 MW100~MB107 的 8 个字节中。读取参数 r2902[5]值的请求数据格式参考表 4-11，变频器响应数据格式参考表 4-12。

r2902 参数范围为 2000~3999，根据表 4-10 设置分区索引值为 0x80。PNU=2902-2000=902（十进制）=386（十六进制）。通过变量表模拟程序读取参数 r2902[5]=100.0，如图 4-35 所示。

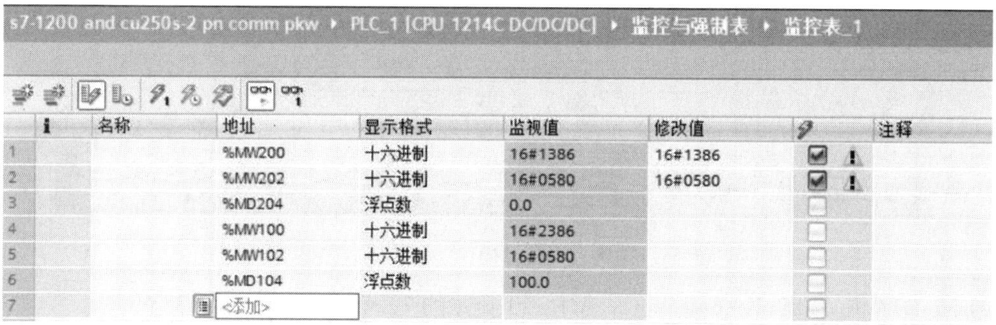

图 4-35　S7-1200 读取 r2902[5]参数

表 4-11　读取参数 r2902[5]值的请求数据格式，PLC→变频器

PKW（第 1 个字）MW200			IND（第 2 个字）MW202		PWE（第 3、4 个字）MD204	
AK（4bit）	（1bit）	PNU（10bit）	子索引（参数下标）(8bit) 高字节	分区索引(8bit) 低字节	PWE1（16bit）高字	PWE1（16bit）低字
0x1	0x386		0x05	0x80	0x0000	0x0000

表 4-12　读取参数 r2902[5]值的响应数据格式，变频器→PLC

PKW（第 1 个字）MW200			IND（第 2 个字）MW202		PWE（第 3、4 个字）MD204	
AK（4bit）	（1bit）	PNU（11bit）	子索引（参数下标）(8bit) 高字节	分区索引(8bit) 低字节	PWE1（16bit）高字	PWE1（16bit）低字
0x2	0x386		0x05	0x80	100.0（浮点数）	

2. 修改参数 p1121 值

将 MB200~MB207 的 8 个字节请求数据发送到变频器，变频器返回的响应数据保存在 MW100~MB107 的 8 个字节中。PLC 向变频器请求修改参数 p1121 值的请求数据格式参考表 4-13，变频器响应 PLC 的数据格式参考表 4-14。

p1121 参数范围为 0~1999，根据表 4-10 设置分区索引值为 0x00；PNU=1121（十进制）=461（十六进制）；通过变量表模拟程序修改参数 p1121=5.0，如图 4-36 所示。

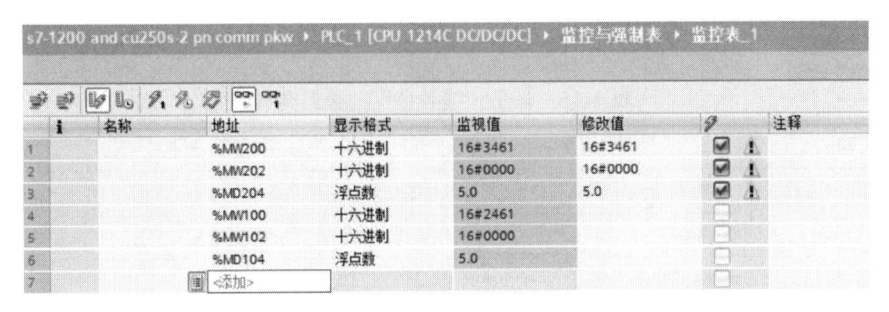

图 4-36　S7-1200 写 p1121 参数

表 4-13　修改参数 p1121 值的请求数据格式

PKW（第 1 个字）MW200			IND（第 2 个字）MW202		PWE（第 3、4 个字）MD204	
AK（4bit）	(1bit)	PNU（11bit）	子索引（参数下标）（8bit）高字节	分区索引（8bit）低字节	PWE1（16bit）高字	PWE1（16bit）低字
0x3	0x461		0x00	0x00	5.0（浮点数）	

表 4-14　修改参数 p1121 值的响应数据格式，变频器→PLC

PKW（第 1 个字）MW200			IND（第 2 个字）MW202		PWE（第 3、4 个字）MD204	
AK（4bit）	(1bit)	PNU（11bit）	子索引（参数下标）（8bit）高字节	分区索引（8bit）低字节	PWE1（16bit）高字	PWE1（16bit）低字
0x2	0x461		0x00	0x00	5.0（浮点数）	

任务四　G120 的非周期通信读写参数

【任务描述】

PROFINET IO 控制器通过非循环通信访问变频器数据记录区，每次可以读或写多个参数。非周期性数据传送模式允许交换大量的用户数据，使用两个功能块 READ 和 WRITE 可以实现非周期性数据交换。传输数据块的内容应遵照 PROFIdrive 参数通道（DPV1）数据集 DS47（非周期参数通道结构）。本任务通过示例学习 S7-1200 与 CU250S-2 PN 的 PROFINET 非周期通信，介绍如何通过非周期通信读写多个变频器参数。

【任务实施】

一、非周期通信的认识

S7-1200 与 CU250S-2 PN 的非周期通信需要采用系统功能块参数 WRREC 和 RDREC，其中 WRREC 将"请求"发送给 CU250S-2 PN，功能块参数 RDREC 将 CU250S-2 PN 的"应答"返回给 PLC。使用非周期通信对读写参数数量没有限制，但每个读写任务最大为 240 个字节。传输数据块的内容应遵照 PROFIdrive 参数通道（DPV1）数据集 DS47（非周期参数通道结构）。

（1）任务"读参数"的数据结构见表 4-15。

表 4-15　任务"读参数"的数据结构

数据块	字节 n	字节 n + 1	n
报文头	参考 01hex…FFhex	01hex，读任务	0
	01hex	参数的数量（m）01hex…27hex	2
参数 1 的地址	属性：10hex，参数值；20hex，参数描述	索引的数量 00hex…EAhex（参数无索引时：00hex）	4
	参数号 0001hex…FFFFhex		6
	第 1 个索引的编号 0000hex…FFFFhex（参数无索引时：0000hex）		8
		…	…
参数 2 的地址		…	…
…		…	…
参数 m 的地址		…	…

（2）变频器对读任务的应答数据结构见表 4-16。

表 4-16　变频器对读任务的应答数据结构

数据块	字节 n	字节 n + 1	n
报文头	参考（与读任务相同）	01hex，变频器已执行读任务。81hex，变频器没有完整执行读任务	0
	01hex	参数的数量（m）（与读任务相同）	2
参数 1 的值	格式 02hex Int 的 er8 03hex Integer16 04hex：Integer32 05hex：Unsigned8 06hex：Unsigned16 07hex：Unsigned32 08hex：FloatingPoint 10hex：OctetString 13hex：TimeDifference 41hex：Byte 42hex：Word 43hex：DoubleWord 44hex：Error	索引值的数量，在否定应答时为故障值的数量	4
	第 1 个索引的值，在否定应答时为故障值 1 可以在表 4-20 中查阅故障值		6
		…	…
参数 2 的值		…	…
…		…	…
参数 m 的值		…	…

（3）任务"修改参数"的数据结构见表4-17。

表4-17 任务"修改参数"的数据结构

数据块	字节 n	字节 n+1	n
报文头	参考 01hex ... FFhex	02hex：修改任务	0
	01hex	参数的数量（m）01hex ... 27hex	2
参数1的地址	10hex：参数值	索引的数量 00hex...EAhex（00hex 和 01hex 的含义相同）	4
	参数号 0001hex...FFFFhex		6
	第1个索引的编号 0001hex...FFFFhex		8
		...	...
参数2的地址		...	...
...		...	...
参数m的地址		...	...
参数1的值	格式 02hex：Integer8 03hex：Integer16 04hex：Integer32 05hex：Unsigned8 06hex：Unsigned16 07hex：Unsigned32 08hex：Floating Point 10hex：OctetString 13hex：TimeDifference 41hex：Byte 42hex：Word 43hex：DoubleWord	索引值的数量 00hex...EAhex	...
	第1个索引的值		...
		...	...
参数2的值		...	...
...		...	...
参数m的值		...	...

（4）变频器对修改任务的应答数据结构见表4-18。

表4-18 变频器对修改任务的应答数据结构

数据块	字节 n	字节 n+1	n
报文头	参考（与修改任务相同）	02hex	0
	01hex	参考（与修改任务相同）	2

（5）变频器不能完全执行修改任务时的应答数据结构如表4-19所示。

表4-19　变频器不能完全执行修改任务时的应答数据结构

数据块	字节 n	字节 n+1	n
报文头	参考（与修改任务相同）	82hex	0
	01hex	参数数量（与修改任务相同）	2
参数1的值	格式 40hex：Zero（该数据块的修改任务已执行） 44hex：Error（该数据块的修改任务未执行）	故障值的数量 00hex 或 02hex	4
	"Error"-故障值1 可以在表4-20中查阅故障值		6
	"Error"-故障值2 故障值2为0或包含出现故障时第1个索引的编号		8
参数2的值	…		…
…	…		…
参数 m 的值	…		…

（6）参数应答中的故障值的说明见表4-20。

表4-20　参数应答中的故障值的说明

故障值	说明
00hex	参数号错误（访问的参数不存在）
01hex	参数值无法修改（修改任务中的参数值无法被修改）
02hex	超出数值的下限或上限（修改任务中的值超出了限值）
03hex	错误的子索引（访问的参数索引不存在）
04hex	没有数组（使用子索引访问无索引的参数）
05hex	错误的数据类型（修改任务中的值与参数的数据类型不相符）
06hex	不允许设置，只能复位（不允许使用不等于0的值执行修改任务）
07hex	无法修改描述单元（修改任务中的描述单元无法被修改）
09hex	描述数据不存在（访问的描述不存在，但参数值存在）
0Bhex	没有操作权限（缺少操作权限的修改任务）
0Fhex	不存在文本数组（虽然参数值存在，但所访问的文本数组不存在）
11hex	因运行状态无法执行任务（因某个无法详细说明的临时原因无法进行访问）
14hex	数值错误（修改任务的数值虽然在极限范围内，但是由于其他持久原因而不被允许，即参数被定义为独立值）
15hex	应答过长（当前应答的长度超出了可传输的最大长度）
16hex	参数地址错误（属性、元素数量、参数号、子索引或组合的值不被允许或不被支持）
17hex	格式错误（修改任务使用了不允许或不被支持的格式）
18hex	值的数量不符（参数数据值的数量与多数地址中元素的数量不一致）

续表

故障值	说明
19hex	传动对象不存在（访问的传动对象不存在）
6Bhex	控制器使能时无修改权限
6Chex	未知单位
6Ehex	只能在电动机调试中执行修改任务（p0010=3）
6Fhex	只能在功率部件调试中执行修改任务（p0010=2）
70hex	只能在快速调试（基本调试）中执行修改任务（p0010=1）
71hex	只有当变频器运行就绪时，才能执行修改任务（p0010=0）
72hex	只有当参数复位时（恢复到出厂设置），才能执行修改任务（p0010=30）
73hex	只能在安全功能调试时执行修改任务（p0010=95）
74hex	只能在工艺应用/单元调试时执行修改任务（p0010=5）
75hex	只能在调试状态中执行修改任务（p0010≠0）
76hex	由于内部原因无法执行修改任务（p0010=29）
77hex	在下载时无法执行修改任务
81hex	在下载时无法执行修改任务
82hex	控制权限接收通过 BI：p0806 被禁止
83hex	无法实现所需的互联（模拟量输出不提供浮点值，但模拟量输入需要浮点值）
84hex	变频器不接受修改任务（变频器正在进行内部计算）
85hex	未定义访问方式
86hex	只在调试数据组时允许写访问（p0010=15）（变频器的运行状态拒绝参数改动）
87hex	专有技术保护生效、禁止访问
C8hex	修改任务低于当前有效的限值（修改任务的访问值虽然在"绝对"限值范围内，但低于当前有效的下限值）
C9hex	修改任务高于当前有效的限值（示例：变频器功率的参数值过大）
CChex	不允许执行修改任务（因为没有访问口令而不允许修改）

二、S7-1200 组态

CU250S-2 PN 的非周期通信与所选择的报文结构无关，选择任何一种报文格式都可以进行非周期通信，在使用系统功能参数 RDREC 和 WRREC 读写变频器数据记录时需要使用报文标识符，本任务选择 353 报文。

1. CU250S-2 PN 通信报文组态

将硬件目录中的"SIEMENS telegram 353，PKW+PZD-2/2"模块拖曳到"设备视图"界面的插槽中，系统自动分配了输入、输出地址，本示例中分配 PKW 的输入地址为 IB68～IB75，输出地址为 QB64～QB71；分配 PZD 的输入地址为 IW76、IW78，输出地址为 QW72、QW74，如图 4-37 所示。

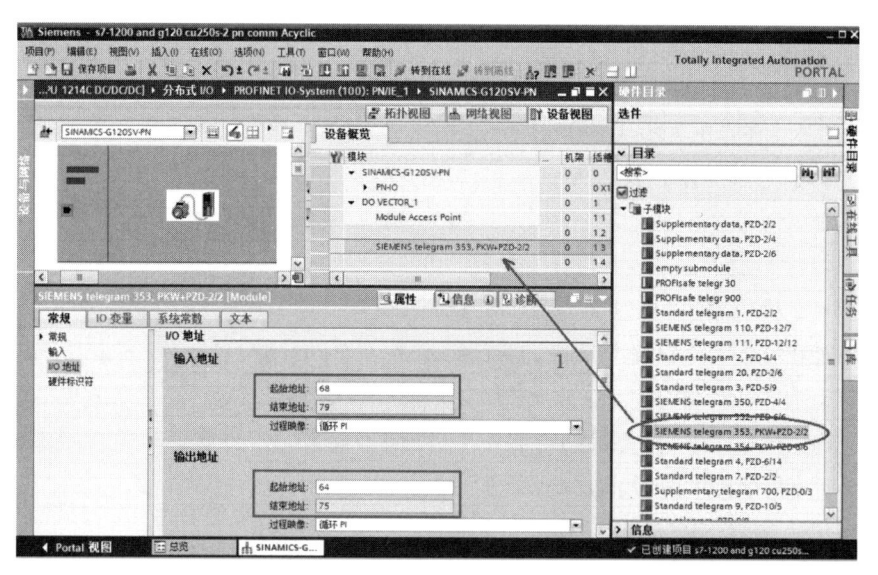

图 4-37　CU250S-2 PN 通信报文组态

2. 任务编程

在 S7-1200 中调用扩展指令 RDREC 读取 G120 数据记录区，调用扩展指令 WRREC 写入 G120 数据记录区，如图 4-38 所示。

图 4-38　调用扩展指令 RDREC 和 WRREC

（1）双击项目树下的 Main[OB1]打开 OB1 程序编辑窗口。

（2）将扩展指令目录中的"分布式 I/O"下的 RDREC 和 WRREC 指令拖曳到程序编辑窗口中。

（3）分别指定 RDREC 和 WRREC 的背景数据块，使用系统自动分配即可，单击"确定"按钮。

3. 硬件标识的分配

（1）单击块参数 ID。

（2）在下拉列表中选择"SIEMENS_telegram_353，_PKW+PZD2_2[AI/AO]"，如图 4-39 所示。

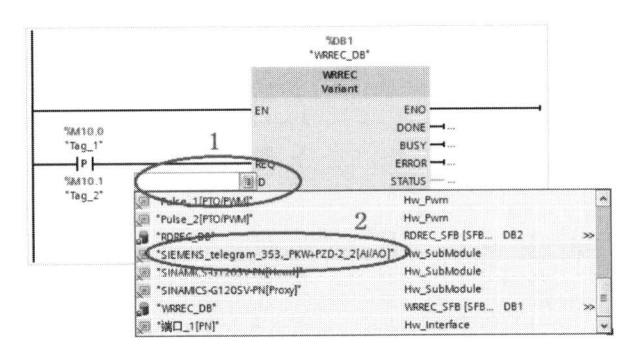

图 4-39　硬件标识符分配

4. 系统功能其他参数的分配

RDREC 和 WRREC 分配如下参数：

（1）块参数 INDEX=47；

（2）M10.0 上升沿触发写任务，M20.0 上升沿触发读任务；

（3）WRREC 写入缓冲区从 MB100 开始的 40 个字节；

（4）RDREC 读取缓冲区从 MB200 开始的 40 个字节。

具体参数分配如图 4-40 所示，也可以使用 DB 作为缓冲区，创建 DB 时请将块访问模式定义为"标准与 S7-300/400 兼容"模式。

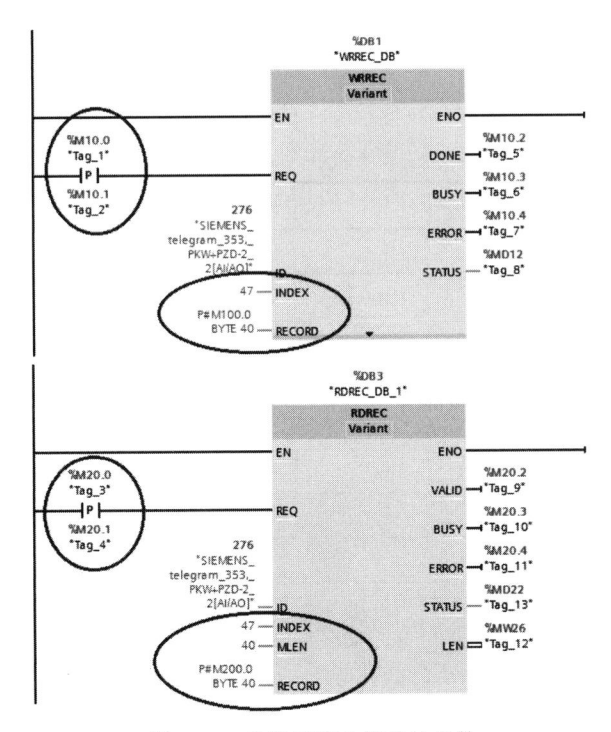

图 4-40　分配系统功能其他参数

三、多个参数值的读取与修改

1. 多个参数值的读取

通过非周期通信读取 p2900、r2902[2]～r2902[5]值，变量表模拟程序参考图 4-41。

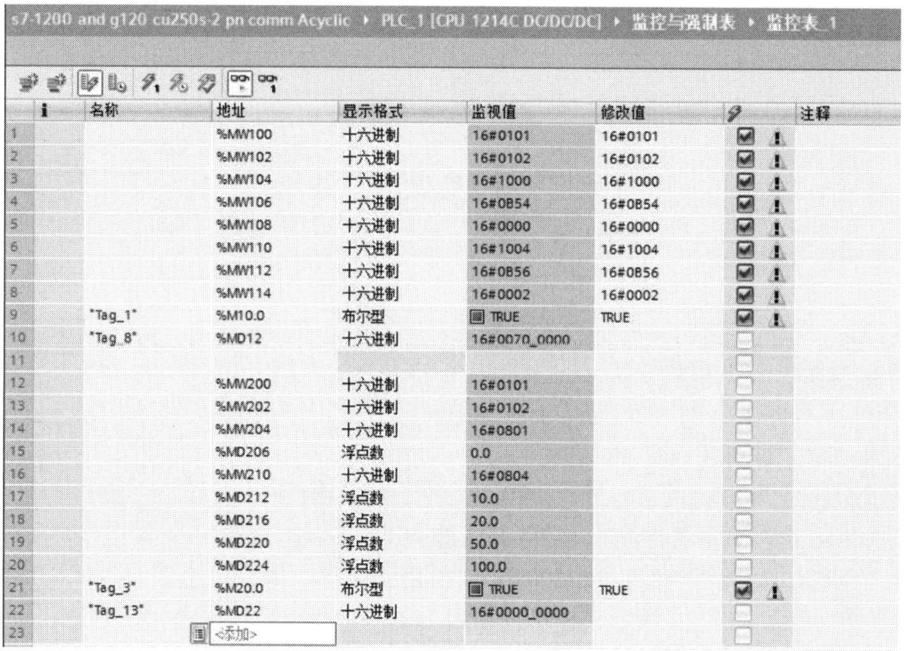

	i	名称	地址	显示格式	监视值	修改值		注释
1			%MW100	十六进制	16#0101	16#0101	☑	
2			%MW102	十六进制	16#0102	16#0102	☑	
3			%MW104	十六进制	16#1000	16#1000	☑	
4			%MW106	十六进制	16#0B54	16#0B54	☑	
5			%MW108	十六进制	16#0000	16#0000	☑	
6			%MW110	十六进制	16#1004	16#1004	☑	
7			%MW112	十六进制	16#0B56	16#0B56	☑	
8			%MW114	十六进制	16#0002	16#0002	☑	
9		"Tag_1"	%M10.0	布尔型	TRUE	TRUE	☑	
10		"Tag_8"	%MD12	十六进制	16#0070_0000			
11								
12			%MW200	十六进制	16#0101			
13			%MW202	十六进制	16#0102			
14			%MW204	十六进制	16#0801			
15			%MD206	浮点数	0.0			
16			%MW210	十六进制	16#0804			
17			%MD212	浮点数	10.0			
18			%MD216	浮点数	20.0			
19			%MD220	浮点数	50.0			
20			%MD224	浮点数	100.0			
21		"Tag_3"	%M20.0	布尔型	TRUE	TRUE	☑	
22		"Tag_13"	%MD22	十六进制	16#0000_0000			
23			<添加>					

图 4-41 S7-1200 读取 p2900、r2902[2]～r2902[5]值

（1）按照“读参数”请求的数据结构将数据写入 WRREC 数据缓冲区 MB100～MB115 的 16 个字节，数据格式参考表 4-21。

表 4-21 读参数——写数据记录请求

数据类型	字节 n		字节 n+1		地址
报文头	请求参考	01hex	请求 ID	01hex	MW100
	驱动对象 ID	01hex	参数数量（m）	02hex	MW102
参数 1	属性	01hex	索引的数量	00hex	MW104
	参数号=0B54hex				MW106
	第 1 个索引的编号=0000hex				MW108
参数 2	属性	10hex	索引的数量	04hex	MW110
	参数号=0B56hex				MW112
	第 1 个索引的编号=0002hex				MW114

（2）设置 M10.0=1，启动 WRREC 写数据记录任务；MD12 指示 WRREC 指令的执行状态，具体状态含义请参考 TIA Portal 在线帮助。

（3）写数据记录完成后，设置 M20.0=1，启动 RDREC 读数据记录任务。

（4）MD22 指示 RDREC 指令的执行状态。

（5）按照"读参数"应答的数据结构分析 MB200～MD227 中 28 字节的数据，数据格式参考表 4-22，读取到的 p2900=0.0，r2902.2=10.0，r2902.3=20.0，r2902.4=50.0，r2902.5=100.0。

表 4-22　读参数——读数据记录应答

数据类型	字节 n		字节 n+1		地址
报文头	请求参考映射	01hex	应答 ID	01hex	MW200
	驱动对象 ID 映射	01hex	参数数量（m）	02hex	MW202
参数 1 的值	数据格式	08hex	参数值数量	01hex	MW204
	参数值=0.0（浮点数）				MW206
					MW208
参数 2 的值	数据格式	08hex	参数值数量	04hex	MW210
	参数值=10.0（浮点数）				MW212
					MW214
	参数值=20.0（浮点数）				MW216
					MW218
	参数值=50.0（浮点数）				MW220
					MW222
	参数值=100.0（浮点数）				MW224
					MW226

2. p2900、p2901 参数值的修改

通过非周期通信设置 p2900=11.0、p2901=22.0，变量表模拟程序参考图 4-42。

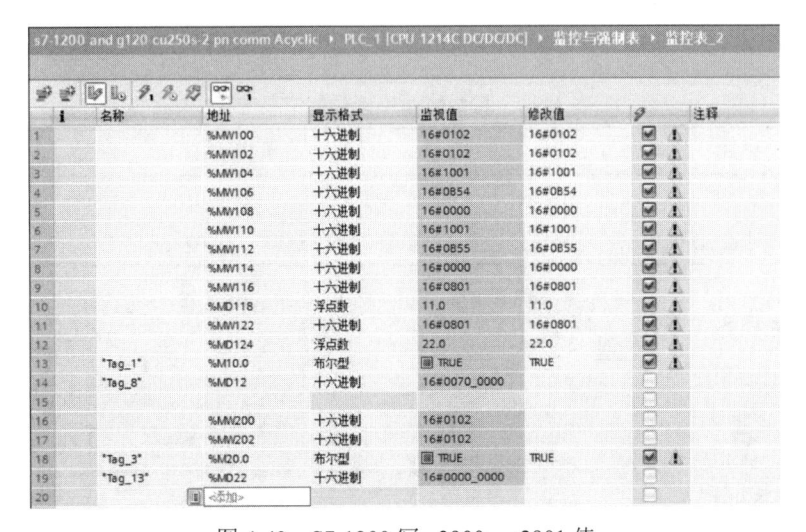

图 4-42　S7-1200 写 p2900、p2901 值

（1）按照"写参数"请求的数据结构将数据写入 WRREC 数据缓冲区 MB100～MB127 的 28 个字节，数据格式参考表 4-23。

表 4-23 写参数——写数据记录请求

数据类型	字节 n		字节 n+1		地址
报文头	请求参考	01hex	请求 ID	02hex	MW100
	驱动对象 ID	01hex	参数数量（m）	02hex	MW102
参数 1	属性	10hex	索引的数量	01hex	MW104
	参数号=0B54hex				MW106
	第 1 个索引的编号=0000hex				MW108
参数 2	属性	10hex	索引的数量	01hex	MW110
	参数号=0B55hex				MW112
	第 1 个索引的编号=0000hex				MW114
参数 1 的值	数据格式	08hex	参数值数量	01hex	MW116
	参数值=11.0（浮点数）				MW118
					MW120
参数 2 的值	数据格式	08hex	参数值数量	01hex	MW122
	参数值=22.0（浮点数）				MW124
					MW126

（2）设置 M10.0=1，启动 WRREC 写数据记录任务；MD12 指示 WRREC 指令的执行状态，具体状态含义请参考 TIA Portal 在线帮助。

（3）写数据记录完成后，设置 M20.0=1，启动 RDREC 读数据记录任务。

（4）MD22 指示 RDREC 指令的执行状态。

（5）按照"写参数"应答的数据结构分析 MB200～MD203 中 4 字节的数据，数据格式参考表 4-24，正确写入 p2900=11.0、p2901=22.0。图 4-43 是 TIA Portal 软件读取 p2900 和 p2901 修改后的参数值。

表 4-24 写参数——读数据记录应答

数据类型	字节 n		字节 n+1		地址
报文头	请求参考映射	01hex	应答 ID	01hex	MW200
	驱动对象 ID 映射	01hex	参数数量（m）	02hex	MW202

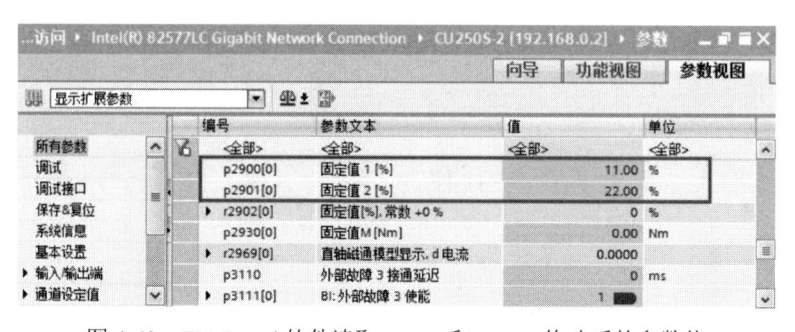

图 4-43 TIA Portal 软件读取 p2900 和 p2901 修改后的参数值

项 目 小 结

SINAMICS G120 变频器不同型号的控制单元具有不同的、和上位控制器通信的现场总线接口，G120 不同类别控制单元支持的现场总线有 Modbus RTU、PROFINET、Ethernet/IP、USS 和 Modbus RTU。SINAMICS G120 的控制单元支持基于 PROFINET 的周期过程数据交换，PROFINET IO 控制器可以将控制字和主给定值等过程数据周期性地发送至变频器，并从变频器周期性地读取状态字和实际转速等过程数据。提供 PROFINET IO 控制器访问变频器参数的接口，有两种方式能够访问变频器的参数：一是周期性通信的 PKW 通道（参数数据区）周期过程数据交换；二是非周期通信访问变频器数据记录区。

项目五 V20 变频器的应用

【学习目标】

- 熟悉 V20 变频器的类型和接线
- 熟悉 V20 变频器的面板操作
- 掌握 V20 变频器快速调试的方法
- 掌握 V20 变频器的连接宏选择方法
- 了解 V20 变频器的应用宏设置
- 掌握 V20 变频器的 Modbus RTU 通信驱动控制
- 了解 V20 变频器的 USS 通信驱动控制

任务一 V20 变频器的认知与接线

【任务描述】

V20 变频器内置基本操作面板（BOP）可实现基本操作，通过简单参数设定即可实现预定功能，本任务主要为熟悉 V20 变频器的特点、类型，学习 V20 变频器的主电路端子接线及控制电路端子接线。

【任务实施】

一、V20 变频器的特点

SINAMICS V20 是一种小型变频器，它有 7 种外形尺寸可以选择，为用户提供了简单、经济性好的驱动控制解决方案，主要特点如下。

（1）内置 BOP 可实现基本操作，无须调试软件，无须增加其他选件，通过简单参数设定即可实现预定功能。

（2）内置常见的连接宏与应用宏，可以方便地应用在风机、水泵、传送装置及搅拌机、混料机等设备中。

（3）允许用户进行穿墙式安装和壁挂式安装，紧凑的安装方式允许使用较小的电柜；穿墙式安装使电柜更易于散热，FSAA 和 FSAB（1AC 230V）比同功率段已有的 FSA 变频器的体积小 24%。

（4）通过集成的 USS 或 Modbus 可实现与 PLC 的灵活通信，便捷高效，有利于用户提升机器设备的性能，降低开发成本，大幅缩短机器设备的上市时间，真正有效地提高用户的市场竞争力。

二、V20 变频器的类型

SINAMICS V20 提供三相交流 400V 和单相交流 230V 进线两种规格，分别可覆盖 0.37~30kW，0.12~3kW 的功率范围。

1. 三相交流 400V 变频器

三相交流 400V 变频器的额定输出功率范围为 0.37~30kW，其 5 种外形尺寸如图 5-1 所示。

（a）外形尺寸 A（FSA） 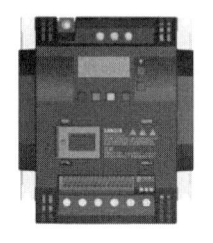 （b）外形尺寸 B（FSB） 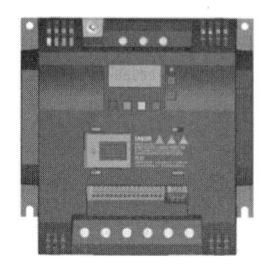 （c）外形尺寸 C（FSC）

（d）外形尺寸 D（FSD）  （e）外形尺寸 E（FSE）

图 5-1 三相交流 400V 变频器的外形尺寸

2. 单相交流 230V 变频器

单相交流 230V 变频器的额定输出功率范围为 0.12~3kW，其 4 种外形尺寸如图 5-2 所示，其中 FSC 为 230V 和 400V 共有。

（a）外形尺寸 AA/AB（FSAA/FSAB）  （b）外形尺寸 AC（FSAC）  （c）外形尺寸 AD（FSAD） 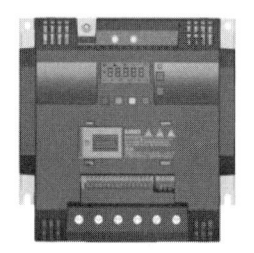 （d）外形尺寸 C（FSC）

图 5-2 单相交流 230V 变频器的外形尺寸

三、主电路端子的认识

1. 端子说明

变频器的上端是电源进线端子排，包括 PE、L1、L2/N 和 L3 共 4 个端子。当使用三相交流 400V 供电时，PE 接保护地线，L1、L2/N、L3 分别接 3 根相线；当使用单相交流 230V 供电时，PE 接保护地线，L1 接相线，L2/N 接中性线，L3 悬空。图 5-3 为主电路端子说明。

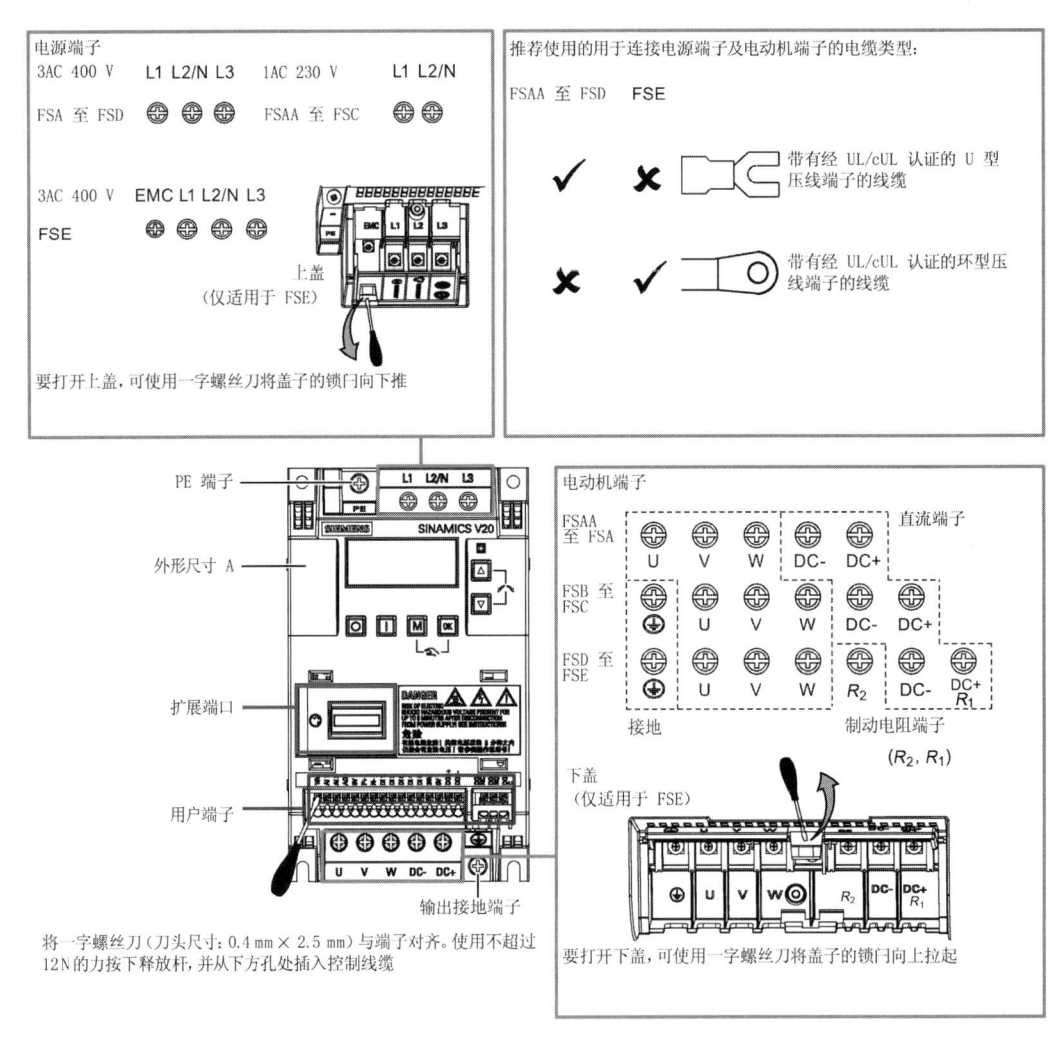

图 5-3　主电路端子说明

2. FSAA/FSAB 的用户端子

变频器的下端是电动机接线端子排和直流端子排，PE 接保护地线，U、V、W 分别接电动机的 3 个接线柱 U1、V1 和 W1；直流端子（DC+ / DC-）用来外接制动电阻。根据电动机的铭牌及变频器的类型，确定电动机采用星形或三角形接法，以电动机的额定电压为 230V 为例：如果使用单相交流 230V 变频器来控制该电动机，由于变频器输出的 U、V、W 之间的电压为 230V，因此需要将电动机绕组改成三角形连接，如图 5-4 所示。

如果使用三相交流 400V 的变频器来控制该电动机，由于变频器输出的 U、V、W 之间的电压为 400V，因此需要将电动机绕组改成星形连接，如图 5-5 所示。

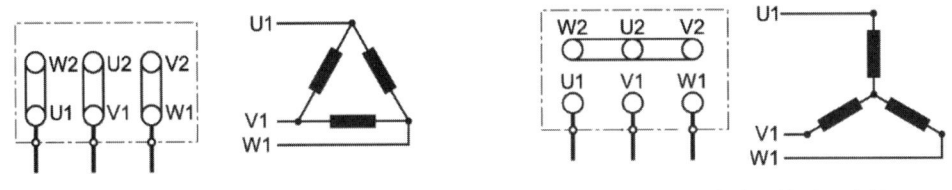

图 5-4 用户端子的三角形连接　　　　　　图 5-5 用户端子的星形连接

3. 主电路典型接线

SINAMICS V20 主电路典型接线如图 5-6 所示。

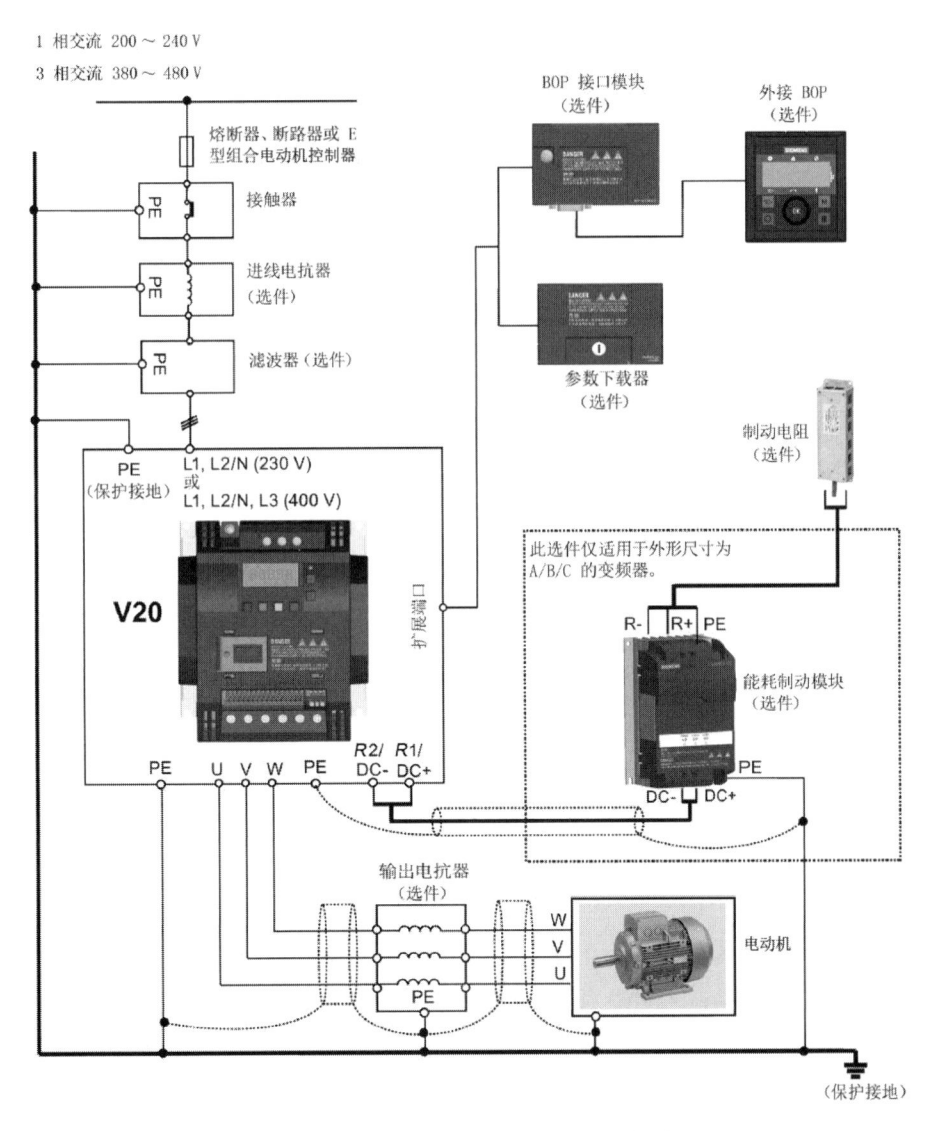

图 5-6 SINAMICS V20 主电路典型接线

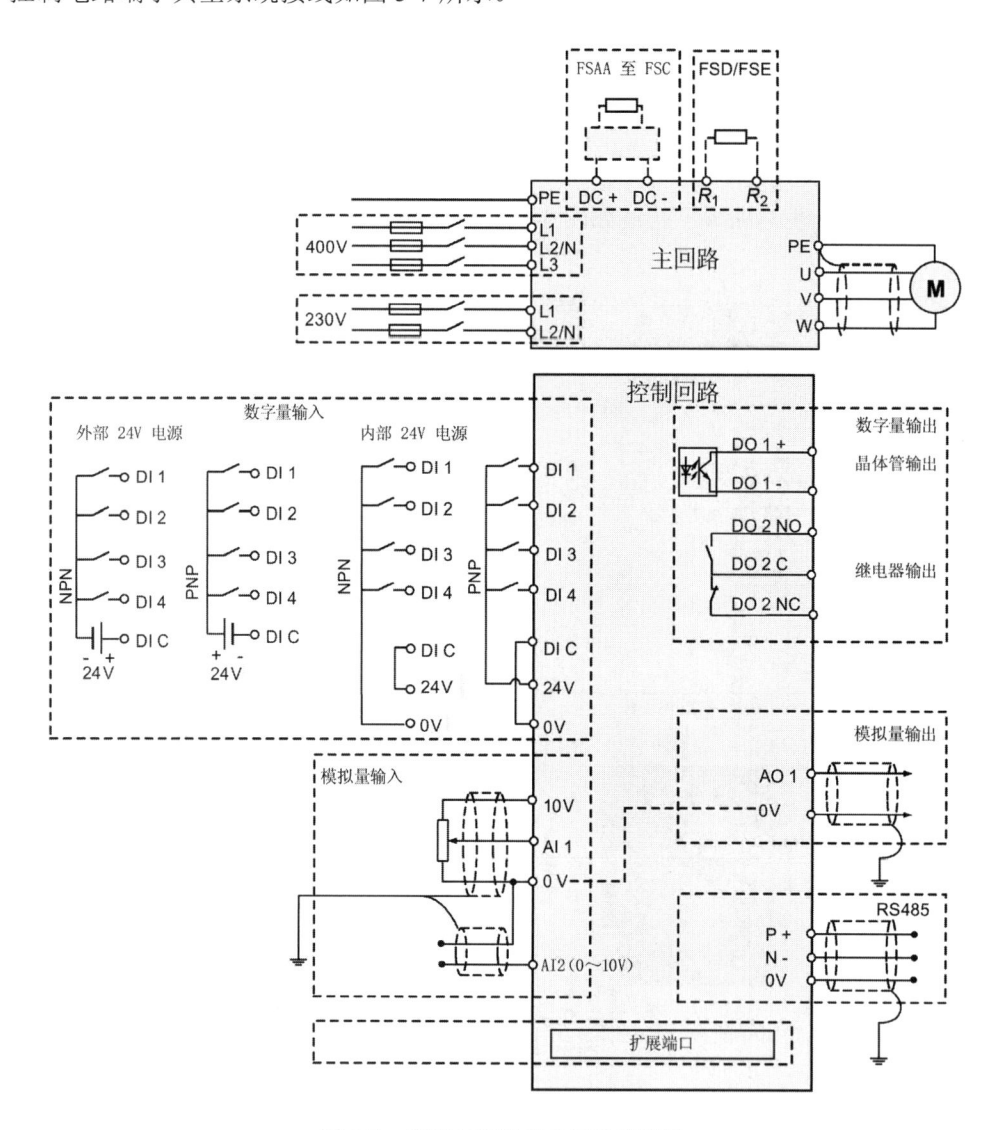

四、控制电路端子接线

1. 控制电路端子典型系统接线

控制电路端子包括数字量输入、数字量输出、模拟量输入、模拟量输出及 RS485 通信接口。控制电路端子典型系统接线如图 5-7 所示。

图 5-7 控制电路端子典型系统接线

2. 控制电路用户端子的布局

控制电路用户端子包含 FSAA 至 FSAD 及 FSA 至 FSE 两种类型。FSAA 至 FSAD 的用户端子的布局如图 5-8 所示，FSA 至 FSE 的用户端子的布局如图 5-9 所示，各端子的含义见表 5-1。

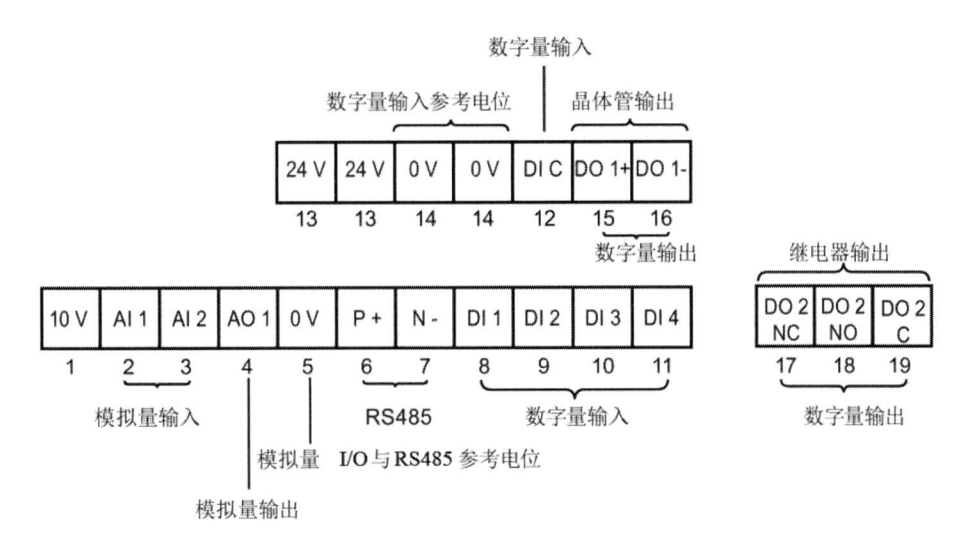

图 5-8 FSAA 至 FSAD 的用户端子的布局

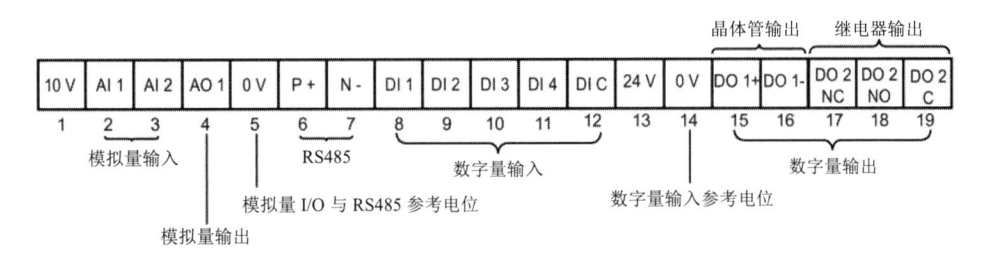

图 5-9 FSA 至 FSE 的用户端子的布局

表 5-1 用户端子接口说明

端子号	引脚说明	接线说明	
1	10V	DC 10V 传感器电源	
2	AI 1	模拟量输入通道 1	（-10~10V；0/4~20mA）
3	AI 2	模拟量输入通道 2	
4	AO 1	模拟量输出通道 1	（0~10V；0~20mA）
5	0V	模拟量 I/O 与 RS485 参考电位	
6	P+	RS485+	
7	N-	RS485-	
8	DI 1	数字量输入通道 1	用于源型或漏型触点的数字量输入，低电压<5V，高电压>11V，最高不超过 30V
9	DI 2	数字量输入通道 2	
10	DI 3	数字量输入通道 3	
11	DI 4	数字量输入通道 4	
12	DIC	连接扩展模块数字量输入	
13	24V	DC 24V 传感器电源	

续表

端子号	引脚说明	接线说明
14	0V	数字量输入参考电位
15	DO 1+	晶体管型数字量输出,最大为 DC 30V,0.5A
16	DO 1-	
17	DO 2 NC	继电器输出常闭
18	DO 2 NO	继电器输出常开
19	DO 2 C	继电器输出接线

继电器输出最大为 30V,0.5A(对应端子17、18、19)

任务二　V20 变频器的面板操作

【任务描述】

本任务主要为认识 V20 的内置 BOP，学习 V20 变频器的菜单操作，熟悉 V20 变频器的出厂默认设置恢复。

【任务实施】

一、BOP 的认识

1. 内置 BOP 的布局

V20 变频器的 BOP 上的功能键可能会根据不同的变频器型号有所差异，通过功能键可变更数值和设定值。内置 BOP 无须增加其他选件就可以实现基本操作。V20 变频器内置 BOP 的功能键布局如图 5-10 所示。

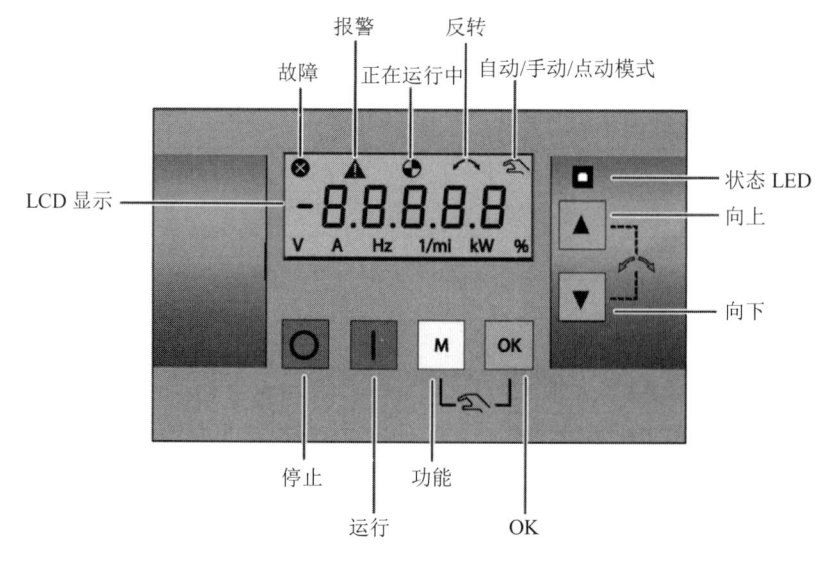

图 5-10　V20 变频器内置 BOP 的功能键布局

2. 变频器的状态图标

变频器的状态图标见表 5-2。

表 5-2 变频器的状态图标

符号	备注	
⊗	变频器至少存在一个未处理故障	
⚠	变频器至少存在一个未处理报警	
⊕	⊕	变频器在运行中（电动机频率可能为 0rpm）
	⊕（闪烁）	变频器可能被意外上电（例如霜冻保护模式时）
↶	电动机反转	
✋	✋	变频器处于手动模式
	✋（闪烁）	变频器处于点动模式

3. 按键功能的使用

V20 变频器通过内置 BOP 进行参数设置，各按键的功能说明见表 5-3。

表 5-3 V20 按键的功能说明

按键图标	功能说明	
O	单击	停止变频器 "手动"模式下的 OFF1 停车方式：电动机按参数 p1121 中设置的斜坡下降时间减速停车。 例外情况：此按键在变频器处于自动运行模式且由外部端子或 RS485 上的 USS/Modbus 控制（p0700=2 或 p0700=5）时无效
	双击（<2s）或长按（>3s）	OFF2 停车方式：电动机不采用任何斜坡下降时间，按惯性自由停车
I		在手动/点动/自动模式下启动变频器。 例外情况：此按键在变频器处于自动运行模式且由外部端子或 RS485 上的 USS/Modbus 控制（p0700=2 或 p0700=5）时无效
M	短按（<2s）	多功能按钮 进入参数设置菜单或转至设置菜单的下一显示画面。 就当前所选项重新开始按位编辑。 返回故障代码显示画面。 在按位编辑模式下连按两次即撤销变更并返回
	长按（>2s）	返回状态显示画面。 进入设置菜单
OK	短按（<2s）	在状态显示数值间切换。 进入数值编辑模式或换至下一位。 清除故障。 返回故障代码显示画面
	长按（>2s）	快速编辑参数号或参数值，访问故障信息数据

按键图标	功能说明
M + OK	按下该组合键在手动模式（显示手形图标）或点动模式（显示闪烁的手形图标）或自动模式（无图标）间切换。 说明：只有当电动机停止运行时才能启用点动模式
▲	浏览菜单时向上选择，增大数值或设定值。 长按（>2s）快速增大数值
▼	浏览菜单时向下选择，减小数值或设定值。 长按（>2s）快速减小数值
▼ + ▲	使电动机反转

二、变频器的菜单操作

1. 菜单的选择

变频器菜单的结构包括"50/60Hz 频率选择"菜单、"显示"菜单、"设置"菜单和"参数"菜单，各菜单描述见表 5-4，具体操作如图 5-11 所示。

表 5-4 变频器菜单描述

菜单	描述
"50/60Hz 频率选择"菜单	此菜单仅在变频器首次上电时或工厂复位后可见
"显示"菜单（默认显示）	显示诸如频率、电压、电流、直流母线电压等重要参数的基本监控画面
"设置"菜单	通过此菜单访问用于快速调试变频器的参数
"参数"菜单	通过此菜单访问所有可用的变频器参数

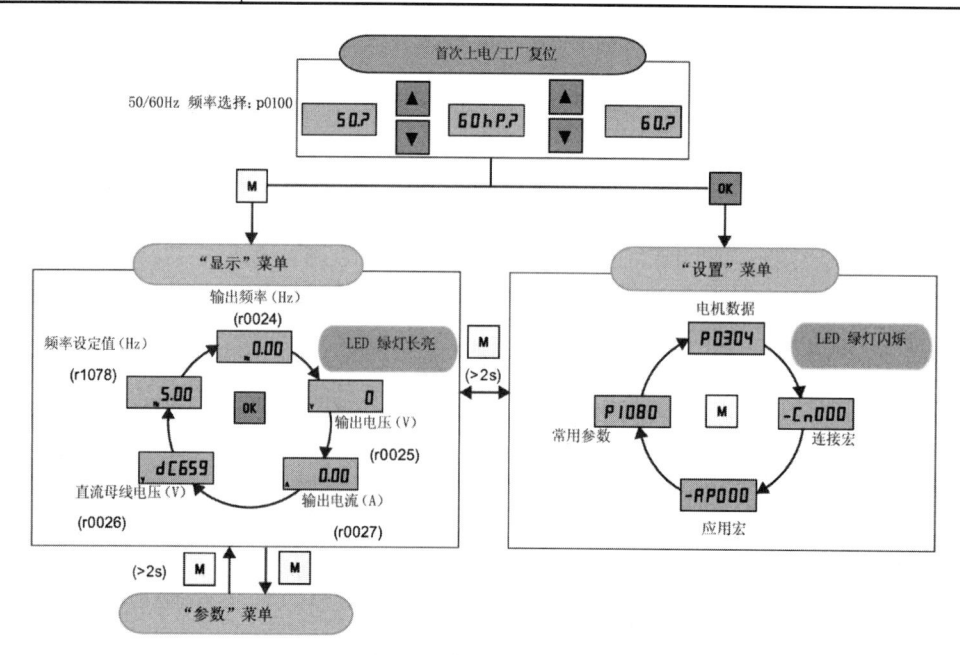

图 5-11 变频器菜单操作

2. 频率和功率单位菜单设置

变频器"50/60Hz 频率选择"菜单可以通过 BOP 完成，如图 5-12 所示。该菜单仅在变频器首次开机时或工厂复位后（p0970）可见，菜单可以根据电动机使用地区选择电动机的基础频率 50/60Hz，还可以确定功率数值的单位为 kW 或 HP。用户可以通过 BOP 选择频率和功率单位，或者不做选择直接退出该菜单，用户也可以通过设置 p0100 的值直接选择电动机的额定频率和功率单位，见表 5-5。

表 5-5 电动机额定频率和功率单位的选择

参数号	值	描述
p0100	0	电动机的基础频率为 50Hz（默认值）→欧洲[kW]
	1	电动机的基础频率为 60Hz→美国/加拿大[HP]
	2	电动机的基础频率为 60Hz→美国/加拿大[kW]

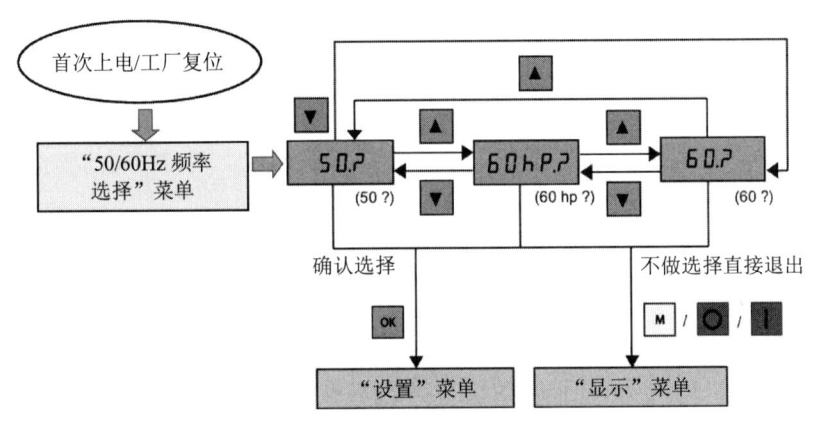

图 5-12 变频器 50/60Hz 频率选择菜单

3. 变频器状态的查看

变频器的状态可以通过"显示"菜单完成，具体如图 5-13 所示。查看"显示"菜单可以显示频率、电压、电流等关键参数，从而实现对变频器的基本监控。

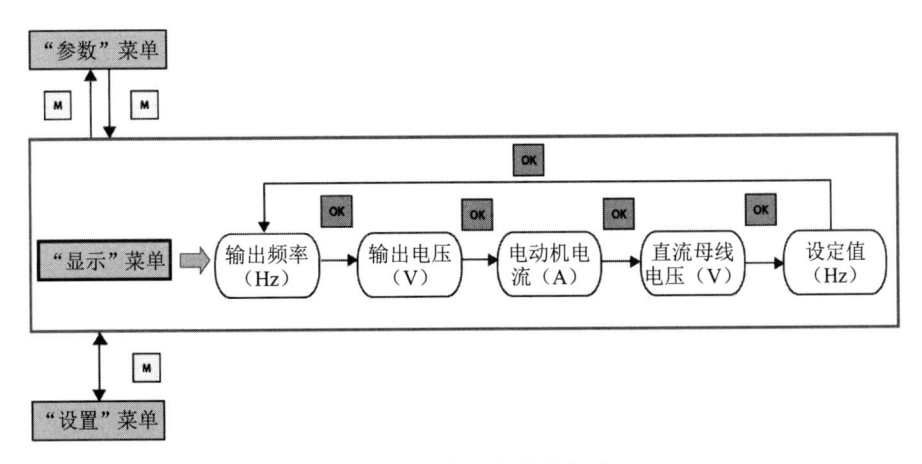

图 5-13 变频器状态的查看

三、出厂默认设置恢复

V20 变频器可以通过面板恢复出厂设置，具体见表 5-6。

表 5-6　V20 变频器恢复出厂默认设置

参数	功能	设置
p0003	用户的访问级别	1（标准用户的访问级别）
p0010	调试参数	30（出厂设置）
p0970	工厂复位	21：参数复位为用户默认设置（如已存储），否则复位为出厂默认设置

设置参数 p0970 后，变频器会显示"88888"字样且随后显示"p0970"。p0970 及 p0010 自动复位至初始值 0。

任务三　V20 变频器的快速调试

【任务描述】

本任务将学习 V20 变频器的"设置"菜单功能、结构，熟悉"设置"菜单的基本操作；根据电动机铭牌数据，学习通过电动机数据"设置"菜单和变频器相关参数。

【任务实施】

一、"设置"菜单操作

1. "设置"菜单的功能

根据"设置"菜单的引导，可以进入快速调试变频器所需的主要步骤，该菜单由以下 4 个子菜单组成，见表 5-7。

表 5-7　"设置"子菜单

子菜单	功能
电动机数据	设置用于快速调试的电动机的额定参数
连接宏	选择所需要的宏进行标准接线
应用宏	选择所需要的宏用于特定应用场景
常用参数	设置必要的参数以实现变频器的性能优化

2. "设置"菜单结构的认识

"设置"菜单的结构如图 5-14 所示。

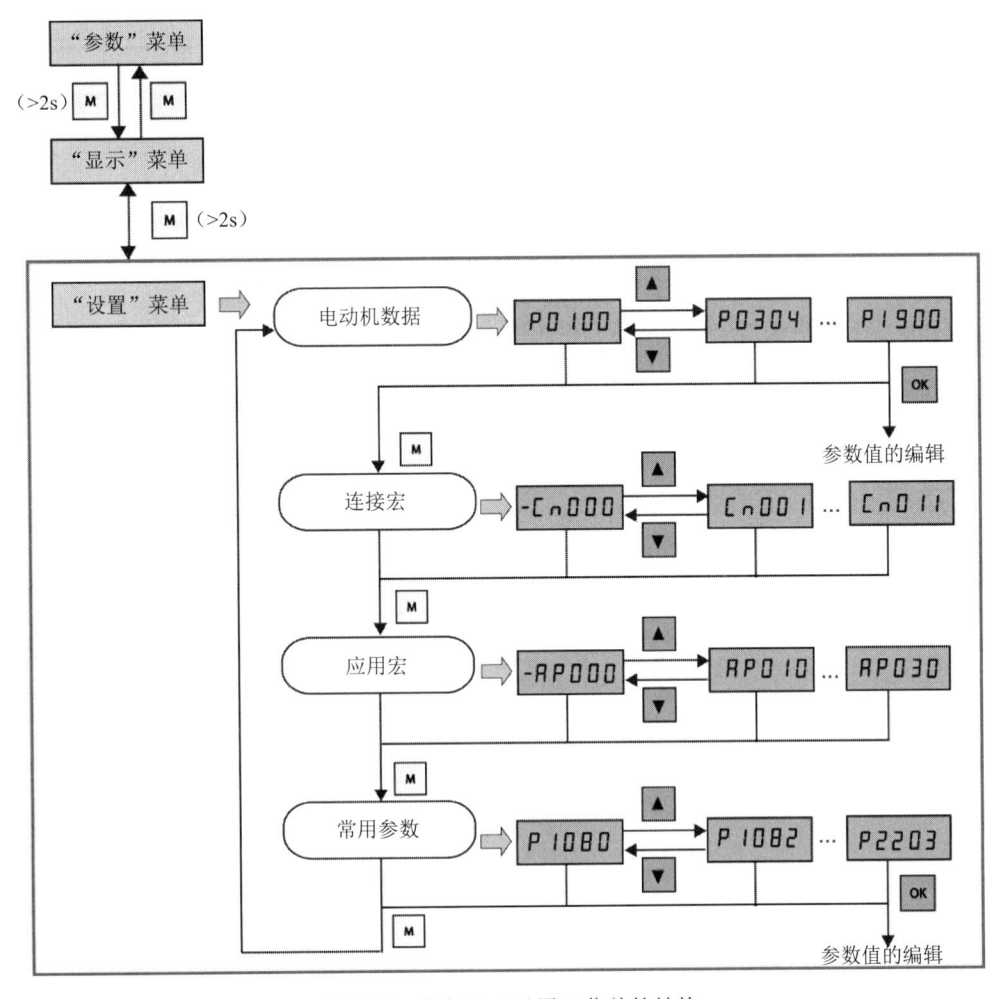

图 5-14 变频器"设置"菜单的结构

二、电动机数据设置

根据电动机铭牌数据，用户可以通过电动机数据"设置"菜单轻松设置 V20 变频器相关参数，见表 5-8，若将参数 p8553 设置为 1，则"文本"菜单显示文本而非参数号。

表 5-8 电动机数据设置

参数	访问级别	功能	"文本"菜单（若 p8553=1）
p0100	1	50/60Hz 频率选择 0：欧洲[kW]，50Hz（工厂默认值） 1：北美[HP]，60Hz 2：北美[kW]，60Hz	EU-US （EU - US）
p0304[0]	1	电动机的额定电压[V] 请注意输入的铭牌数据必须与电动机接线方式（星形/三角形）一致	Mot u （MOT V）

续表

参数	访问级别	功能	"文本"菜单（若 p8553=1）
p0305[0]	1	电动机的额定电流[A] 请注意输入的铭牌数据必须与电动机接线方式（星形/三角形）一致	`Mot A` p0100=1：（MOT HP） （MOT A）

p0307[0]	1	电动机的额定功率[kW/HP]
		若 p0100=0 或 2，电动机的功率单位为[kW]
		若 p0100=1，电动机的功率单位为[HP]
			p0100=0 或 2
			`Mot P`
			（MOT P）
			p0100=1
			`MothP`
			（MOT HP）

p0308[0]	1	电动机额定的功率因数（$\cos\phi$） 仅当 p0100=0 或 2 时可见	`M CoS` （M COS）
p0309[0]	—	电动机的额定效率[%] 仅当 p0100=1 时可见 此参数设为 0 时在内部计算其值	`M EFF` （M EFF）
p0310[0]	—	电动机的额定频率[Hz]	`MFrEq` （M FREQ）
p0311[0]	—	电动机的额定转速[rpm]	`M rPM` （M RPM）
p1900	—	选择电动机数据识别 0：禁止 2：静止时识别所有参数	`Mot id` （MOT ID）

任务四　V20 变频器的连接宏选择

【任务描述】

V20 变频器提供了各种不同的连接宏功能，本任务将学习 V20 变频器的连接宏设置前的操作，熟悉连接宏接线和默认参数的使用。

【任务实施】

一、连接宏的功能

V20 变频器提供的连接宏功能见表 5-9。用户可以通过宏菜单选择所需要的连接宏来实现标准接线和默认参数。连接宏默认值为 Cn000，即连接宏 0，负号表明此连接宏为当前选定的连接宏。

表 5-9　连接宏的功能

连接宏	描述	显示示例
Cn000	出厂默认设置	
Cn001	BOP 为唯一控制源	
Cn002	通过端子控制（PNP/NPN）	
Cn003	固定转速显示示例	
Cn004	二进制模式下的固定转速	-Cn000　　Cn001
Cn005	模拟量输入与固定频率	负号表明此连接宏为当前选定的连接宏
Cn006	外部按钮控制	
Cn007	外部按钮结合模拟量控制	
Cn008	PID 控制与模拟量参考组合	
Cn009	PID 控制与固定值参考组合	
Cn010	USS 控制	
Cn011	Modbus RTU 控制	

二、连接宏设置前的操作

当调试变频器时，连接宏设置为一次性设置，如图 5-15 所示。在更改上一次的连接宏设置前，务必执行以下操作。

（1）对变频器进行工厂复位（p0010=30，p0970=1）。

（2）重新进行快速调试操作并更改连接宏。如未执行上述操作，则变频器可能会同时接受更改前后所选宏对应的参数设置，从而可能导致变频器非正常运行。

（3）连接宏 Cn010 和 Cn011 中所涉及的通信参数 p2010、p2011、p2021 及 p2023 无法通过工厂复位来自动复位，如有必要，必须手动复位这些参数。

（4）更改连接宏 Cn010 和 Cn011 中的参数 p2023 后，须对变频器重新上电。在此过程中，请在变频器断电后等待数秒，确保 LED 熄灭或显示屏空白后方可再次接通电源。

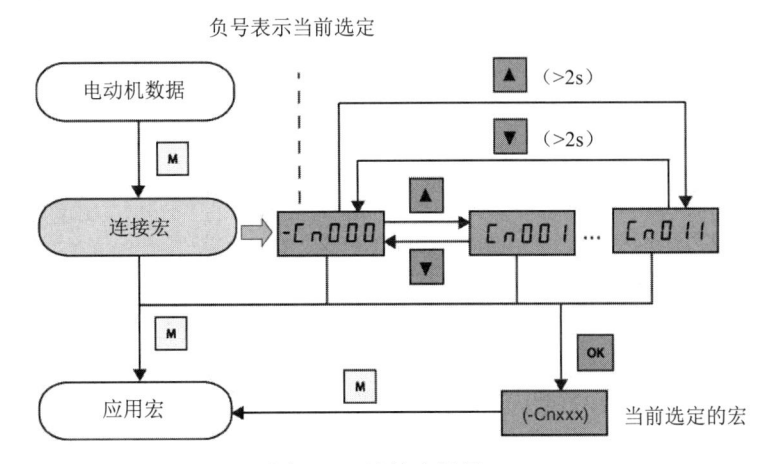

图 5-15　连接宏设置

三、连接宏接线和默认参数的使用

1. 连接宏 Cn001——BOP 为唯一控制源

连接宏 Cn001 的端子定义如图 5-16 所示，其默认参数值见表 5-10。

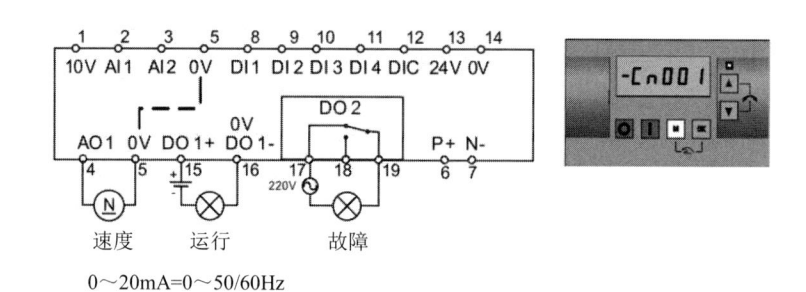

图 5-16 连接宏 Cn001 的端子定义

表 5-10 连接宏 Cn001 的默认参数值

参数	描述	工厂默认值	Cn001 的默认值	备注
p0700[0]	选择命令源	1	1	BOP
p1000[0]	选择频率	1	1	BOP MOP
p0731[0]	BI：数字量输出 1 的功能	52.3	52.2	变频器正在运行
p0732[0]	BI：数字量输出 2 的功能	52.7	52.3	变频器故障激活
p0771[0]	CI：模拟量输出	21	21	实际频率
p0810[0]	BI：CDS 位 0（手动/自动）	0	0	手动模式

2. 连接宏 Cn002——通过端子控制（PNP/NPN）

NPN 和 PNP 型的外部控制——带设定值的电位器的连接宏 Cn002 端子定义有所不同，用户可通过改变数字量输入公共端子的连接（接至 24V 或 0V）来改变控制模式，具体如图 5-17 和图 5-18 所示。连接宏 Cn002 的默认参数值见表 5-11。

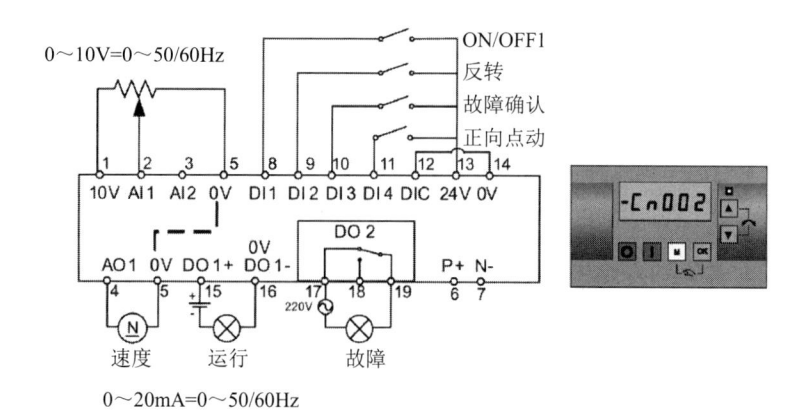

图 5-17 连接宏 Cn002 的端子定义（PNP）

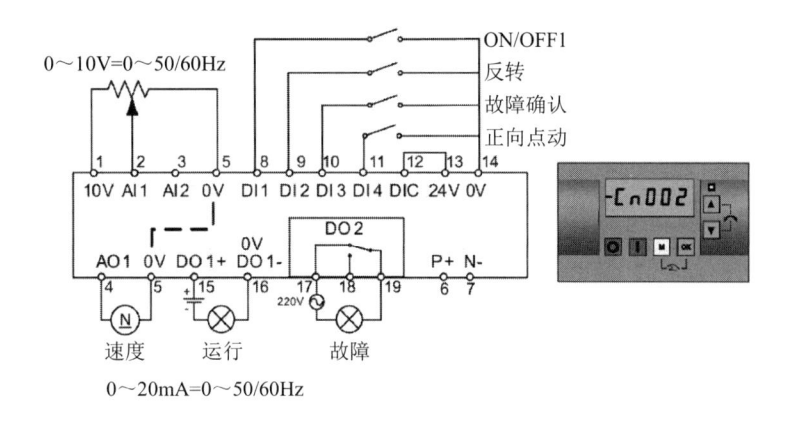

图 5-18 连接宏 Cn002 的端子定义（NPN）

表 5-11 连接宏 Cn002 的默认参数值

参数	描述	工厂默认值	Cn002 的默认值	备注
p0700[0]	选择命令源	1	2	以端子为命令源
p1000[0]	选择频率	1	2	模拟量设定值 1
p0701[0]	数字量输入 1 的功能	0	1	ON/OFF 命令
p0702[0]	数字量输入 2 的功能	0	12	反转
p0703[0]	数字量输入 3 的功能	9	9	故障确认
p0704[0]	数字量输入 4 的功能	15	10	正向点动
p0771[0]	CI：模拟量输出	21	21	实际频率
p0731[0]	BI：数字量输出 1 的功能	52.3	52.2	变频器正在运行
p0732[0]	BI：数字量输出 2 的功能	52.7	52.3	变频器故障激活

3. 连接宏 Cn003——固定转速

连接宏 Cn003 有 3 种固定转速与 ON/OFF1 命令组合，如图 5-19 所示，若同时选择多个固定频率，则所选的频率会相加，即 FF1 + FF2 + FF3。连接宏 Cn003 的默认参数值见表 5-12。

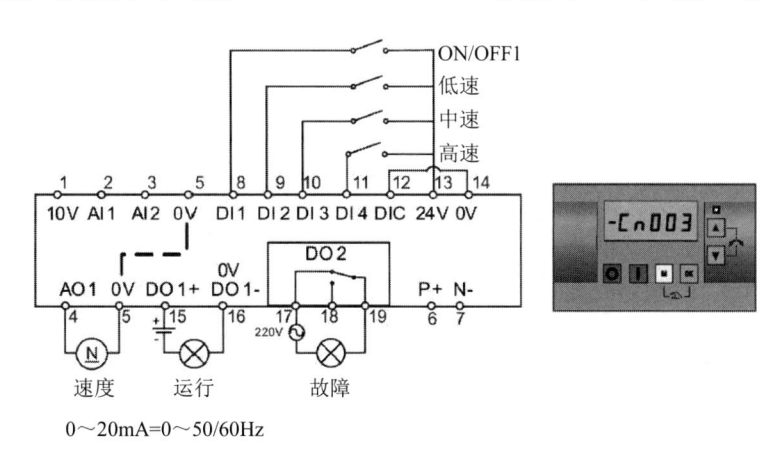

图 5-19 连接宏 Cn003 的端子定义

表 5-12 连接宏 Cn003 的默认参数值

参数	描述	工厂默认值	Cn003 的默认值	备注
p0700[0]	选择命令源	1	2	以端子为命令源
p1000[0]	选择频率	1	3	固定频率
p0701[0]	数字量输入 1 的功能	0	1	ON/OFF 命令
p0702[0]	数字量输入 2 的功能	0	15	固定转速位 0
p0703[0]	数字量输入 3 的功能	9	16	固定转速位 1
p0704[0]	数字量输入 4 的功能	15	17	固定转速位 2
p1016[0]	固定频率模式	1	1	直接选择模式
p1020[0]	BI：固定频率选择位 0	722.3	722.1	DI 2
p1021[0]	BI：固定频率选择位 1	722.4	722.2	DI 3
p1022[0]	BI：固定频率选择位 2	722.5	722.3	DI 4
p1001[0]	固定频率 1	10	10	低速
p1002[0]	固定频率 2	15	15	中速
p1003[0]	固定频率 3	25	25	高速
p0771[0]	CI：模拟量输出	21	21	实际频率
p0731[0]	BI：数字量输出 1 的功能	52.3	52.2	变频器正在运行
p0732[0]	BI：数字量输出 2 的功能	52.7	52.3	变频器故障激活

4. 连接宏 Cn004——二进制模式下的固定转速

二进制模式下的固定转速与 ON 命令组合，固定频率选择器（p1020~p1023）最多可选择 16 个不同的固定频率数值（0Hz，p1001~p1015），连接宏 Cn004 的端子定义和默认参数值分别如图 5-20 和表 5-13 所示。

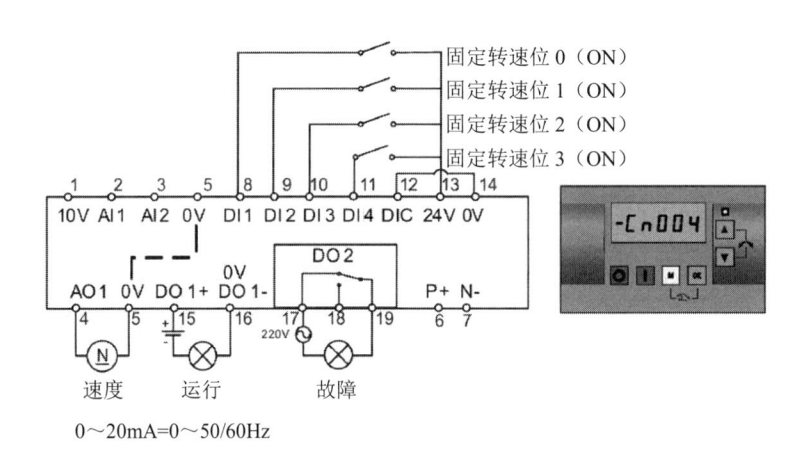

图 5-20 连接宏 Cn004 的端子定义

5. 连接宏 Cn005——模拟量输入与固定频率

模拟量输入与固定频率的连接宏 Cn005 的端子定义如图 5-21 所示，若模拟量输入为附加设定值，数字量输入 2 和数字量输入 3 同时激活，则所选频率会相加，即 FF01 + FF02。当选择固定转速时，模拟量附加设定值通道禁止。如果未选择固定转速设定值，则设定值通道连接至模拟量输入，如图 5-22 所示。连接宏 Cn005 的默认参数值见表 5-14。

表 5-13 连接宏 Cn004 的默认参数值

参数	描述	工厂默认值	Cn004 的默认值	备注
p0700[0]	选择命令源	1	2	以端子为命令源
p1000[0]	选择频率	1	3	固定频率
p0701[0]	数字量输入 1 的功能	0	15	固定转速位 0
p0702[0]	数字量输入 2 的功能	0	16	固定转速位 1
p0703[0]	数字量输入 3 的功能	9	17	固定转速位 2
p0704[0]	数字量输入 4 的功能	15	18	固定转速位 3
p1001[0]	固定频率 1	10	10	固定转速 1
p1002[0]	固定频率 2	15	15	固定转速 2
p1003[0]	固定频率 3	25	25	固定转速 3
p1004[0]	固定频率 4	50	50	固定转速 4
p1016[0]	固定频率模式	1	2	二进制模式
p0840[0]	BI: ON/OFF1	19.0	1025.0	变频器以所选的固定转速启动
p1020[0]	BI: 固定频率选择位 0	722.3	722.0	DI 1
p1021[0]	BI: 固定频率选择位 1	722.4	722.1	DI 2
p1022[0]	BI: 固定频率选择位 2	722.5	722.2	DI 3
p1023[0]	BI: 固定频率选择位 3	722.6	722.3	DI 4
p0771[0]	CI: 模拟量输出	21	21	实际频率
p0731[0]	BI: 数字量输出 1 的功能	52.3	52.2	变频器正在运行
p0732[0]	BI: 数字量输出 2 的功能	52.7	52.3	变频器故障激活

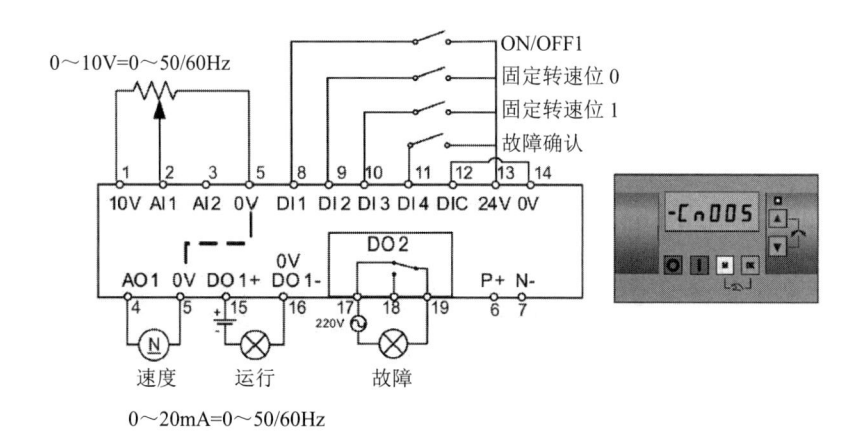

图 5-21 连接宏 Cn005 的端子定义

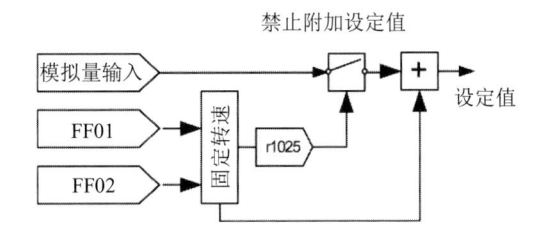

图 5-22 设定值通道连接

表 5-14 连接宏 Cn005 的默认参数值

参数	描述	工厂默认值	Cn005 的默认值	备注
p0700[0]	选择命令源	1	2	以端子为命令源
p1000[0]	选择频率	1	23	固定频率 + 模拟量设定值 1
p0701[0]	数字量输入 1 的功能	0	1	ON/OFF 命令
p0702[0]	数字量输入 2 的功能	0	15	固定转速位 0
p0703[0]	数字量输入 3 的功能	9	16	固定转速位 1
p0704[0]	数字量输入 4 的功能	15	9	故障确认
p1016[0]	固定频率模式	1	1	直接选择模式
p1020[0]	BI：固定频率选择位 0	722.3	722.1	DI 2
p1021[0]	BI：固定频率选择位 1	722.4	722.2	DI 3
p1001[0]	固定频率 1	10	10	固定转速 1
p1002[0]	固定频率 2	15	15	固定转速 2
p1074[0]	BI：禁止附加设定值	0	1025.0	固定频率禁止附加设定值
p0771[0]	CI：模拟量输出	21	21	实际频率
p0731[0]	BI：数字量输出 1 的功能	52.3	52.2	变频器正在运行
p0732[0]	BI：数字量输出 2 的功能	52.7	52.3	变频器故障激活

6. 连接宏 Cn006——外部按钮控制

连接宏 Cn006——外部按钮控制的命令源为脉冲信号，端子定义如图 5-23 所示，参数默认值见表 5-15。

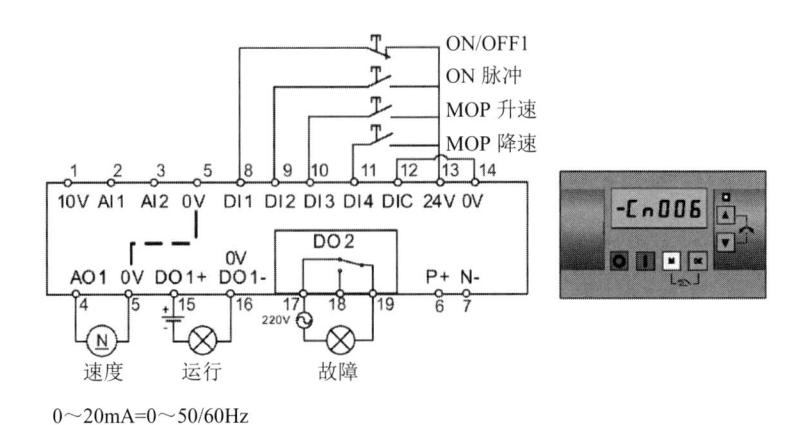

图 5-23 连接宏 Cn006 的端子定义

表 5-15 连接宏 Cn006 的默认参数值

参数	描述	工厂默认值	Cn006 的默认值	备注
p0700[0]	选择命令源	1	2	以端子为命令源
p1000[0]	选择频率	1	1	MOP 作为设定值
p0701[0]	数字量输入 1 的功能	0	2	OFF1/保持
p0702[0]	数字量输入 2 的功能	0	1	ON 脉冲
p0703[0]	数字量输入 3 的功能	9	13	MOP 升速脉冲
p0704[0]	数字量输入 4 的功能	15	14	MOP 降速脉冲
p0727[0]	双/三线控制方式选择	0	3	三线 ON 脉冲 + OFF1/保持命令+反向
p0771[0]	CI：模拟量输出	21	21	实际频率
p0731[0]	BI：数字量输出 1 的功能	52.3	52.2	变频器正在运行
p0732[0]	BI：数字量输出 2 的功能	52.7	52.3	变频器故障激活
p1040[0]	MOP 设定值	5	0	初始频率
p1047[0]	斜坡函数发生器的 MOP 斜坡上升时间	10	10	从 0 上升到最大频率的斜坡时间
p1048[0]	斜坡函数发生器的 MOP 斜坡下降时间	10	10	从最大频率下降到 0 的斜坡时间

7. 连接宏 Cn007——外部按钮结合模拟量控制

连接宏 Cn007——外部按钮结合模拟量控制的命令源同样为脉冲信号，端子定义如图 5-24 所示，其波形如图 5-25 所示，表 5-16 为连接宏 Cn007 的默认参数值。

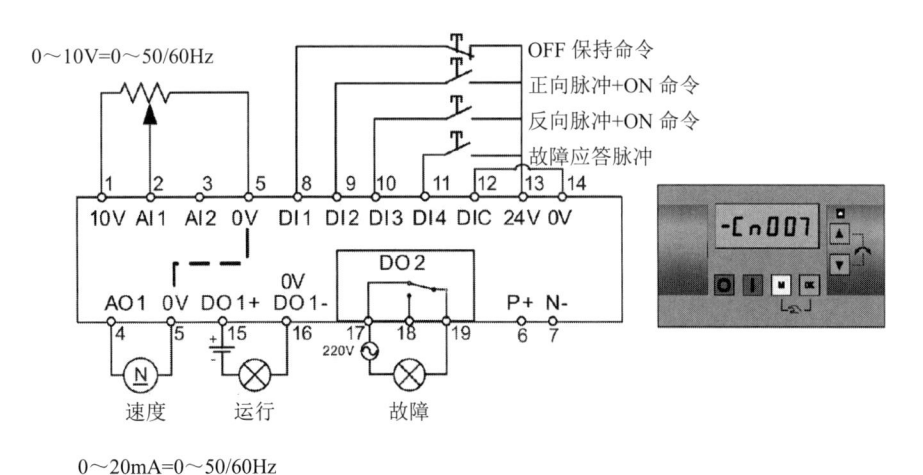

图 5-24 连接宏 Cn007 的端子定义

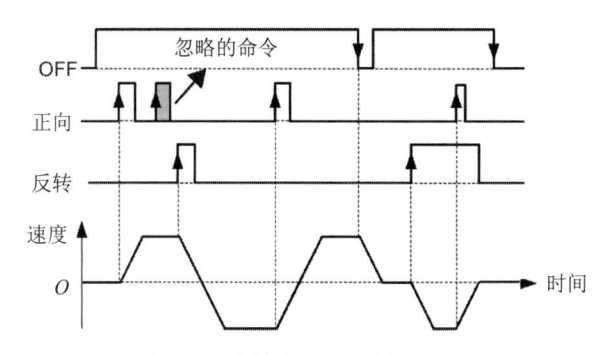

图 5-25 连接宏 Cn007 的波形

表 5-16 连接宏 Cn007 的默认参数值

参数	描述	工厂默认值	Cn007 的默认值	备注
p0700[0]	选择命令源	1	2	以端子为命令源
p1000[0]	选择频率	1	2	模拟量设定值 1
p0701[0]	数字量输入 1 的功能	0	1	OFF 保持命令
p0702[0]	数字量输入 2 的功能	0	2	正向脉冲+ON 命令
p0703[0]	数字量输入 3 的功能	9	12	反向脉冲+ON 命令
p0704[0]	数字量输入 4 的功能	15	9	故障确认
p0727[0]	双/三线控制方式选择	0	2	三线 停止+正向脉冲+反向脉冲
p0771[0]	CI：模拟量输出	21	21	实际频率
p0731[0]	BI：数字量输出 1 的功能	52.3	52.2	变频器正在运行
p0732[0]	BI：数字量输出 2 的功能	52.7	52.3	变频器故障激活

8. 连接宏 Cn008——PID 控制与模拟量参考组合

连接宏 Cn008 的端子定义如图 5-26 所示，如需使用负设定值进行 PID 控制，请根据需要更改设定值与反馈信号接线。当从 PID 控制模式切换至手动模式时，p2200 自动设为 0 以禁止 PID 控制。当切换回自动模式时，p2200 自动设为 1，从而再次使能 PID 控制，表 5-17 为连接宏 Cn008 的默认参数值。

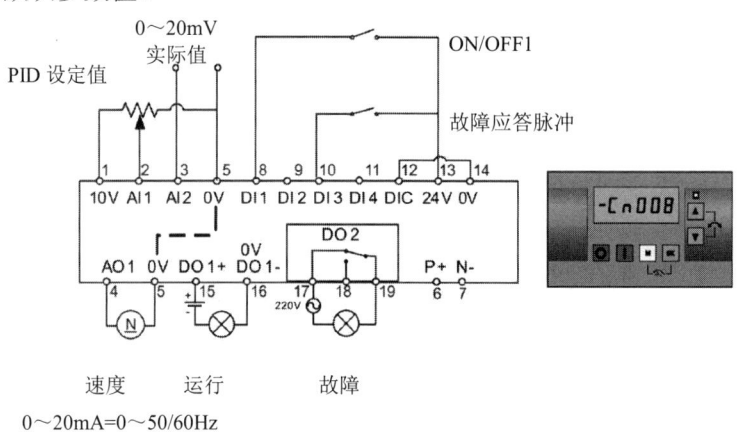

图 5-26 连接宏 Cn008 的端子定义

表 5-17　连接宏 Cn008 的默认参数值

参数	描述	工厂默认值	Cn008 的默认值	备注
p0700[0]	选择命令源	1	2	以端子为命令源
p0701[0]	数字量输入 1 的功能	0	1	ON/OFF 命令
p0703[0]	数字量输入 3 的功能	9	9	故障确认
p2200[0]	BI：使能 PID 控制器	0	1	PID 使能
p2253[0]	CI：PID 设定值	0	755.0	PID 设定值=AI 1
p2264[0]	CI：PID 反馈	755.0	755.1	PID 反馈=AI 2
p0756[1]	模拟量输入类型	0	2	AI 2，0～20mA
p0771[0]	CI：模拟量输出	21	21	实际频率
p0731[0]	BI：数字量输出 1 的功能	52.3	52.2	变频器正在运行
p0732[0]	BI：数字量输出 2 的功能	52.7	52.3	变频器故障激活

9. 连接宏 Cn009——PID 控制与固定值参考组合

连接宏 Cn009 的端子定义如图 5-27 所示，表 5-18 为连接宏 Cn009 的默认参数值。

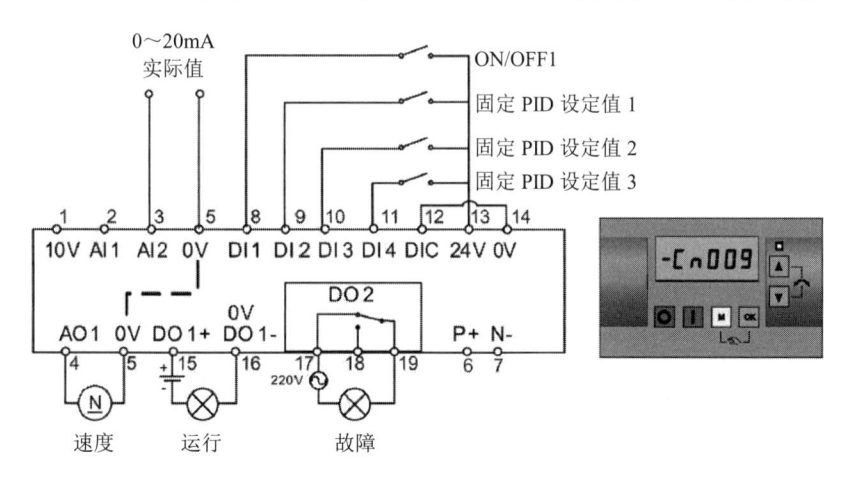

图 5-27　连接宏 Cn009 的端子定义

表 5-18　连接宏 Cn009 的默认参数值

参数	描述	工厂默认值	Cn009 的默认值	备注
p0700[0]	选择命令源	1	2	以端子为命令源
p0701[0]	数字量输入 1 的功能	0	1	ON/OFF 命令
p0702[0]	数字量输入 2 的功能	0	15	DI 2=PID 固定值 1

续表

参数	描述	工厂默认值	Cn009 的默认值	备注
p0703[0]	数字量输入 3 的功能	9	16	DI 3=PID 固定值 2
p0704[0]	数字量输入 4 的功能	15	17	DI 4=PID 固定值 3
p2200[0]	BI：使能 PID 控制器	0	1	PID 使能
p2201[0]	固定 PID 设定值 1 [%]	10	10	—
p2202[0]	固定 PID 设定值 2 [%]	20	20	—
p2203[0]	固定 PID 设定值 3 [%]	50	50	—
p2216[0]	固定 PID 设定值模式	1	1	直接选择
p2220[0]	BI：固定 PID 设定值选择位 0	722.3	722.1	BICO 连接 DI 2
p2221[0]	BI：固定 PID 设定值选择位 1	722.4	722.2	BICO 连接 DI 3
p2222[0]	BI：固定 PID 设定值选择位 2	722.5	722.3	BICO 连接 DI 4
p2253[0]	CI：PID 设定值	0	2224	PID 设定值=固定值
p2264[0]	CI：PID 反馈	755.0	755.1	PID 反馈= AI 2

10. 连接宏 Cn010——USS 控制

连接宏 Cn010 的端子定义如图 5-28 所示，表 5-19 为连接宏 Cn010 的默认参数值。

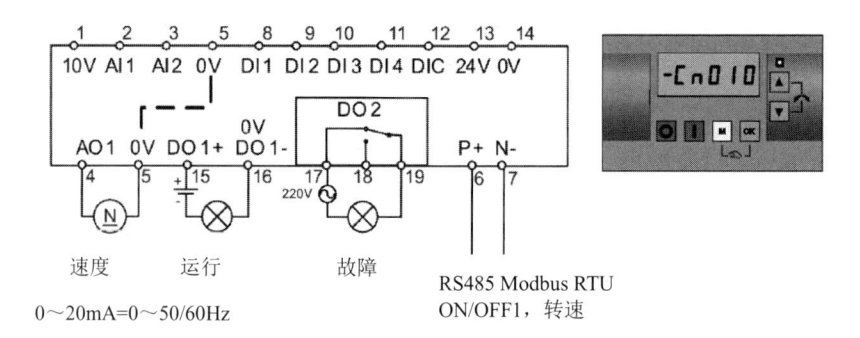

图 5-28 连接宏 Cn010 的端子定义

表 5-19 连接宏 Cn010 的默认参数值

参数	描述	工厂默认值	Cn010 的默认值	备注
p0700[0]	选择命令源	1	5	RS485 为命令源
p1000[0]	选择频率	1	5	RS485 为速度设定值
p2023[0]	RS485 协议选择	1	1	USS 协议
p2010[0]	USS/Modbus 波特率	6	8	波特率为 38400 bps
p2011[0]	USS 地址	0	1	变频器的 USS 地址

续表

参数	描述	工厂默认值	Cn010 的默认值	备注
p2012[0]	USS PZD 长度	2	2	PZD 部分的字数
p2013[0]	USS PKW 长度	127	127	PKW 部分字数可变
p2014[0]	USS/Modbus 报文间断时间	2000	500	接收数据时间

11. Cn011——Modbus RTU 控制

Cn011 的端子定义如图 5-29 所示，表 5-20 为连接宏 Cn011 的默认参数值。

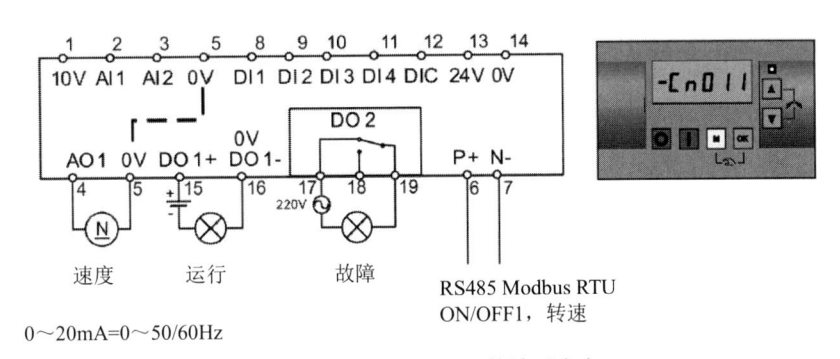

图 5-29 连接宏 Cn011 的端子定义

表 5-20 连接宏 Cn011 的默认参数值

参数	描述	工厂默认值	Cn011 的默认值	备注
p0700[0]	选择命令源	1	5	RS485 为命令源
p1000[0]	选择频率	1	5	RS485 为速度设定值
p2023[0]	RS485 协议选择	1	2	Modbus RTU 协议
p2010[0]	USS/Modbus 波特率	6	6	波特率为 9600bps
p2021[0]	Modbus 地址	1	1	变频器的 Modbus 地址
p2022[0]	Modbus 应答超时	1000	1000	向主站发回应答的最长时间
p2014[0]	USS/Modbus 报文间断时间	2000	100	接收数据时间
p2034	RS485 上的 Modbus 奇偶校验	2	2	RS485 上 Modbus 报文的奇偶校验
p2035	RS485 上的 Modbus 停止位	1	1	RS485 上 Modbus 报文中的停止位数

四、连接宏参数设置

表 5-21 为连接宏 Cn001～Cn011 参数设置的默认值汇总。

表 5-21 连接宏 Cn001~Cn011 参数设置的默认值汇总

参数	描述	连接宏（Cn...）的默认值									
		001	002	003	004	005	006	007	008	009	010	011
p0700[0]	选择命令源	1	2	2	2	2	2	2	2	2	5	5
p0701[0]	数字量输入 1 的功能	—	1	1	15	1	2	1	1	1	—	—
p0702[0]	数字量输入 2 的功能	—	12	15	16	15	1	2	—	15	—	—
p0703[0]	数字量输入 3 的功能	—	9	16	17	16	13	12	9	16	—	—
p0704[0]	数字量输入 4 的功能	—	10	17	18	9	14	9	—	17	—	—
p0727[0]	双/三线控制方式选择	—	—	—	—	—	3	2	—	—	—	—
p0731[0]	BI：数字量输出 1 的功能	52.2	52.2	52.2	52.2	52.2	52.2	52.2	52.2	—	—	—
p0732[0]	BI：数字量输出 2 的功能	52.3	52.3	52.3	52.3	52.3	52.3	52.3	52.3	—	—	—
p0756[1]	模拟量输入类型	—	—	—	—	—	—	—	2	—	—	—
p0771[0]	CI：模拟量输出	21	21	21	21	21	21	21	21	—	—	—
p0810[0]	BI：CDS 位 0（手动/自动）	0	—	—	—	—	—	—	—	—	—	—
p0840[0]	BI：ON/OFF1	—	—	—	1025.0	—	—	—	—	—	—	—
p1000[0]	选择频率	1	2	3	3	23	1	2	—	—	5	5
p1001[0]	固定频率 1	—	—	10	10	10	—	—	—	—	—	—
p1002[0]	固定频率 2	—	—	15	15	15	—	—	—	—	—	—
p1003[0]	固定频率 3	—	—	25	25	—	—	—	—	—	—	—
p1016[0]	固定频率模式	—	—	1	2	1	—	—	—	—	—	—
p1020[0]	BI：固定频率选择位 0	—	—	722.1	722.0	722.1	—	—	—	—	—	—
p1021[0]	BI：固定频率选择位 1	—	—	722.2	722.1	722.2	—	—	—	—	—	—
p1022[0]	BI：固定频率选择位 2	—	—	722.3	722.2	—	—	—	—	—	—	—
p1023[0]	BI：固定频率选择位 3	—	—	—	722.3	—	—	—	—	—	—	—
p1040[0]	MOP 设定值	—	—	—	—	0	—	—	—	—	—	—
p1047[0]	斜坡函数发生器的 MOP 斜坡上升时间	—	—	—	—	10	—	—	—	—	—	—
p1048[0]	斜坡函数发生器的 MOP 斜坡下降时间	—	—	—	—	10	—	—	—	—	—	—
p1074[0]	BI：禁止附加设定值	—	—	—	—	1025.0	—	—	—	—	—	—
p2010[0]	USS/Modbus 波特率	—	—	—	—	—	—	—	—	—	8	6
p2011[0]	USS 地址	—	—	—	—	—	—	—	—	—	1	—
p2012[0]	USS PZD 长度	—	—	—	—	—	—	—	—	—	2	—
p2013[0]	USS PKW 长度	—	—	—	—	—	—	—	—	—	127	—
p2014[0]	USS/Modbus 报文间断时间	—	—	—	—	—	—	—	—	—	500	100
p2021[0]	Modbus 地址	—	—	—	—	—	—	—	—	—	—	1
p2022[0]	Modbus 应答超时	—	—	—	—	—	—	—	—	—	—	1000

续表

参数	描述	连接宏（Cn...）的默认值									
		001	002	003	004	005	006	007	008	009	010	011
p2023[0]	RS485 协议选择	—	—	—	—	—	—	—	—	—	1	2
p2034	RS485 上的 Modbus 奇偶校验	—	—	—	—	—	—	—	—	—	—	2
p2035	RS485 上的 Modbus 停止位	—	—	—	—	—	—	—	—	—	—	1
p2200[0]	BI：使能 PID 控制器	—	—	—	—	—	—	—	1	1	—	—
p2201[0]	固定 PID 设定值 1	—	—	—	—	—	—	—	—	10	—	—
p2202[0]	固定 PID 设定值 2	—	—	—	—	—	—	—	—	20	—	—
p2203[0]	固定 PID 设定值 3	—	—	—	—	—	—	—	—	50	—	—
p2216[0]	固定 PID 设定值模式	—	—	—	—	—	—	—	—	1	—	—
p2220[0]	BI：固定 PID 设定值选择位 0	—	—	—	—	—	—	—	—	722.1	—	—
p2221[0]	BI：固定 PID 设定值选择位 1	—	—	—	—	—	—	—	—	722.2	—	—
p2222[0]	BI：固定 PID 设定值选择位 2	—	—	—	—	—	—	—	—	722.3	—	—
p2253[0]	CI：PID 设定值	—	—	—	—	—	—	—	755.0	2224	—	—
p2264[0]	CI：PID 反馈	—	—	—	—	—	—	—	755.1	755.1	—	—

任务五　应用宏设置

【任务描述】

V20 变频器针对不同的应用场景，提供了各种不同的应用宏，打破了 V20 的应用壁垒。本任务将学习 V20 变频器的应用宏的参数设置，熟悉应用宏的功能、设置及使用。

【任务实施】

一、应用宏的参数设置

当调试变频器时，应用宏设置为一次性设置。在更改上一次的应用宏设置前，务必执行以下操作：

（1）对变频器进行工厂复位（p0010=30，p0970=1）；

（2）重新进行快速调试操作并更改应用宏。

如未执行上述操作，则变频器可能会同时接受更改前后所选宏对应的参数设置，从而可能导致变频器非正常运行。

二、应用宏的功能与设置

表 5-22 为 V20 常见应用宏的功能，菜单定义了一些常见应用。每个应用宏均针对某个特

定的应用提供一组相应的参数设置。用户在选择了一个应用宏后,变频器会自动应用该宏的设置从而简化调试过程。应用宏的默认值为"AP000",即应用宏 0。如果目标应用不在下列定义的应用之列,请选择与目标应用最为接近的应用宏并根据需要做进一步的参数更改,图 5-30 为应用宏设置示意。

表 5-22 V20 常见应用宏功能

应用宏	描述	显示示例
AP000	出厂默认设置,不更改任何参数设置	-AP000
AP010	普通水泵应用	AP010
AP020	普通风机应用	负号表明此应用宏为当前选定的应用宏
AP021	压缩机应用	
AP030	传送带应用	

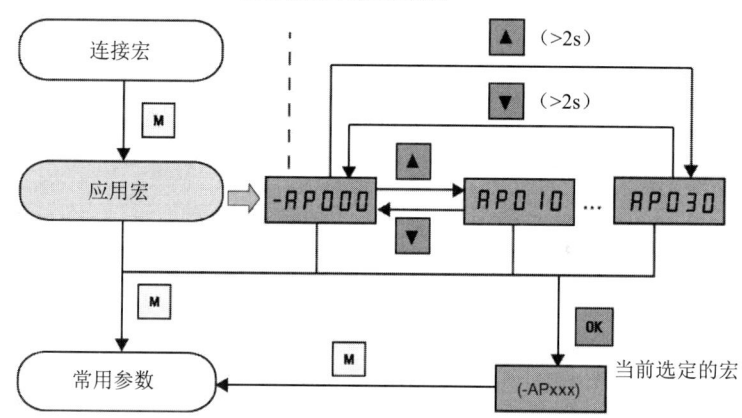

图 5-30 应用宏设置示意

三、应用场景与参数

常用应用宏的应用场景与参数见表 5-23。

表 5-23 常用应用宏的应用场景与参数

应用宏	参数	描述	工厂默认值	默认值	备注
AP010—普通水泵应用	p1080[0]	最小频率	0	15	禁止变频器低于此速度运行
	p1300[0]	控制方式	0	7	平方 V/f 控制
	p1110[0]	BI:禁止负的频率设定值	0	1	禁止水泵反转
	p1210[0]	自动再启动	1	2	电源掉电后再启动
	p1120[0]	斜坡上升时间	10	10	从 0 上升到最大频率的斜坡时间
	p1121[0]	斜坡下降时间	10	10	从最大频率下降到 0 的斜坡时间

续表

应用宏	参数	描述	工厂默认值	默认值	备注
AP020—普通风机应用	p1110[0]	BI：禁止负的频率设定值	0	1	禁止风机反转
	p1300[0]	控制方式	0	7	平方 V/f 控制
	p1200[0]	捕捉再启动	0	2	搜索处于运行状态且带高惯量负载的电动机的速度并使其按设定值运行
	p1210[0]	自动再启动	1	2	电源掉电后再启动
	p1080[0]	最小频率	0	20	禁止变频器低于此速度运行
	p1120[0]	斜坡上升时间	10	10	从 0 上升到最大频率的斜坡时间
	p1121[0]	斜坡下降时间	10	20	从最大频率下降到 0 的斜坡时间
AP021—压缩机应用	p1300[0]	控制方式	0	0	线性 V/f 控制
	p1080[0]	最小频率	0	10	禁止变频器低于此速度运行
	p1312[0]	启动提升	0	30	仅在第一次加速（从静止状态）时提升
	p1311[0]	加速度提升	0	0	仅在加速或制动时提升
	p1310[0]	连续提升	50	50	在整个频率范围内有效的附加提升
	p1120[0]	斜坡上升时间	10	10	从 0 上升到最大频率的斜坡时间
	p1121[0]	斜坡下降时间	10	10	从最大频率下降到 0 的斜坡时间
AP030—传送带应用	p1300[0]	控制方式	0	1	带 FCC 的 V/f 控制
	p1312[0]	启动提升	0	30	仅在第一次加速（从静止状态）时提升
	p1120[0]	斜坡上升时间	10	5	从 0 上升到最大频率的斜坡时间
	p1121[0]	斜坡下降时间	10	5	从最大频率下降到 0 的斜坡时间

四、其他常用参数设置

V20 变频器的其他常用参数还包括电动机的最小、最大频率，斜坡上升和下降时间等，具体见表 5-24。

表 5-24　其他常用参数

参数	描述	参数	描述
p1080[0]	电动机最小频率	p1001[0]	固定频率设定值 1
p1082[0]	电动机最大频率	p1002[0]	固定频率设定值 2
p1120[0]	斜坡上升时间	p1003[0]	固定频率设定值 3
p1121[0]	斜坡下降时间	p2201[0]	固定 PID 频率设定值 1
p1058[0]	正向点动频率	p2202[0]	固定 PID 频率设定值 2
p1060[0]	点动斜坡上升时间	p2203[0]	固定 PID 频率设定值 3
p1061[0]	点动斜坡下降时间		

五、恢复默认设置

用户可以通过此菜单进行常用参数的设置,从而实现变频器性能的优化,具体见表 5-25。

表 5-25 恢复默认设置

参数	功能	设置
p0003	用户访问级别	1(标准用户访问级别)
p0010	调试参数	30(出厂设置)
p0970	工厂复位	1:参数复位为已存储的用户默认设置,如未存储则复位为出厂默认设置(恢复用户默认设置); 21:参数复位为出厂默认设置并清除已存储的用户默认设置(恢复出厂默认设置)

设置参数 p0970 后,变频器会显示"88888"字样且随后显示"p0970"。p0970 及 p0010 自动复位至初始值 0。

任务六 V20 变频器的 Modbus RTU 通信驱动控制

【任务描述】

S7-1200 CPU 最多可以添加 3 个 RS485 或 RS232 串行通信模块,安装在 CPU 模块的左边,本案例选用 CM1241(RS485)通信模块和 MODBUS 指令库。

本任务将学习 V20 变频器的 Modbus RTU 通信驱动控制。V20 变频器通过 RS485 线缆与 PLC 连接,S7-1200 与 V20 之间使用标准的 Modbus RTU 通信协议进行通信,控制变频器的启停和频率,读取变频器的频率,改变变频器的运行方向。

【任务实施】

一、Modbus 通信协议的认识

1. Modbus 协议的认识

Modbus 协议是一种基于客户端/服务器结构的通信协议。所选参数和过程数据之间的数据交换是通过 Modbus 寄存器在非循环访问中进行的。

2. Modbus 的传输模式

Modbus 有以下 3 种传输模式。

(1)基于串口的 Modbus-RTU,数据按照标准串口协议进行编码,是使用最广泛的一种 Modbus 协议。

(2)基于串口的 Modbus-ASCII,所有数据都是 ASCII 格式,一个字节的原始数据需要两个字符来表示,效率较低。

(3)基于网口的 Modbus-TCP,采用 TCP/P 协议,占用 502 端口。

3. Modbus RTU 的传输特征

Modbus RTU 是一种基于串行通信的协议,该协议使用 RS232 或 RS485 串行接口进行通信。Modbus RTU 使用主/从网络,单个主设备启动所有通信,而从设备只能响应主设备的请求。主设备向一个从设备地址发送请求,然后该从设备地址对命令做出响应。在 Modbus 通信中,只有主站可以发起通信,从站应答。主站可使用两种方式向从站发送消息:一种是单播模式(地址为 1~247),此模式下主站直接寻址一个从站;另一种是广播模式(地址为 0),此模式下主站寻址所有从站。当从站被寻址并收到消息后,可以通过功能代码得知要执行的任务。从站接收的某些数据对应由功能代码所定义的任务。此外还包含一个用于错误检测的循环冗余校验(Cyclic Redundancy Check,CRC)码。从站在接收并处理一条单播消息之后会发送应答,此前提是接收的消息中未检测到错误。如果发生处理错误,则从站会发送错误消息进行应答。

二、任务准备

1. 通信连接

S7-1200 CPU 最多可以添加 3 个 RS485 或 RS232 串行通信模块,安装在 CPU 模块的左边,本案例选用 CM 1241(RS485)通信模块。RS485 通信模块为 P2P 的串行通信提供连接。TIA Portal 工程组态系统提供了扩展指令或库功能、USS 驱动协议、Modbus RTU 主站协议和 Modbus RTU 从站协议,用于串行通信的组态和编程。S7-1200 CM 1241 与 V20 通信接线如图 5-31 所示。

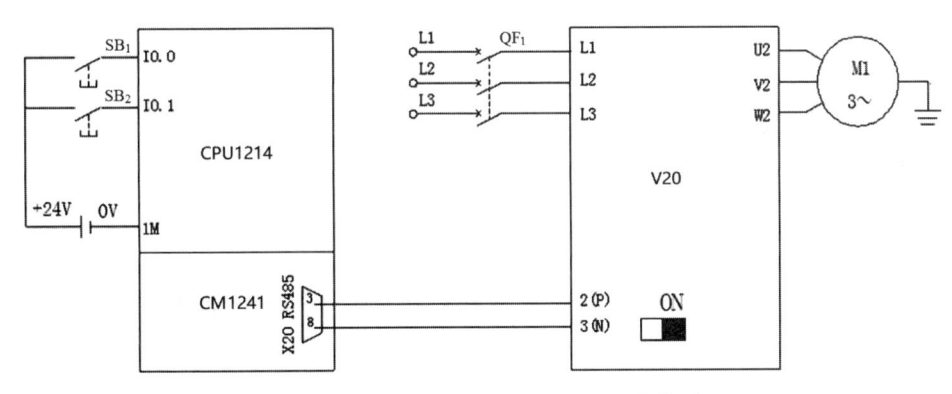

图 5-31 S7-1200 CM 1241 与 V20 通信接线

2. Modbus RTU 指令库的选用

如图 5-32 所示,S7-1200 有两个 Modbus RTU 指令库。

(1)"MODBUS"指令库下的指令是早期版本的 Modbus RTU 指令,仅可通过 CM 1241 通信模块或 CB 1241 通信板进行 Modbus RTU 通信。

(2)"MODBUS(RTU)"是目前最新的指令库,新版本的指令库扩展了 Modbus RTU 的功能,该指令除了支持 CM 1241 通信模块、CB 1241 通信板外,还支持 PROFINET 或 PROFIBUS 分布式 I/O 机架上的 PTP 通信模块实现 Modbus RTU 通信。

"MODBUS(RTU)"指令库下的指令通过 CM 1241 通信模块或 CB 1241 通信板进行 Modbus RTU 通信时,需要满足如下条件:一是 S7-1200 CPU 的固件版本不能低于 V4.1;二是 CM 1241 通信模块固件版本不能低于 V2.1;三是 CB 1241 通信板没有需求。本任务选用

"MODBUS"指令库。

图 5-32　S7-1200 的两个 Modbus RTU 指令库

三、V20 变频器设置

一个实际的项目，往往把驱动装置和自动控制器（PLC）分为两个相对独立、又有联系的子系统，它们的调试一般分开进行。这样做不但可以提高效率，而且能够保证控制关系清晰明了。对于 S7-1200 与 SINAMICS 驱动装置配合的项目，一般分为 3 个阶段调试：分别调试各自的基本功能；调试出可编程控制器和驱动装置之间的相互控制、反馈功能；进行整个系统的综合调试，达成一个完整的控制任务。

1. 变频器的电动机参数设置

参数是对驱动装置进行调试和控制的基础，Modbus RTU 通信所需的命令源、协议、波特率、地址等几乎所有的功能都需要对驱动装置的内部参数进行访问、设定和修改。SINAMICS 驱动装置的参数功能更为突出，其庞大繁多的参数选项保证了 SINAMICS 产品的高性能应用和极高的定制能力。驱动装置的调试和控制都依赖对参数的设置，与 S7-1200 配合使用时也不例外。

（1）恢复出厂默认设置。在变频器调试出现异常或参数调试混乱等情况下，可以考虑将变频器恢复至出厂设置，见表 5-26。

表 5-26　恢复出厂默认设置

参数	功能	设置
p0010	调试参数	30：恢复出厂设置
p0970	工厂复位	可设为以下值： 1：复位所有参数（不包括用户默认设置）至默认值； 21：复位所有参数及所有用户默认设置至工厂复位状态。 说明：参数 p2010、p2021、p2023 的值不受工厂复位影响
p0003	用户访问级别	3

（2）电动机参数设置。在开始调试前，需要明确变频器的数据、被控电动机的数据、变频器需要满足的工艺要求及上级控制系统通过哪个接口控制变频器，然后根据这些数据快速设置变频器的基本参数，见表 5-27。

表 5-27　电动机参数设置

参数	设置	参数	设置
p0100	0	p0311	电动机额定转速
p0304	额定电压（默认 400V）	p1900	2（电动机静态识别）
p0305	额定电流	p1900	0（可运行）
p0307	额定功率	p1080	最小频率
p0308	功率因数	p1082	最大频率
p00310	额定频率（默认 50Hz）		

2. 变频器的基本参数设置

控制命令用来控制驱动装置的启动、停止以及正反转等功能，控制源参数决定了驱动装置从何种途径接收控制信号，控制源由参数 p700 设置；设定源参数决定了驱动装置从哪里接收设定值（即给定），设定值用来控制驱动装置的转速/频率等功能，设定源由参数 p1000 设置。控制源和设定源之间可以自由组合，根据工艺要求可以灵活选用。我们以控制源和设定源都来自 RS485 上的 Modbus RTU 通信为例，简介 Modbus 通信的参数设置。参数设置前需恢复变频器出厂设置，所有参数及用户默认设置复位至工厂复位状态；设置 p0003=3，将用户访问级别设置为专家访问级别，注意参数 p2010、p2011、p2023 的值不受工厂复位影响，仍保持原值。变频器的基本参数设置见表 5-28。

表 5-28　变频器的基本参数设置

参数	功能	设置
p0010	调试参数	30：恢复出厂设置
p0970	工厂复位	可设为以下值： 1：复位所有参数（不包括用户默认设置）至默认值； 21：复位所有参数及所有用户默认设置至工厂复位状态。 说明：参数 p2010、p2021、p2023 的值不受工厂复位影响
p0003	用户访问级别	3
p0700	选择命令源	1：操作面板控制（工厂默认值）； 2：由端子排输入控制； 5：RS485 上的 USS/Modbus 通信
p1000	频率设定值选择	5：RS485 上的 USS/Modbus 通信。 工厂默认值：1（MOP 设定值）
p2010[0]	USS/Modbus 波特率	可设为以下值： 6：9600bps（工厂默认值）； 7：19200bps； 8：38400bps； … 12：115200bps

续表

参数	功能	设置
p2011[0]	USS 地址	0~31：即驱动装置 RS485 上的 USS 通信口在网络上的从站地址，USS 网络上任何两个从站的地址不能相同
p2012[0]	USS PZD（过程数据）长度	定义 USS 报文的 PZD 部分中 16 位字的数量。范围：0~8（工厂默认值为 2）
p2013[0]	USS PKW（参数 ID 值）长度	定义 USS 报文的 PKW 部分中 16 位字的数量。可设为以下值： 0，3，4：0、3 或 4 个字； 127：变量长度（工厂默认值）
p2014[0]	USS/Modbus 报文间断时间[ms]	设置 p2014[0]=0~65535，即 RS485 上的 USS 通信控制信号中断超时时间，单位为 ms。若设置为 0，则不进行此端口上的超时检查。此通信控制信号中断，指的是接收到的对本装置有效通信报文之间的最大间隔。如果设定了超时时间，报文间隔超过此设定时间还没有接收到下一条信息，则变频器将会停止运行。只有在通信恢复后此故障才能被复位。根据 USS 网络通信速率和站数的不同，此超时值会不同
p2022	Modbus 应答超时[ms]	范围：0~10000（工厂默认值为 1000）
p2023	RS485 协议选择	2：Modbus； 工厂默认值：1（USS）。 说明：在更改 p2023 后，须对变频器重新上电。在此过程中，请在变频器断电后等待数秒，确保 LED 熄灭或显示屏空白后方可再次接通电源。如果通过 PLC 更改 p2023，则须确保所做出更改已通过 p0971 保存到 EEPROM 中
p2034	RS485 上的 Modbus 奇偶校验	设置 RS485 上 Modbus 报文的奇偶校验。可设为以下值： 0：无奇偶校验； 1：奇校验； 2：偶校验
p2035	RS485 上的 Modbus 停止位	设置 RS485 上 Modbus 报文中的停止位数。可设为以下值： 1：1 个停止位； 2：2 个停止位

3. 常用寄存器

表 5-29 显示了部分 V20 变频器支持的寄存器。"访问类型"一列中的 R、W、R/W 分别代表读、写、读/写；HSW（主设定值）、HIW（速度实际值）、STW（控制字）、ZSW（状态字）为控制数据。

（1）控制字：常用控制字如下，有关控制字 1（STW1）的详细定义请参考相关操作手册。

1）停车：OFF1—047E（16 进制），OFF2—047C（十六进制），OFF3—047A（十六进制）。

2）正转：047F（十六进制）。

3）反转：0C7F（十六进制）。

4）故障确认：04FE（十六进制）。

（2）主设定值：速度设定值要经过标准化，变频器接收十进制有符号整数 16384（4000H，十六进制）对应于 100%的速度，接收的最大速度为 32767（200%）。参数 p2000 中设置 100%对应的参考转速。

表 5-29　部分 V20 变频器支持的寄存器

类型	寄存器地址	描述	访问类型	定标系数	读取	写入
控制数据	40100	控制字	R/W	1	PZD1	PZD1
	40101	主设定值	R/W	1	PZD2	PZD2
状态数据	40110	状态字	R	1	PZD1	PZD1
	40111	速度实际值	R	1	PZD2	PZD2
p1120	40322	斜坡上升时间	R/W	100	P1120	P1120
p1121	40323	斜坡下降时间	R/W	100	P1121	P1121

四、S7-1200 编程

1. 硬件组态

打开 TIA Portal 软件，新建项目，首先进行 PLC 的硬件组态，选择"组态设备"，单击"添加新设备"按钮，在"控制器"中首先选择 CPU 1214C DC/DC/DC V4.4 版本（在此用户必须选择与硬件一致的 CPU 型号及版本号），双击选中的 CPU 型号或单击左下角的"添加"按钮；在 CPU 的左侧添加 Modbus RTU 通信模块 CM 1241（RS485）或通信板 CB 1241（RS485）。

2. 组态通信端口

双击 CM 1241 Modbus RTU 通信模块或通信板 CB 1241（RS485），在下方"RS485 接口"选项下设置波特率为 9.6kbps、奇偶校验为无、数据位为 8 位/字符、停止位为 1，其余默认，如图 5-33 所示。

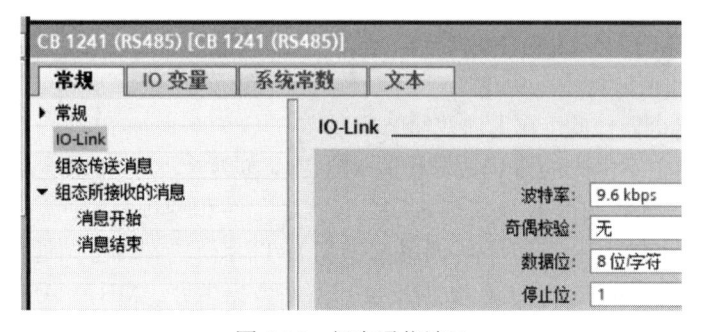

图 5-33　组态通信端口

3. 编写 Modbus RTU 程序

在 OB1 里，编写 Modbus RTU 初始化程序，本案例我们通过 CB 1241 通信板实现 S7-1200 与 V20 的 Modbus RTU 通信，选择早期版本的 Modbus RTU 指令，单击右侧指令→"通信"→"通信处理器"→MODBUS→MODBUS_COMM_LOAD，拖曳到程序段 1 中，自动生成背景数据块，要组态 Modbus RTU 的端口，必须调用 MB_COMM_LOAD 一次。完成组态后，MB_MASTER 和 MB_SLAVE 指令使用该端口时，须把使用自身的背景数据块添加到

MB_COMM_LOAD 的 MB_DB 参数中。如果要修改其中一个通信参数，则只需再次调用 MB_COMM_LOAD。每次调用 MB_COMM_LOAD 将删除通信缓冲区中的内容。为避免通信期间数据丢失，应避免不必要地调用该指令。

（1）Modbus 通信的 CM 端口设置。Modbus 通信的 CM 端口组态如图 5-34 所示，必须选择初始化端口号 PORT、波特率和奇偶校验，MB_DB 为主站或从站通信模块的背景数据块。

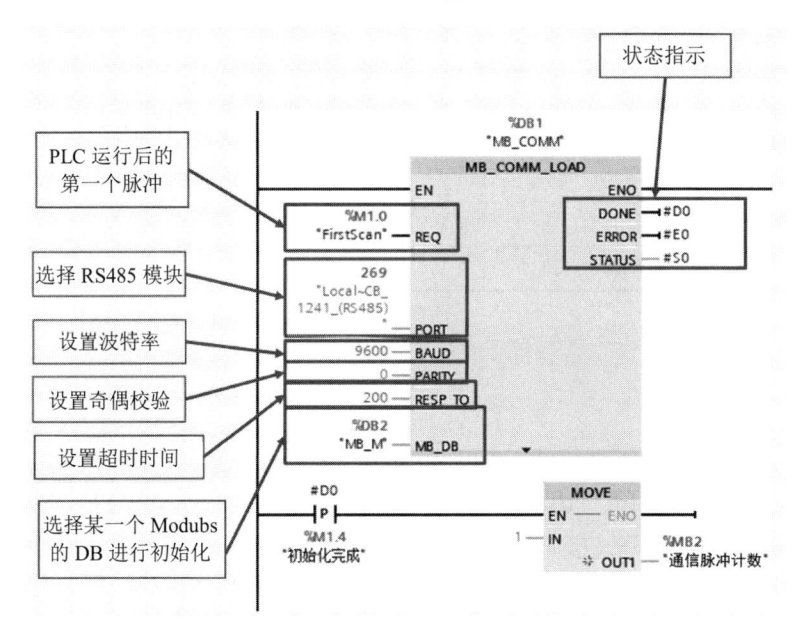

图 5-34　Modbus 通信的 CM 端口组态

MODBUS_COMM_LOAD 模块的引脚说明如下。
EN：使能端，一直使能。
REQ：当此输入出现上升沿时，启动该指令。
PORT：指定 CM 1241 模块的硬件标识符（标注方法：如图 5-34）。
BAUD：指定通信波特率（9600）。
PARITY：指定奇偶校验（0 为偶校验）。
MB_DB：指向主站生成的背景数据块的 MB_DB 参数。

（2）利用 MB_MASTER 模块实现 S7-1200 PLC 主站和变频器的通信。MB_MASTER 模块实现主站通信的设置如图 5-35 所示，调用 MB_MASTER 模块实现主站通信必须设定 Modbus 从站地址、读写模式、从站 Modbus 数据地址和主站数据指针。MB_MASTER 模块的引脚说明如下。

EN：使能端，一直使能。
REQ：上升沿触发。
MB_ADDR：从站地址。
MODE：读或写指令（0 是读指令，1 是写指令）。
DATA_ADDR：从站寄存器的起始地址。
DATA_LEN：指定读取的数据长度（即一次读取几个数据）。

DATA_PTR：指定读取的数据存放到此数组中。

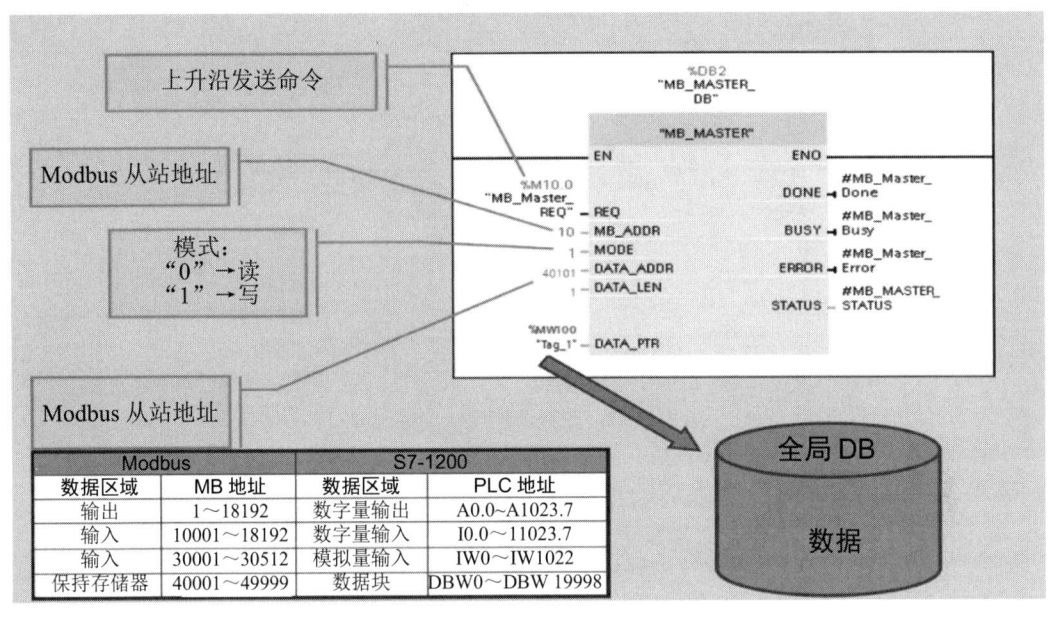

图 5-35　MB_MASTER 模块实现主站通信的设置

图 5-36 是主站准备 Modbus RTU 通信控制数据例程，分别传送停止命令 16#47E 到 MW200，传送正转启动命令到 MW300，传送变频器运行速度到 MW100。

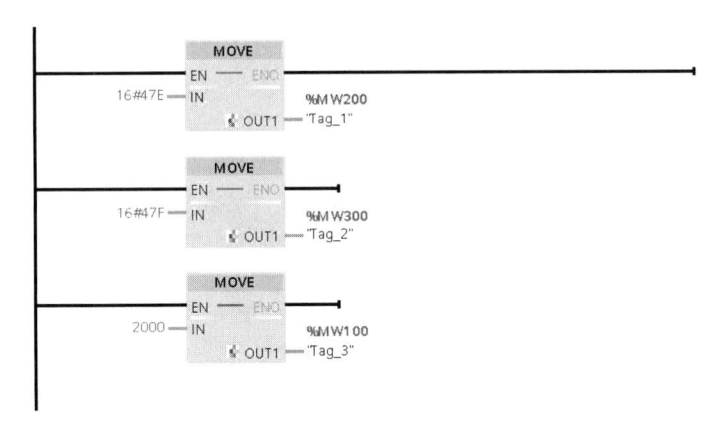

图 5-36　主站准备 Modbus RTU 通信控制数据例程

（3）变频器速度的给定。图 5-37 为变频器速度给定例程，S7-1200 PLC 控制变频器启动之前，必须先向变频器发送速度设定值，变频器速度设定值预存放在 MW100 中，V20 变频器的地址为 10，读写模式 MODE=1，V20 中主设定值的寄存器地址为 40101。

（4）变频器停止与启动。图 5-38 为变频器停止控制例程，变频器停止控制命令预存放在 MW200 中，V20 变频器的地址为 10，读写模式 MODE=1，V20 中控制命令的寄存器地址为 40100。

图 5-39 为变频器正向启动控制例程，变频器正向启动控制命令预存放在 MW300 中，V20

变频器的地址为10，读写模式 MODE=1，V20中正向启动控制命令的寄存器地址同样是40100。

图 5-37　变频器速度给定例程

图 5-38　变频器停止控制例程

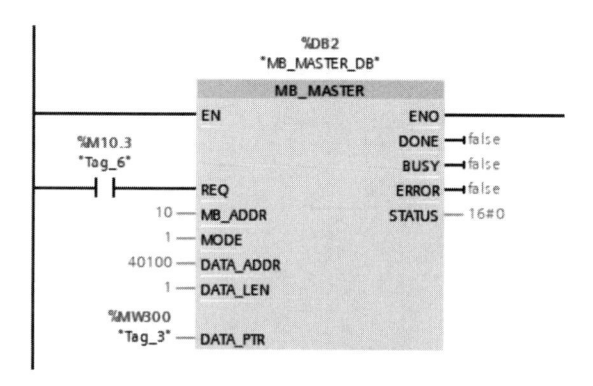

图 5-39　变频器正向启动控制例程

任务七　V20 变频器的 USS 通信驱动控制

【任务描述】

S7-1200 PLC 与 V20 的 USS 通信，PLC 要扩展 CM 1241（RS485）通信模块，通过 USS

协议库指令编程，USS 协议库指令集成在编程软件中。

本任务将学习 V20 变频器的 USS 通信驱动控制。V20 变频器通过 RS485 线缆与 S7-1200 PLC 扩展的 CM 1241（RS485）通信模块连接，S7-1200 与变频器 V20 之间使用标准的 USS 通信协议进行通信，控制变频器的启停和频率，并读取和修改变频器的加减速时间。

【任务实施】

一、通信协议的认识

通用串行接口协议（Universal Serial Interface Protocol，USS）是 SINAMICS 专为驱动装置开发的通用通信协议，是一种基于串行总线进行数据通信的协议。USS 通信总是由主站发起，主站不断轮询各个从站，从站根据收到的主站报文，决定是否及如何响应。从站必须在接收到主站报文之后的一定时间内发回响应到主站，否则主站将视该从站出错。USS 是主从结构的协议，总线上的每个从站都有唯一的从站地址，各从站之间无法通信。USS 通信在半双工模式下进行。

USS 指令控制支持（USS）通用串行接口协议的变频器运行。可通过 RS485 串行通信模块和 USS 指令与多个变频器通信，每个 RS485 端口最多可运行 16 个驱动器，一些通信模块甚至最多可运行 31 个驱动器。

二、通信准备

1. 通信连接

S7-1200 使用 USS 通信协议与 V20 通信时必须添加 RS485 串行通信模块或通信板，S7-1200 CPU 最多可以添加 3 个通信模块和 1 个通信板。TIA Portal 工程组态系统提供了 USS 扩展指令或库功能、USS 驱动协议，用于串行通信的组态和编程。S7-1200 扩展的 CB 1241 与 V20 通信接线如图 5-40 所示，S7-1200 扩展的 CM 1241 与 V20 通信接线如图 5-41 所示。

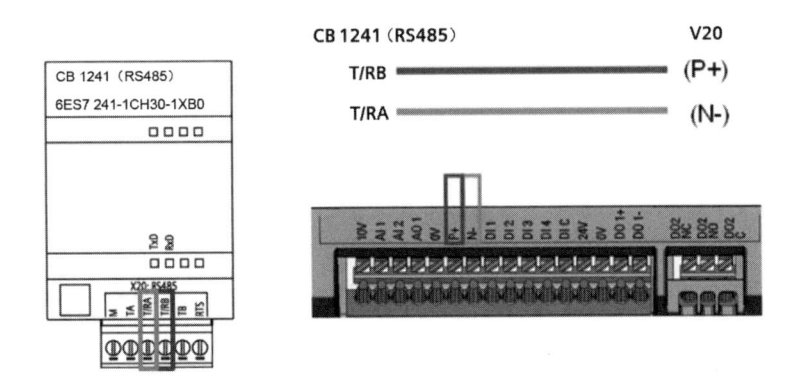

图 5-40　S7-1200 扩展的 CB 1241 与 V20 通信接线

2. USS 指令库选用

如图 5-42 所示，S7-1200 有 2 个 USS 指令库。

（1）"USS 通信"指令库下的指令除了适用于 S7-1200 中央机架串口模块（CM 1241 V2.1 以上或 CB 1241 且 S7-1200 CPU V4.1 以上），还可用于分布式 I/O PROFINET 或 PROFIBUS

的 ET200SP/ET200MP 串口通信模块。

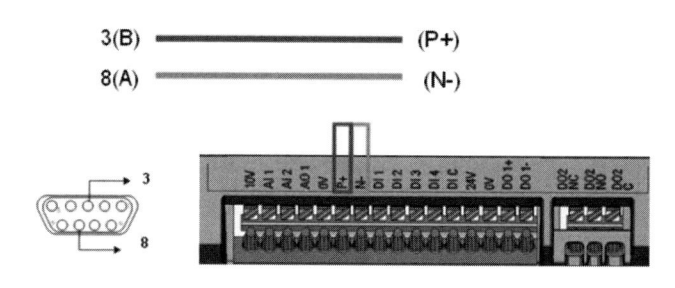

图 5-41　S7-1200 扩展的 CM 1241 与 V20 通信接线

（2）"USS 通信"是目前最新的指令库，并且以后的更新也会基于这个指令库，一般情况下，"USS"指令库只在老项目中使用。下面的介绍以"USS 通信"指令库为例。

（3）"USS"指令库下的指令只能用于 S7-1200 中央机架串口模块（CM 1241 或 CB 1241）。

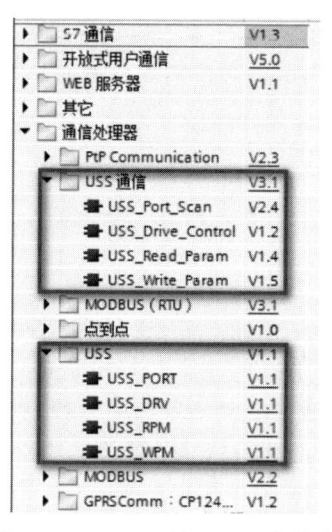

图 5-42　S7-1200 的 USS 通信指令

三、V20 变频器设置

V20 的启停和频率控制通过 PZD 过程数据来实现，参数的读取和修改通过 PKW 参数通道来实现。可以使用连接宏 Cn010 实现 V20 的 USS 通信，也可以直接修改变频器参数。

1. 变频器参数设置步骤

（1）工厂复位设置，设置调试参数 p0010=30，工厂复位参数 p0970=21。

（2）设置用户访问级别，设置参数 p0003=3，为专家访问级别。

（3）设置 V20 变频器 USS 通信所需的命令源、协议、波特率、地址等参数。选择连接宏 Cn010 后，需要将 PKW 长度的值（即 p2013 参数）由 127 修改为 4。

2. V20 的参数设置

参数集是对驱动装置进行调试和控制的基础，几乎所有的功能都需要对驱动装置的内部参数进行访问、设定和修改。SINAMICS 驱动装置的参数功能更为突出，庞大繁多的参数选项，保证了 SINAMICS 产品的高性能应用和极高的定制能力。

驱动装置的调试和控制都依赖参数的设置，与 S7-1200 配合使用时也不例外。一个实际的项目，往往把驱动装置和自动控制器（PLC）分为两个相对独立、又有联系的子系统，它们的调试一般分开进行。这样做不但可以提高效率，而且能够保证控制关系清晰明了。对于 S7-1200 与 SINAMICS 驱动装置配合的项目，一般分为以下 3 个阶段调试：

（1）驱动装置和 PLC 相对独立，调试各自的基本功能；

（2）调试出驱动装置和 PLC 之间的相互控制、反馈功能；

（3）进行整个系统的综合调试，达成一个完整的控制任务。

3. 控制源参数设置

控制命令用于控制驱动装置的启动、停止、正/反转等功能，控制源参数设置决定了驱动装置从何种途径接收控制信号。控制源由参数 p700 设置，表 5-30 为控制源参数的取值说明。

表 5-30　控制源参数的取值说明

取值	说明
0	工厂默认设置
1	操作面板（键盘）控制
2	由端子排输入控制
5	RS485 上的 USS/Modbus 控制

4. 设定源控制参数设置

设定值用于控制驱动装置的转速/频率等功能。设定源参数决定了驱动装置从哪里接收设定值（即给定）。设定源由参数 p1000 设置，表 5-31 为设定源部分参数的取值说明。

表 5-31　设定源部分参数的取值说明

取值	说明
0	无主设定值
1	MOP 设定值
2	模拟量输入设定值
3	固定频率
5	RS485 上的 USS 设定值
7	模拟量输入 2 设定值

5. 变频器的基本参数设置

控制源和设定源之间可以自由组合，可以根据工艺要求灵活选用。接下来以控制源和设定源都来自 RS485 上的 USS 通信为例，介绍 USS 通信的参数设置。参数设置前需恢复变频器出厂设置，所有参数及用户默认设置复位至工厂复位状态；设置 p0003=3，将用户访问级别设置为专家访问级别，注意参数 p2010、p2011、p2023 的值不受工厂复位影响，仍保持原值。变频器的基本设置见表 5-32。

表 5-32　变频器的基本设置

参数	功能	设置
p0700	选择命令源	5：RS485 上的 USS/Modbus 通信。 工厂默认值：1（操作面板）
p1000	频率设定值选择	5：RS485 上的 USS/Modbus 通信。 工厂默认值：1（MOP 设定值）
p2023	RS485 协议选择	1：USS（工厂默认值）。 说明：在更改 p2023 后，须对变频器重新上电。在此过程中，请在变频器断电后等待数秒，确保 LED 熄灭或显示屏空白后方可再次接通电源。如果通过 PLC 更改 p2023，须确保所做出更改已通过 p0971 保存到 EEPROM 中
p2010[0]	USS/Modbus 波特率	可设为以下值： 6：9600bps（工厂默认值）； 7：19200bps； 8：38400bps； ... 12：115200bps
p2011[0]	USS 地址	0~31，即驱动装置 RS485 上的 USS 通信口在网络上的从站地址，USS 网络上不能有任何两个从站的地址相同
p2012[0]	USS PZD（过程数据）长度	定义 USS 报文的 PZD 部分中 16 位字的数量。范围为 0~8（工厂默认值为 2）
p2013[0]	USS PKW（参数 ID 值）长度	定义 USS 报文的 PKW 部分中 16 位字的数量。可设为以下值： 0, 3, 4：0、3 或 4 个字； 127：变量长度（工厂默认值）
p2014[0]	USS/Modbus 报文间断时间[ms]	设置 p2014[0]=0~65535，即 RS485 上的 USS 通信控制信号中断超时时间，单位为 ms。若设置为 0，则不进行此端口上的超时检查。此通信控制信号中断，指的是接收到的对本装置有效通信报文之间的最大间隔。如果设定了超时时间，报文间隔超过此设定时间还没有接收到下一条信息，则变频器将会停止运行。只有在通信恢复后此故障才能被复位。根据 USS 网络通信速率和站数的不同，此超时值会不同

四、通过 USS 通信实现 V20 的启停调速

1. V20 的参数设置

（1）参数值的确定。V20 进行 USS 通信所需参数值设置见表 5-33。

表 5-33　USS 通信参数值设置

参数号	参数值	说明
p2010	6	设置通信波特率为 9600bps
p2011	1	USS 站地址
p2012	2	USS PZD 长度
p2013	4	USS PKW 长度
p2014	1	选择通信协议为 USS

（2）变频器宏的选择。选择连接宏 Cn010 后，V0 变频器宏 Cn010 端子定义如图 5-43 所示，默认连接宏的参数设置见表 5-34，在与 S7-1200 通信时，必须把 p2013 的值修改为 4。

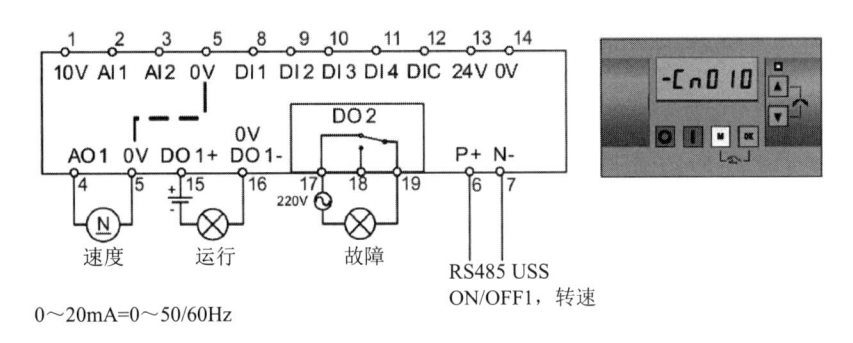

图 5-43　V0 变频器宏 Cn010 端子定义

表 5-34　默认连接宏的参数设置

参数	描述	工厂默认值	Cn010 的默认值	备注
p0700[0]	选择命令源	1	5	RS485 为命令源
p1000[0]	选择频率	1	5	RS485 为速度设定值
p2023[0]	RS485 协议选择	1	1	USS 协议
p2010[0]	USS/Modbus 波特率	6	8	波特率为 38400 bps
p2011[0]	USS 地址	0	1	变频器的 USS 地址
p2012[0]	USS PZD 长度	2	2	PZD 部分的字数
p2013[0]	USS PKW 长度	127	127	PKW 部分字数可变
p2014[0]	USS/Modbus 报文间断时间	2000	500	接收数据时间

2. PLC 编程

（1）初始化 USS 通信接口。USS_PORT 为初始化模块，需确保 PLC 侧的波特率与驱动器设置得一致。图 5-44 为 V20 变频器 USS 通信初始化。

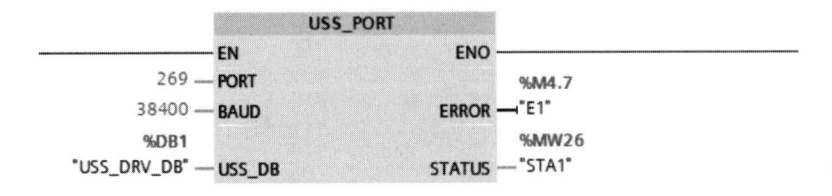

图 5-44　V20 变频器 USS 通信初始化

表 5-35 是 USS_PORT 初始化模块的端口说明，其中 PORT 为通信端口 ID，BAUD 为波特率，USS_DB 为连接 USS_DRV 的背景 DB。

（2）变频器控制。USS_DRV 为变频器驱动模块，通过该模块可对变频器进行启停、调速、故障确认、反转等操作，图 5-45 为 V20 变频器 USS 通信驱动控制。

表 5-35　USS_PORT 初始化模块的端口说明

端口	声明	数据类型	存储区	说明
PORT	Input	PORT	D、L 或常量	P2P 通信端口标识符常数，可在默认变量表的"常数"选项卡中引用
BAUD	Input	DINT	I、Q、M、D、L 或常量	USS 通信波特率
USS_DB	InOut	USS_BASE	D	指 USS_DRIVE 指令的背景数据块
ERROR	Output	BOOL	I、Q、M、D、L	发生错误时，ERROR 置位为 TRUE。STATUS 上输出相应的错误代码
STATUS	Output	WORD	I、Q、M、D、L	请求的状态值。它指示循环或初始化的结果。可以在 USS_Extended_Error 变量中找到有关某些状态码的更多信息

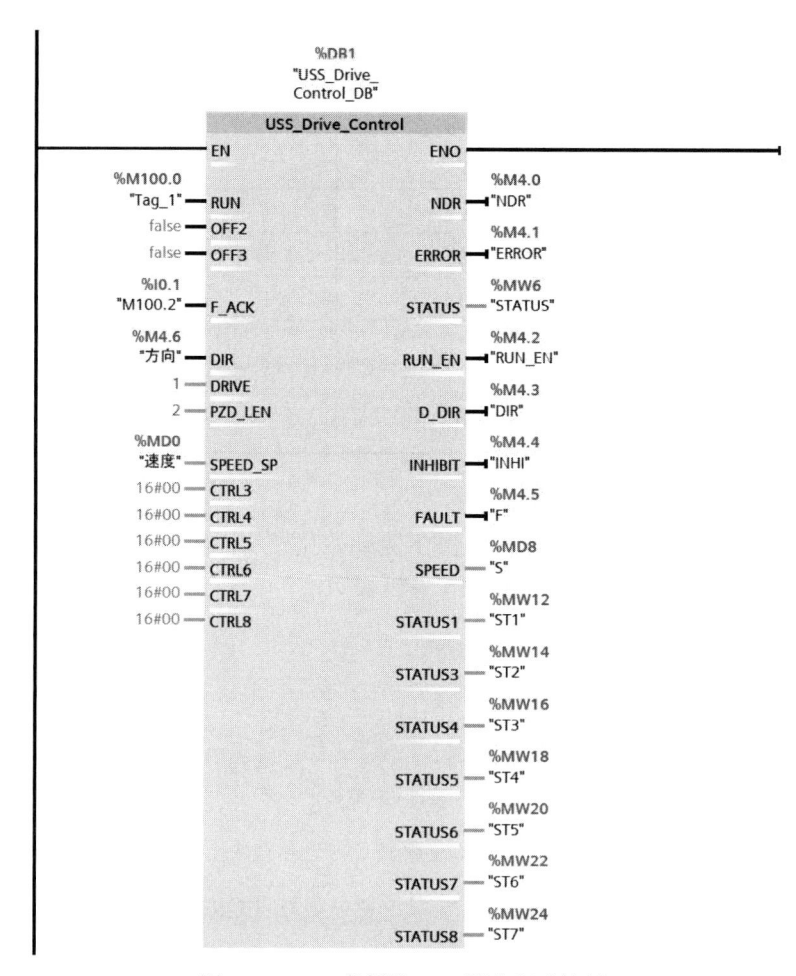

```
                    %DB1
                 "USS_Drive_
                  Control_DB"
              ┌──USS_Drive_Control──┐
              │ EN              ENO │
              │                     │         %M4.0
    %M100.0   │                     │         "NDR"
    "Tag_1" ──┤ RUN           NDR  ├──
       false ─┤ OFF2                │         %M4.1
       false ─┤ OFF3        ERROR  ├── "ERROR"
                                             
       %I0.1                                  %MW6
    "M100.2" ─┤ F_ACK       STATUS ├── "STATUS"
       %M4.6                                  %M4.2
      "方向" ──┤ DIR          RUN_EN├── "RUN_EN"
          1 ──┤ DRIVE               │         %M4.3
          2 ──┤ PZD_LEN      D_DIR ├── "DIR"
       %MD0                                   %M4.4
      "速度" ──┤ SPEED_SP   INHIBIT├── "INHI"
      16#00 ──┤ CTRL3                         %M4.5
      16#00 ──┤ CTRL4        FAULT ├── "F"
      16#00 ──┤ CTRL5                         %MD8
      16#00 ──┤ CTRL6        SPEED ├── "S"
      16#00 ──┤ CTRL7                         %MW12
      16#00 ──┤ CTRL8      STATUS1 ├── "ST1"
                                              %MW14
                          STATUS3 ├── "ST2"
                                              %MW16
                          STATUS4 ├── "ST3"
                                              %MW18
                          STATUS5 ├── "ST4"
                                              %MW20
                          STATUS6 ├── "ST5"
                                              %MW22
                          STATUS7 ├── "ST6"
                                              %MW24
                          STATUS8 ├── "ST7"
              └─────────────────────┘
```

图 5-45　V20 变频器 USS 通信驱动控制

表 5-36 是 USS_DRV 变频器驱动模块的端口说明，其中 RUN 为驱动器起始位，OFF2 为电气停止位，DIR 为驱动器方向控制，DRIVE 为驱动器地址，SPEED_SP 为速度设定值。

表 5-36 USS_DRV 变频器驱动模块的端口说明

端口	声明	数据类型	存储区	说明
RUN	Input	BOOL	I、Q、M、D、L 或常量	驱动器起始位：如果该参数的值为 TRUE，则该输入使驱动器能以预设的速度运行
OFF2	Input	BOOL	I、Q、M、D、L 或常量	电气停止位：如果该参数的值为 FALSE，则该位会导致驱动器逐渐停止而不使用制动装置
OFF3	Input	BOOL	I、Q、M、D、L 或常量	快速停止位：如果该参数的值为 FALSE，则该位会通过制动驱动器来使其快速停止
F_ACK	Input	BOOL	I、Q、M、D、L 或常量	错误确认位：复位变频器的错误位。清除错误后此位置位，变频器以此方式检测前一错误不必报告
DIR	Input	BOOL	I、Q、M、D、L 或常量	驱动器方向控制：该位置位以指示方向为正向（当 SPEED_SP 为正数时）
DRIVE	Input	USINT	I、Q、M、D、L 或常量	驱动器地址：此输入为 USS 驱动器的地址。有效范围为驱动器 1~16
PZD_LEN	Input	USINT	I、Q、M、D、L 或常量	字长：这是 PZD 数据字的数目，有效值为 2、4、6 或 8 个字，默认值为 2
SPEED_SP	Input	REAL	I、Q、M、D、L 或常量	速度设定值：这是驱动器速度，表示为组态频率的百分比。正值表示正向（当 DIR 的值为 TRUE 时）
CTRL3~CTRL8	Input	WORD	I、Q、M、D、L 或常量	控制字 3~8：写入驱动器上用户组态的参数中的值。用户必须在驱动器上组态这个值。此为可选参数
NDR	Output	BOOL	I、Q、M、D、L	新数据就绪：如果该参数的值为 TRUE，则该位表明输出中包含来自新通信请求的数据
ERROR	Output	BOOL	I、Q、M、D、L	发生错误：如果该参数的值为 TRUE，则表示发生了错误且 STATUS 输出有效。发生错误时其他输出都复位为 0。仅在 USS_PORT 指令的 ERROR 和 STATUS 输出中报告通信错误
STATUS	Output	WORD	I、Q、M、D、L	请求的状态值。它指示循环结果。其不是从驱动器返回的状态字
RUN_EN	Output	BOOL	I、Q、M、D、L	启用运行：该位指示驱动器是否正在运行
D_DIR	Output	BOOL	I、Q、M、D、L	驱动器方向：该位指示驱动器是否正向运行
INHIBIT	Output	BOOL	I、Q、M、D、L	禁用驱动器：该位表明驱动器上的禁用位的状态
FAULT	Output	BOOL	I、Q、M、D、L	驱动器故障：该位表明驱动器已记录一个故障。用户必须清除该故障并置位 F_ACK 位以清除该位
SPEED	Output	REAL	I、Q、M、D、L	驱动器当前速度（驱动器状态字 2 的标定值）：驱动器的速度值表示为组态速度的百分比
STATUS1	Output	WORD	I、Q、M、D、L	驱动器状态字：该值包含驱动器的固定状态位
STATUS3~STATUS8	Output	WORD	I、Q、M、D、L	驱动器状态字 3~8：该值包含驱动器上用户可组态的状态字

项 目 小 结

　　V20 变频器内置 BOP 可实现基本操作，通过简单参数设定即可实现预定功能，根据"设置"子菜单的引导，可以进入快速调试变频器所需的主要步骤。变频器的上端是电源进线端子排，下端是电动机接线端子排和直流端子排；控制电路端子包括数字量输入、数字量输出、模拟量输入、模拟量输出及 RS485 通信接口。V20 变频器提供了各种不同的连接宏功能，用户可以通过宏菜单选择所需要的连接宏来实现标准接线。V20 变频器针对不同的应用场景，提供了各种不同的应用宏，打破了 V20 的应用壁垒。本项目还安排了两个基于 V20 的 RS485 通信接口的相关学习任务：一个是 S7-1200 与 V20 之间使用标准的 Modbus RTU 通信协议进行通信；另一个是使用标准的 USS 通信协议进行通信。

项目六 交流伺服系统的应用

【学习目标】

- 掌握 IS620F 系列交流伺服电动机的点动控制
- 熟悉 IS620F 系列交流伺服驱动器的系统配线
- 熟悉 IS620F PROFINET 通信协议的使用
- 掌握 IS620F 交流伺服电子齿轮比设定
- 熟悉 IS620F-RT 交流伺服组态和工艺配置
- 掌握交流伺服系统运动控制编程

任务一 交流伺服电动机的点动控制

【任务描述】

伺服电动机的运转来自于伺服驱动器的控制。IS620F 系列交流伺服驱动器采用以太网通信接口,支持 PROFINET 通信协议,配合上位机可实现多台伺服驱动器联网运行。本任务通过学习 IS620F 系列交流伺服驱动器的基本组成、面板显示操作、DI/DO 功能的定义,实现 IS620F 系列交流伺服驱动器的点动控制。

【任务实施】

IS620F 系列交流伺服驱动器产品是深圳市汇川技术股份有限公司(简称"汇川技术")研制的高性能中、小功率的交流伺服驱动器,提供了刚性表设置、惯量辨识及振动抑制功能,使交流伺服驱动器简单易用。其配合包括 MS1 系列等 23 位中惯量编码器的高响应伺服电动机,产品适用于锂电池 PACK、印刷包装、物流、汽车制造、烟草等行业,用于实现安静平稳、快速精确的协同控制。

一、IS620F 系列交流伺服驱动器的认识

IS620F 交流伺服驱动器等系列产品的功率范围为 200W~7.5kW,采用以太网通信接口,支持 PROFINET 通信协议,配合上位机可实现多台交流伺服驱动器联网运行。IS620F 系列交流伺服驱动器的外观接口如图 6-1 所示。

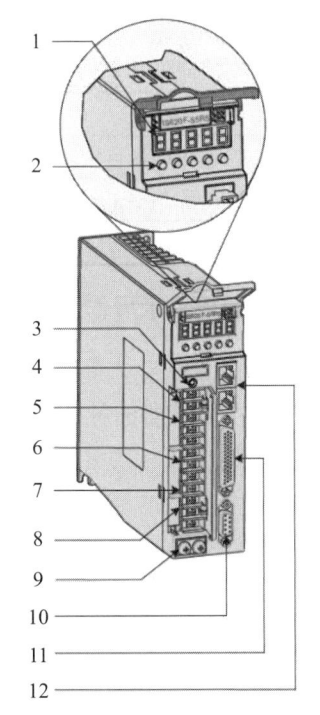

表 6-1 中 IS620F 系列交流伺服驱动器各部分名称与功能仅适用于单相电源的驱动器机型(S1R6、S2R8),主回路电源输入端子变更为 L1、L2;该

图 6-1 IS620F 系列交流伺服驱动器的外观接口

驱动器未配置内置制动电阻，如需使用则请外接制动电阻于 P⊕、C 两端。

表 6-1　IS620F 系列交流伺服驱动器各部分名称与功能

编码	名称	功能
1	数码管显示器	5 位 7 段 LED 数码管用于显示伺服的运行状态及参数设定
2	按键操作器	MODE：依次切换功能码。 ▲：增加当前闪烁位设置值。 ▼：减少当前闪烁位设置值。 ◀◀：当前闪烁位左移。 长按：显示多于 5 位时翻页。 SET：保存修改并进入下一级菜单
3	CHARGE 母线电压指示灯	用于指示母线电容处于有电荷状态。指示灯亮时，即使主回路电源 OFF，伺服单元内部电容可能仍存有电荷。因此，灯亮时请勿触摸电源端子，以免触电
4	L1C、L2C 控制回路电源输入端子	参考铭牌额定电压等级输入控制回路电源
5	R、S、T 主回路电源输入端子	参考铭牌额定电压等级输入主回路电源
6	P⊕、⊖伺服母线端子	直流母线端子，用于多台伺服共直流母线
7	P⊕、D、C 外接制动电阻连接端	默认在 P 与 D 之间连接短接线。外接制动电阻时，拆除该短接线，使 P 与 D 之间开路，并在 P 与 C 之间连接外置制动电阻
8	U、V、W 交流伺服电动机连接端子	连接交流伺服电动机 U、V、W 相
9	PE 接地端子	与电源及电动机接地端子连接，进行接地处理
10	CN2 编码器连接端子	与电动机编码器端子连接
11	CN1 控制端子	反馈信号及其他输入、输出信号用端口
12	CN3、CN4 通信端子	PROFINET 通信连接端口

二、面板显示操作

IS620F 系列交流伺服驱动器的面板由显示器（5 位 7 段 LED 数码管）和按键组成，可用于交流伺服驱动器的各类显示、参数设定、用户密码设置及一般功能的执行，面板各部分名称如图 6-2 所示。

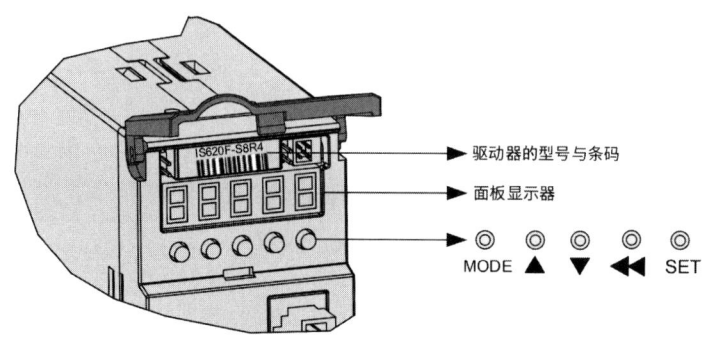

图 6-2　面板各部分名称

1. 面板显示

IS620F 系列交流伺服驱动器面板中数码管显示器各部分的显示说明如图 6-3 所示，表 6-2 为数码管显示字符的具体含义。

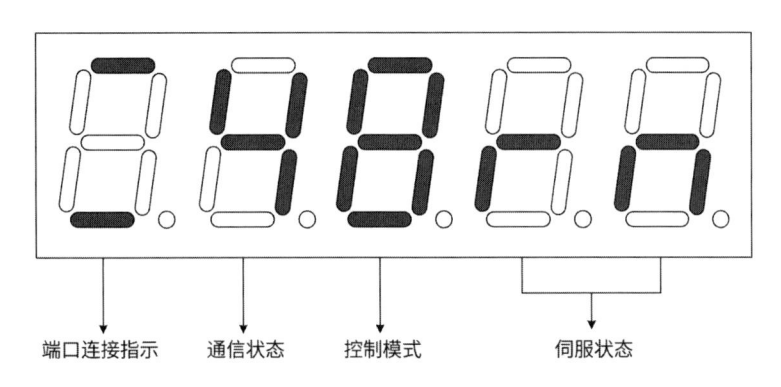

图 6-3 数码管显示器各部分的显示说明

（端口连接指示 通信状态 控制模式 伺服状态）

表 6-2 数码管显示字符的具体含义

端口连接指示	通信状态	控制模式	伺服状态
"⁻"：端口 1 连接指示 "-"：端口 0 连接指示	1：初始化状态 2：连接状态 4：运行状态	1：AC1 3：AC3 4：AC4	nd：not ready（未准备好） ry：ready（准备好） rn：run（运行）

2. 按键操作

表 6-3 是 IS620F 系列交流伺服驱动器的面板操作按键的名称和功能。

表 6-3 IS620F 系列交流伺服驱动器的面板操作按键的名称和功能

按键	名称	功能
MODE 键	"模式"键	各模式间切换，返回上一级菜单
▲（UP 键）	"递增"键	增大 LED 数码管闪烁位数值
▼（DOWN 键）	"递减"键	减小 LED 数码管闪烁位数值
◂◂（SHIFT 键）	"移位"键	变更 LED 数码管闪烁位，查看长度大于 5 位的数据的高位数值
SET 键	"确认"键	进入下一级菜单，执行存储参数设定值等命令

3. 故障显示

面板可以显示当前或历史故障与警告代码，当有单个故障或警告发生时，立即显示当前故障或警告代码；当有多个故障或警告发生时，显示故障级别最高的代码。

通过 HOB-33 设定拟查看历史故障次数后，查看 HOB-34，可使面板显示已选定的故障或警告代码。设置 H02-31=2，可清除伺服驱动器存储的 10 次故障或警告的相关信息。故障显示示例见表 6-4。

表 6-4　故障显示示例

显示	名称	内容
E08.1	当前故障代码	E：交流伺服驱动器存在故障或警告。 E08：通信掉线。 1：子故障码

三、DIDO 功能的认识

IS620F 系列交流伺服驱动器的 CN1 端子上共有 8 个 DI 信号和 3 个 DO 信号。H03 组是 DI 端子功能分配及逻辑选择，H04 组是 DO 端子功能分配及逻辑选择，H03 和 H04 都可通过面板对 DI 和 DO 端子功能进行设置及更改。表 6-5 是 DI、DO 功能定义说明。

表 6-5　DI、DO 功能定义说明

编码	名称	功能名	描述	备注
输入信号功能说明					
14	P-OT	正向超程开关	有效：禁止正向驱动； 无效：允许正向驱动	当机械运动超过可移动范围时，进入超程防止功能：相应端子的逻辑选择建议设置为电平有效
15	N-OT	反向超程开关	有效：禁止正向驱动； 无效：允许正向驱动	当机械运动超过可移动范围时，进入超程防止功能：相应端子的逻辑选择建议设置为电平有效
31	HomeSwitch	原点开关	无效：机械负载不在原点开关范围内； 有效：机械负载在原点开关范围内	相应端子的逻辑选择必须设置为电平有效。 若设为 2（上升沿有效），则驱动器内部会强制改为 1（高电平有效）； 若设为 3（下降沿有效），则驱动器内部会强制改为 0（低电平有效）； 若设为 4（上升沿、下降沿均有效），则驱动器内部会强制改为 0（低电平有效）
输出信号功能说明					
01	S-RDY	伺服准备好	有效：伺服准备好； 无效：伺服未准备好	伺服状态准备好，允许运行
02	TGON	电动机旋转	无效：滤波后电动机转速绝对值小于功能码 H06-16 设定值； 有效：滤波后电动机转速绝对值达到功能码 H06-16 设定值	—
09	BK	抱闸	有效：闭合，解除抱闸； 无效：启动抱闸	—
10	WARM	警告	有效：交流伺服驱动器发生警告； 无效：交流伺服驱动器未发生警告或警告已复位	—

续表

编码	名称	功能名	描述	备注
11	ALM	故障	有效：交流伺服驱动器发生故障；无效：交流伺服驱动器未发生故障或故障已复位	—

四、交流伺服电动机及驱动器的点动控制

使用面板点动运行功能时，须将伺服置于 ry 状态，否则不能执行。试运转交流伺服电动机及驱动器，可使用点动运行功能。图 6-4 为面板点动运行设定步骤示意。

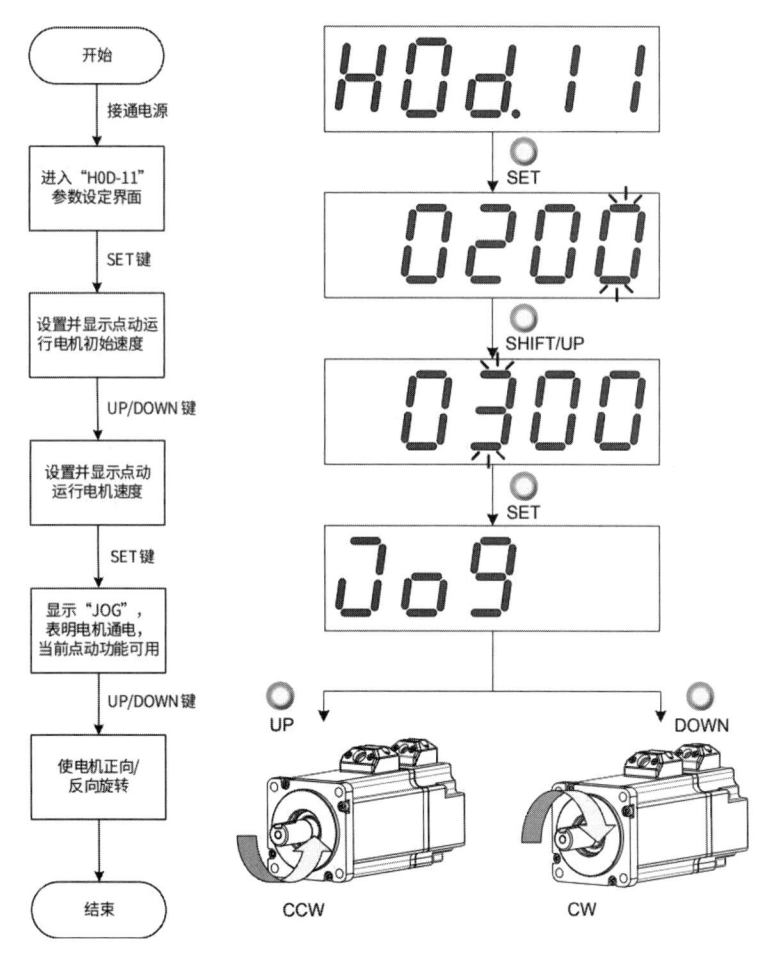

图 6-4　面板点动运行设定步骤示意

（1）使用 UP 或 DOWN 键，可增大或减小本次点动运行电动机的转速，退出点动运行功能即恢复初始转速。

（2）按下 UP 或 DOWN 键，电动机将朝正方向或反方向旋转，松开按键则电动机立即停止运转。

（3）可通过 MODE 键退出当前点动运行状态，同时返回上一级菜单。

任务二　IS620F 系列交流伺服驱动器的系统配线

【任务描述】

本任务将学习 IS620F 系列交流伺服驱动器的电源配线、交流伺服驱动器引脚的功能、数字量输入/输出电路接线、编码器分频输出信号、交流伺服电动机及驱动器型号说明，最终实现 IS620F 系列伺服驱动器的系统配线。

【任务实施】

一、电源配线

交流伺服驱动器直接连在工业用电源上，未使用变压器等电源隔离，为防止伺服系统产生交叉触电事故，须在输入电源上使用保险丝，或在配线上使用断路器。交流伺服驱动器没有内置接地保护电路，为构成更加安全的系统，须使用过载、短路保护兼用的漏电断路器或配套地线保护专用漏电断路器。由于电动机是大电感元件，产生的瞬间高压可能会击穿接触器，因此严禁将电磁接触器用于电动机的运转、停止操作。

使用外接控制电源或 24V DC 电源时须注意电源容量，尤其在同时为几个驱动器或多路抱闸供电时，电源容量不够会导致供电电流不足、驱动器或抱闸器失效。制动电源为 24V 直流电压源，功率需参考电动机型号，并且符合抱闸功率要求。IS620F 系列交流伺服驱动器电源配线有单相 220V 电源配线（图 6-5）和三相 220V 或 380V 电源配线（图 6-6）。

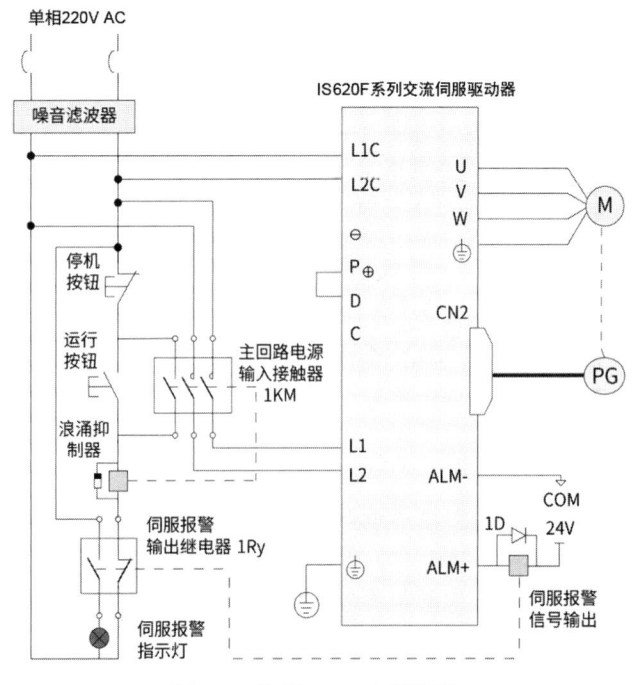

图 6-5　单相 220V 电源配线

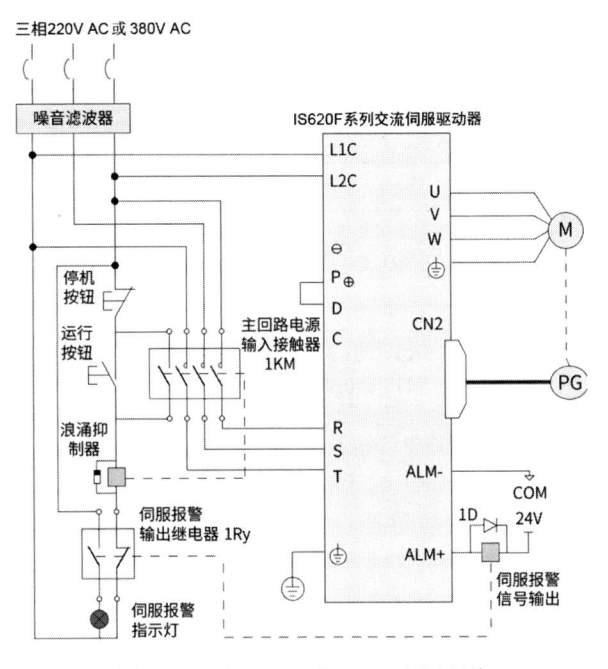

图 6-6　三相 220V 或 380V 电源配线

二、交流伺服驱动器引脚的功能

交流伺服驱动器的引脚包括主电路端子、数字量引脚、编码器分频输出等引脚，具体分布如图 6-7 所示。

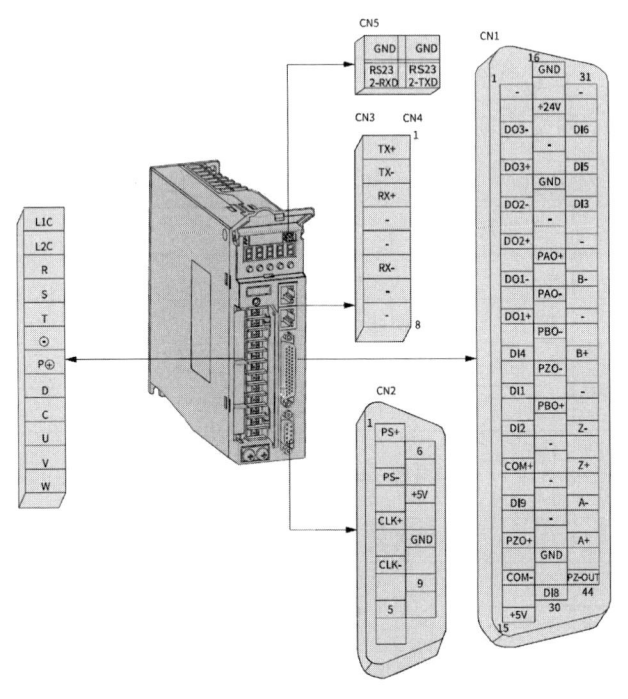

图 6-7　伺服驱动器端子引脚分布

1. 主电路端子的名称与功能

表 6-6 是 IS620F 系列交流伺服驱动器主电路端子的名称与功能说明。

表 6-6　IS620F 系列交流伺服驱动器主电路端子的名称与功能说明

端子号	名称	电压和电流参数	功能
L1、L2	主回路电源输入端子	S5R5、S7R6、S012	主回路单相电源输入，只有 L1、L2 端子。L1 和 L2 间接入 220V 电源
R、S、T		S5R5、S7R6、S012	主回路三相 220V 电源输入
		T3R5、T5R4、T8R4、T012、T017、T021、T026	主回路三相 380V 电源输入
L1C、L2C	控制电源输入端子		控制回路电源输入，需要参考电动机铭牌的额定电压等级
P⊕、D、C	外接制动电阻连接端子	S1R6、S2R8	制动能力不足时，在 P、C 之间连接外接制动电阻。外接制动电阻请另行购买
		S5R5、S7R6、S012、T3R5、T5R4、T8R4、T012、T017、T021、T026	默认在 P、D 之间连接短接线。制动能力不足时，请将 P、D 之间开路（拆除短接线），并在 P、C 之间连接外接制动电阻。外接制动电阻请另行购买
P⊕、⊖	共直流母线端子		伺服的直流母线端子，在多机并联时可进行共母线连接
U、V、W	交流伺服电动机连接端子		交流伺服电动机连接端子，和电动机的 U、V、W 相连接
PE	接地		两处接地端子，与电源接地端子及电动机接地端子连接。请务必将整个系统进行接地处理

2. 数字量引脚的名称与功能

表 6-7 是 IS620F 系列交流伺服驱动器数字量引脚的名称与功能说明。

表 6-7　IS620F 系列交流伺服驱动器数字量引脚的名称与功能说明

引脚	默认功能	引脚号	功能
DI1	P-OT	9	正向超程开关
DI2	N-OT	10	反向超程开关
DI8	Trobe	30	探针
DI9	Home Switch	12	原点开关
+24V		17	内部 24V 电源，电压范围为 +20～+28V，最大输出电流为 200mA
COM-		14	
COM+		11	电源输入端（+12～+24V）
DO 1+	S-RDY+	7	伺服准备好
DO 1-	S-RDY-	6	
DO 2+	COIN+	5	位置到达
DO 2-	COIN-	4	—

续表

引脚	默认功能	引脚号	功能
DO 3+	BK+	3	抱闸输出
DO 3-	BK-	2	抱闸输出

三、数字量输入/输出电路接线

1. 数字量输入电路接线

以 DI 1 为例说明，DI 1～DI 9 接口电路相同，数字量输入电路的接线形式受上级装置和电源类型的影响较大。

（1）上级装置为继电器输出。上级装置为继电器输出时，交流伺服驱动器使用内部电源和外部电源时的输入电路接线分别如图 6-8 和图 6-9 所示。

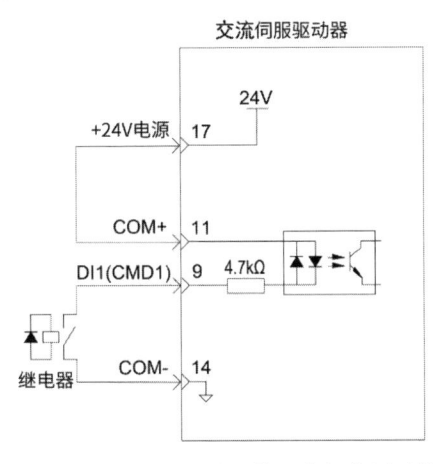

图 6-8 交流伺服驱动器使用内部电源时的输入电路接线

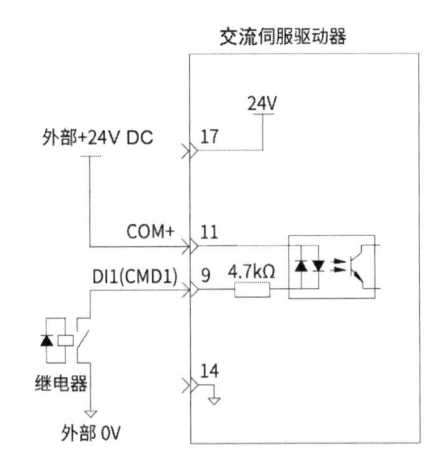

图 6-9 交流伺服驱动器使用外部电源时的输入电路接线

（2）上级装置为集电极开路输出。上级装置为集电极开路输出、使用内部电源时，上级电路为 NPN 的输入电路接线如图 6-10 所示；上级电路为 PNP 的输入电路接线如图 6-11 所示。

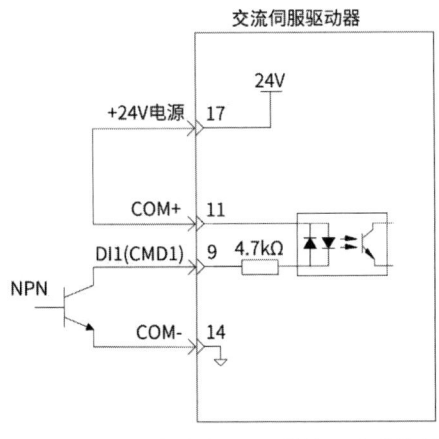

图 6-10 上级电路为 NPN 的输入电路接线

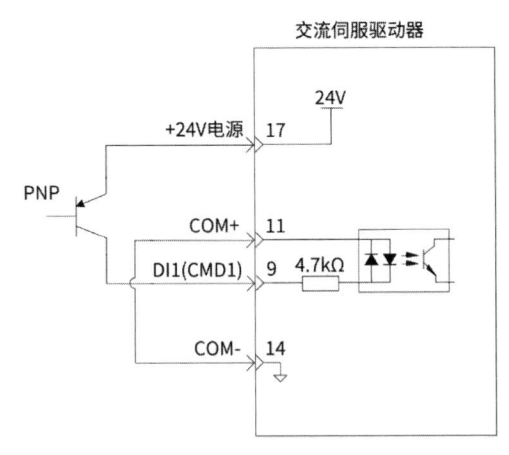

图 6-11 上级电路为 PNP 的输入电路接线

上级装置为集电极开路输出、使用外部 24V 直流电源时，上级电路为 NPN 的输入电路接线如图 6-12 所示，上级电路为 PNP 的输入电路接线如图 6-13 所示。

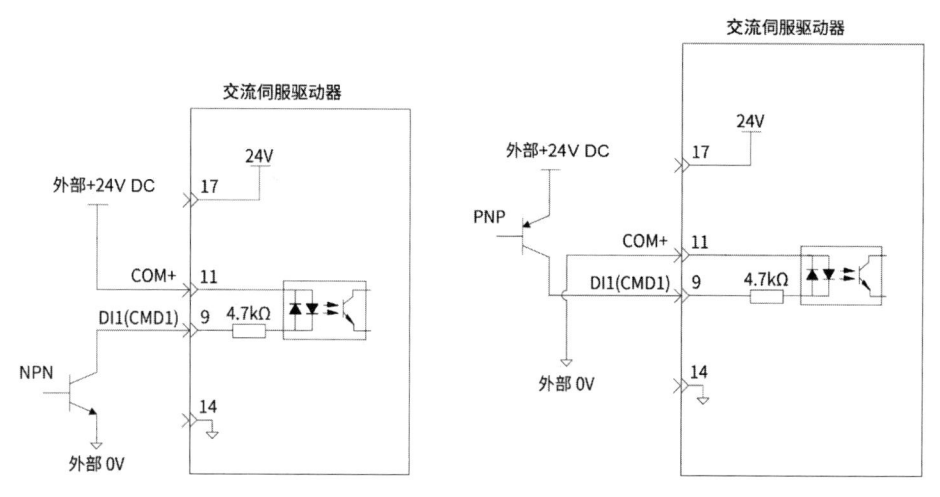

图 6-12　上级电路为 NPN 的输入电路接线　　图 6-13　上级电路为 PNP 的输入电路接线

2. 数字量输出电路接线

数字量输出电路接线以数字量输出电路 DO 1 为例说明，DO 1～DO 3 接口电路相同。图 6-14 的上级装置为继电器输入务必接入续流二极管，否则可能损坏 DO 端口；图 6-15 的上级装置为光耦输入，交流伺服驱动器内部光耦输出电路最大允许电压为 DC 30V、最大允许电流为 DC 50mA。

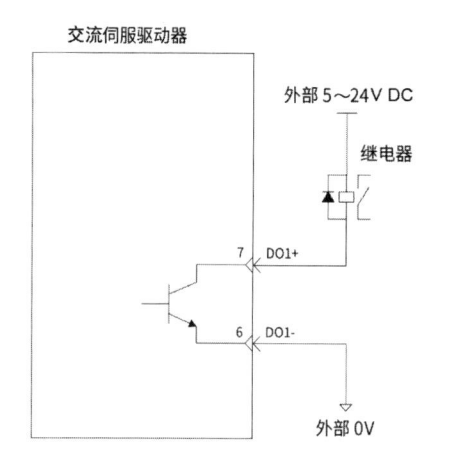

图 6-14　上级装置为继电器输入的输出电路接线 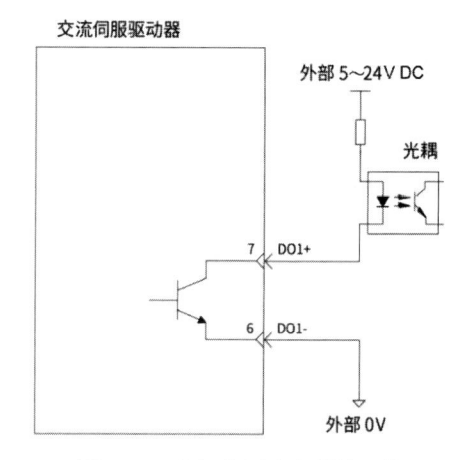　　图 6-15　上级装置为光耦输入的输出电路接线

四、编码器分频输出信号

1. 编码器分频输出电路

编码器分频输出电路通过差分驱动器输出差分信号，具体见表 6-8。

表 6-8 编码器分频输出信号的功能说明

默认功能	引脚号	功能	
PAO+	21	A 相分频输出信号	A、B 相的正交分频脉冲输出信号
PAO-	22		
PBO+	25	B 相分频输出信号	
PBO-	23		
PZO+	13	Z 相分频输出信号	原点脉冲输出信号
PZO-	24		
PZ-OUT	44	Z 相分频输出信号	原点脉冲集电极开路输出信号
GND	29	原点脉冲集电极开路输出信号地	
+5V	15	内部 5V 电源,最大输出电流 200mA	
GND	16		
PE	机壳	—	

编码器分频输出电路通常为上级装置的位置控制系统提供位移反馈信号。在上级装置侧,请使用差分(图 6-16)或光耦(图 6-17)接收电路接收,最大输出电流为 20mA。

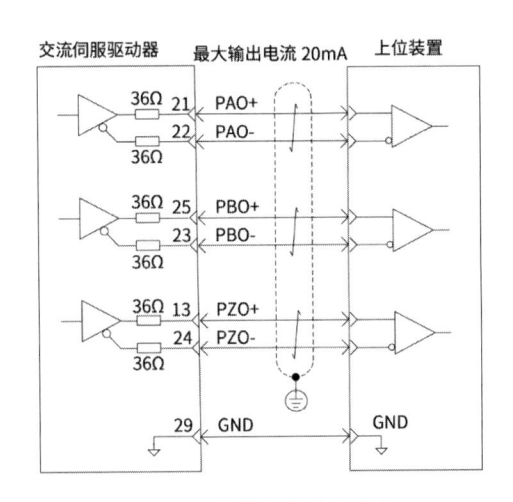

图 6-16 差分接收电路接收　　　　图 6-17 光耦接收电路接收

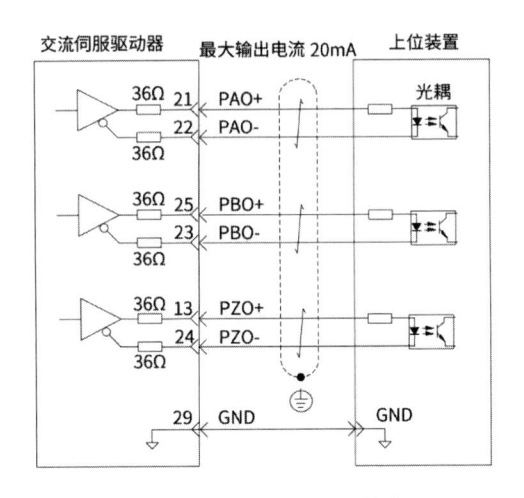

2. 编码器 Z 相分频输出电路

如图 6-18 所示,编码器 Z 相分频输出电路可通过集电极开路信号,通常为上级装置构成位置控制系统时提供反馈信号。在上级装置侧,必须使用光耦电路、继电器电路或总线接收器电路接收。

上位装置的信号地应该与驱动器的 GND 连接,并采用屏蔽双绞线以降低噪声干扰。交流伺服驱动器内部光耦输出电路最大允许电压为 DC 30V、最大允许电流为 DC 50mA。

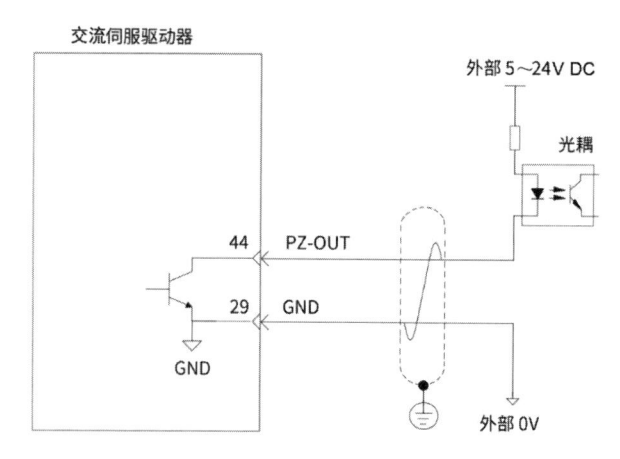

图 6-18　编码器 Z 相分频输出电路

五、交流伺服电动机及驱动器型号说明

1. 交流伺服电动机型号说明

如图 6-19 所示，交流伺服电动机型号包含系列号，类型，额定功率，额定转速，电动机规格，制动器、减速机、油封，轴连接方式，编码器类型，电压等级等标识，图 6-20 是一款交流伺服电动机铭牌说明。

MS1 H1 - 40B 30C B - A3 3 1 Z

标识	系列号
MS1	MS系列交流伺服电动机

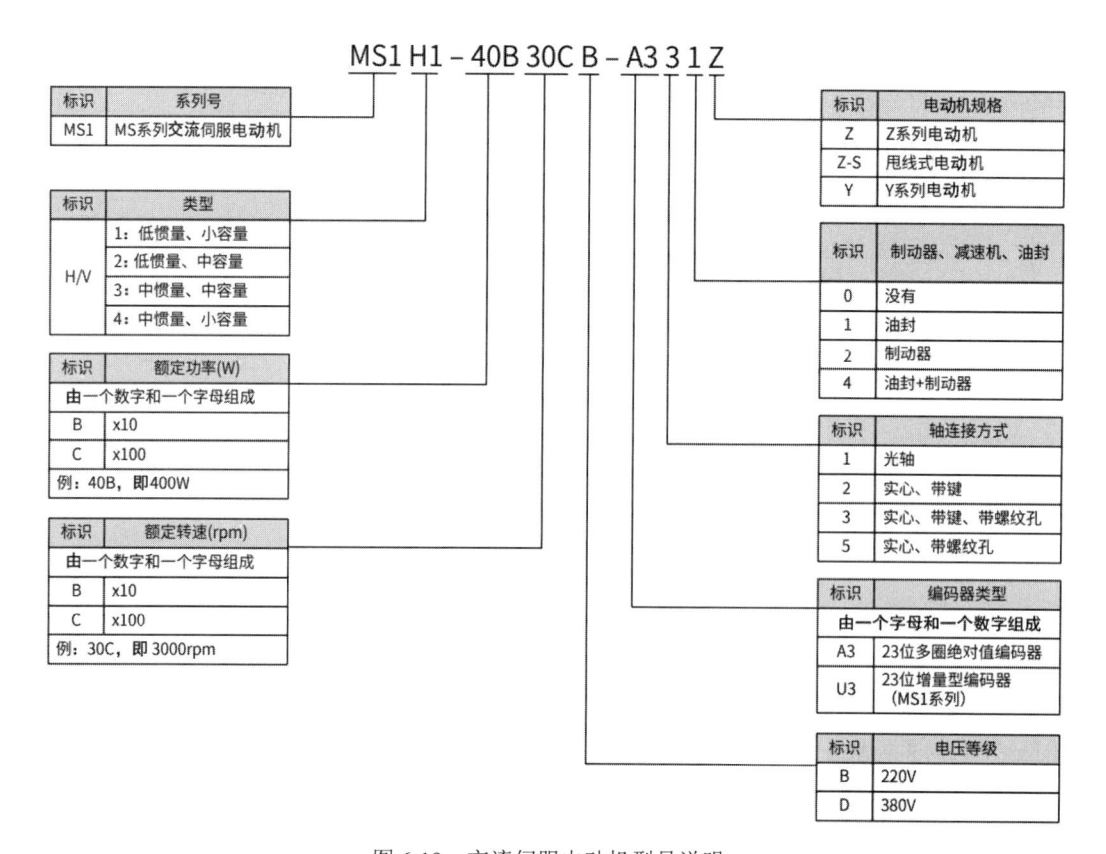

标识	类型
H/V	1：低惯量、小容量
	2：低惯量、中容量
	3：中惯量、中容量
	4：中惯量、小容量

标识	额定功率(W)
由一个数字和一个字母组成	
B	×10
C	×100
例：40B，即400W	

标识	额定转速(rpm)
由一个数字和一个字母组成	
B	×10
C	×100
例：30C，即3000rpm	

标识	电动机规格
Z	Z系列电动机
Z-S	甩线式电动机
Y	Y系列电动机

标识	制动器、减速机、油封
0	没有
1	油封
2	制动器
4	油封+制动器

标识	轴连接方式
1	光轴
2	实心、带键
3	实心、带键、带螺纹孔
5	实心、带螺纹孔

标识	编码器类型
由一个字母和一个数字组成	
A3	23位多圈绝对值编码器
U3	23位增量型编码器（MS1系列）

标识	电压等级
B	220V
D	380V

图 6-19　交流伺服电动机型号说明

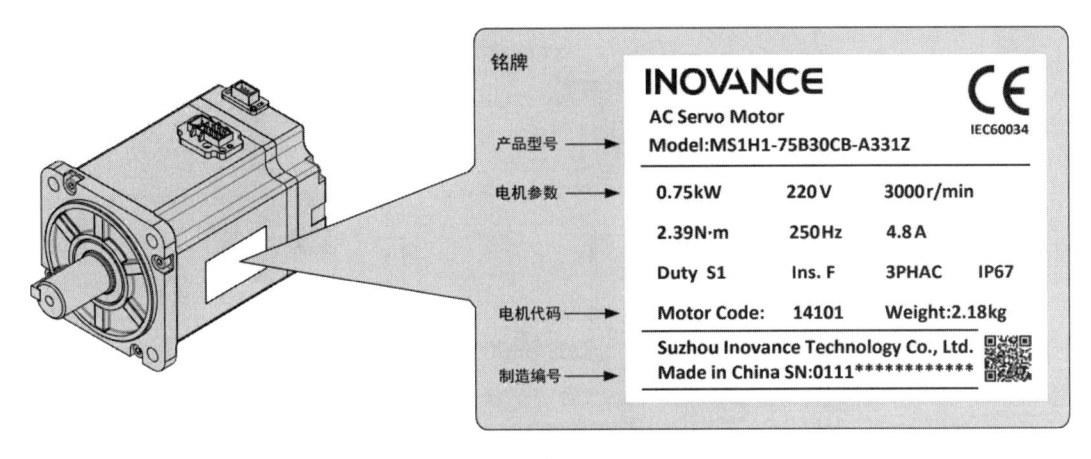

图 6-20　交流伺服电动机铭牌说明

2. 交流伺服驱动器型号说明

汇川交流伺服驱动器的型号说明包含系列号、产品类型、电压等级、安装方式和额定输出电流等参数，图 6-21 是某款汇川交流伺服驱动器的型号说明。

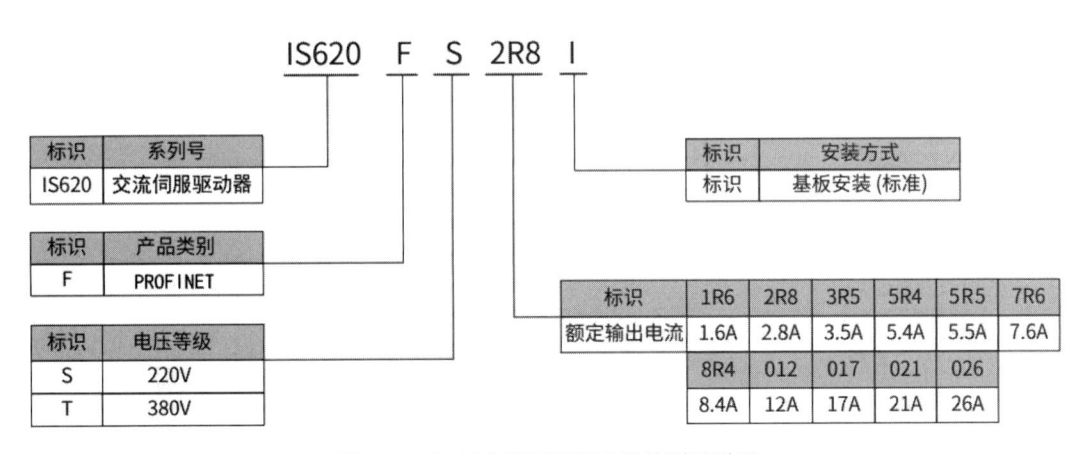

图 6-21　汇川交流伺服驱动器的型号说明

六、系统配线

三相 220V 系统配线图示例如图 6-22 所示，系统配线须注意以下事项：
（1）外接制动电阻时，请拆下交流伺服驱动器 P⊕-D 端子间的短接线后再进行连接；
（2）在单相 220V 配线中，主回路端子为 L1、L2，保留端子请勿进行接线。

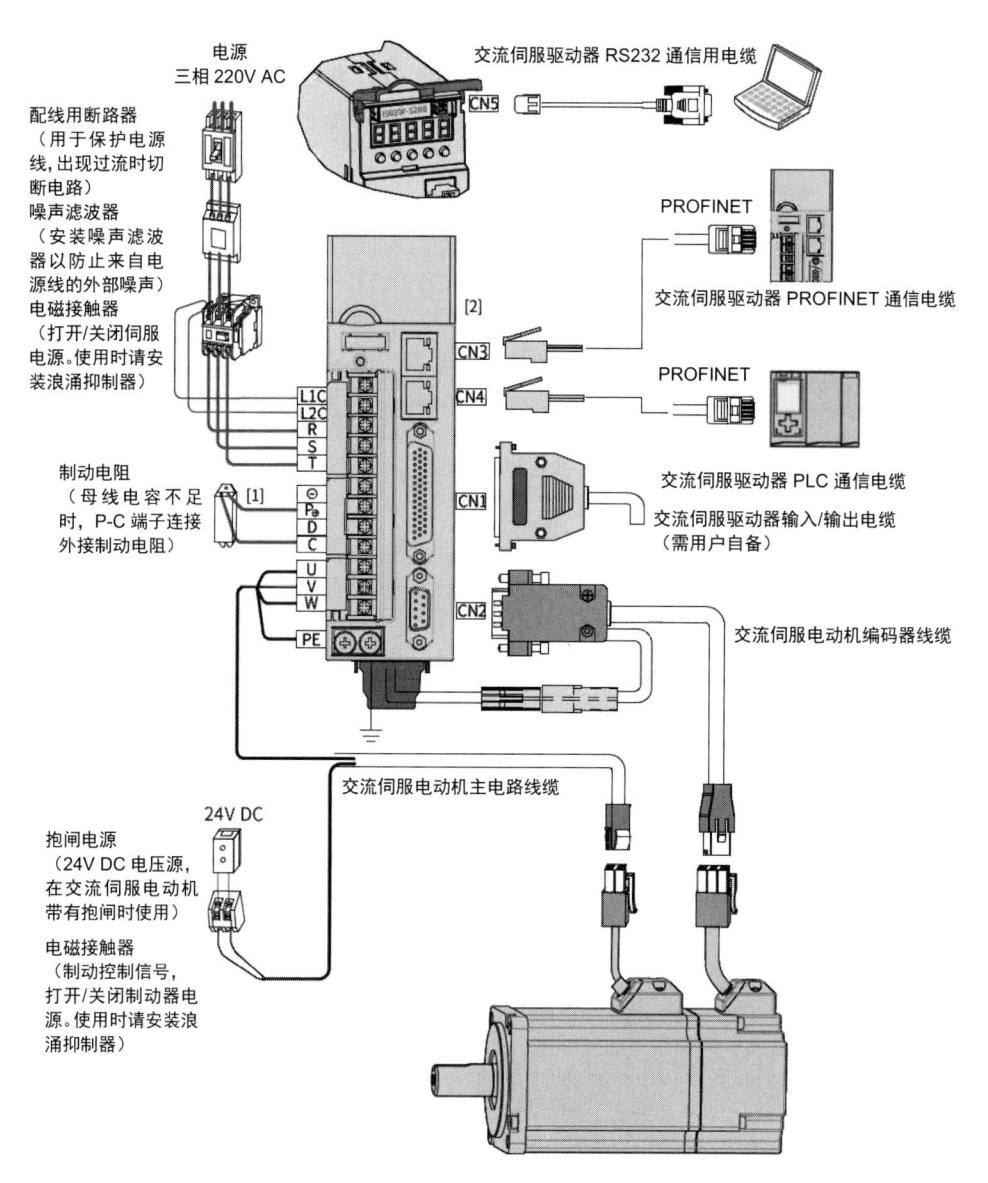

图 6-22 三相 220V 系统配线图示例

任务三　IS620F PROFINET 通信协议的使用

【任务描述】

IS620F 系列交流伺服驱动器产品采用以太网通信接口，支持 PROFINET 通信协议，配合上位机可实现多台交流伺服驱动器联网运行。IS620F 支持 AC1、AC3 和 AC4 的应用；IS620F 使用标准报文 3、102 或 105，报文 I/O 数据信号包含控制字、状态字、转速设定值、编码器控制字和状态字等不同信号。本任务将学习和掌握 IS620F PROFINET 通信协议的使用。

【任务实施】

一、IS620F 支持的报文

IS620F 支持 AC1、AC3 和 AC4 的应用，在速度控制模式和基本定位器控制模式下支持标准报文和西门子报文，辅助报文仅可跟主报文一起使用，不能单独使用。从驱动设备的角度看，接收到的过程数据是接收字，待发送的过程数据是发送字，详细说明见表 6-9。

表 6-9 IS620F 支持的报文

报文	最大 PZD 数（一个 PZD=一个字）	
	接收字	发送字
标准报文 1	2	2
标准报文 2	4	4
标准报文 3	5	9
西门子报文 102	6	10
西门子报文 105	10	10
西门子报文 111	12	12
西门子报文 750（辅助报文）	3	1
汇川报文 850（辅助报文）	1	1

1. 用于速度控制模式的报文

用于速度控制模式的报文有报文 1、报文 2、报文 3、报文 102 和报文 105，见表 6-10。

表 6-10 用于速度控制模式的报文

报文	1		2		3		102		105[①]	
应用模式	AC1		AC1		AC4		AC4		AC4	
PZD1	STW1	ZSW1	STW1	ZSW1	STW1	ZSW1	STW1	ZSW1	STW1	ZSW1
PZD2	NSOLL_A	NIST_A	NSOLL_B	NIST_B	NSOLL_B	NIST_B	NSOLL_B	NIST_B	NSOLL_B	NIST_B
PZD3	—	—								
PZD4	—	—	STW2	ZSW2	STW2	ZSW2	STW2	ZSW2	STW2	ZSW2
PZD5	—	—	—	—	G1_STW	G1_ZSW	MOMRED	MELDW	MOMRED	MELDW
PZD6	—	—	—	—			G1_STW	G1_ZSW	G1_STW	G1_ZSW
PZD7	—	—	—	—	G1_XIST1		G1_XIST1		XERR	G1_XIST1
PZD8	—	—	—	—						
PZD9	—	—	—	—	G1_XIST2		G1_XIST2		KPC	G1_XIST2
PZD10	—	—	—	—						

注 ① RT 机型不支持"西门子报文 105"。

2. 用于基本定位器模式的报文

用于基本定位器模式的报文有报文 111，见表 6-11。

表 6-11 用于基本定位器模式的报文

报文	111	
应用模式	AC3	
PZD1	STW1	ZSW1
PZD2	POS_STW1	POS_ZSW1
PZD3	POS_STW2	POS_ZSW2
PZD4	STW2	ZSW2
PZD5	OVERRIDE	MELDW
PZD6	MDI_TARPOS	XIST_A
PZD7		
PZD8	MDI_VELOCITY	NIST_B
PZD9		
PZD10	MDI_ACC	FAULT_CODE
PZD11	MDI_DEC	WARN_CODE
PZD12	USER	USER

二、报文 I/O 数据信号

报文 I/O 数据信号包含控制字、状态字、转速设定值、转速实际值、编码器控制字和编码器状态字等不同信号，见表 6-12。

表 6-12 报文 I/O 数据信号

信号	描述	接收字/发送字	数据类型	定标
STW1	控制字 1	接收字	U16	—
STW2	状态字 1	接收字	U16	—
ZSW1	状态字 1	发送字	U16	—
ZSW2	状态字 2	发送字	U16	—
NSOLL_A	转速设定值 A	接收字	I16	4000hex=额定转速
NSOLL_B	转速设定值 B	接收字	I32	40000000hex=额定转速
NIST_A	转速实际值 A	发送字	I16	4000hex=额定转速
NIST_B	转速实际值 B	发送字	I32	40000000hex=额定转速
G1_STW	编码器 1 控制字	接收字	U16	—
G1_ZSW	编码器 1 状态字	发送字	U16	—
G1_XIST1	编码器 1 实际位置 1	发送字	U32	—
G1_XIST2	编码器 1 实际位置 2	发送字	U32	—
MOMRED	扭矩减速	接收字	I16	4000hex 最大扭矩

续表

信号	描述	接收字/发送字	数据类型	定标
MELDW	消息字	发送字	U16	—
MDI_TARPOS	MDI 位置	接收字	I32	1hex=1LU
MDI_VELOCITY	MDI 速度	接收字	I32	1hex=1000 LU/min
MDI_ACC	MDI 加速度倍率	接收字	I16	4000hex=100%
MDI_DEC	MDI 减速度倍率	接收字	I16	4000hex=100%
XIST_A	位置实际值 A	发送字	I32	1hex=1LU
OVERRIDE	位置速度倍率	接收字	I16	4000hex=100%
FAULT_CODE	故障代码	发送字	U16	—
WARN_CODE	警告代码	发送字	U16	—
user	用户自定义接收字： 0：无功能； 1：附加转矩	接收字	I16	4000hex=300%
user	用户自定义发送字： 0：无功能； 1：实际转矩； 2：实际电流； 3：DI 状态	发送字	I16	4000hex=300%

三、部分控制字和状态字

1. 控制字

（1）STW1 控制字，适用于报文 1、3、102，各控制位见表 6-13。

表 6-13　报文 1、3、102 的 STW1 控制字

信号	描述
STW1.0	1=ON（可以使能脉冲），0=OFF1（斜坡停机，消除脉冲，准备接通就绪）
STW1.1	1=无 OFF2（允许使能），0=OFF2（惯性停机，消除脉冲，禁止接通）
STW1.2	1=无 OFF3（允许使能），0=OFF3（快速停机，消除脉冲，禁止接通）
STW1.3	1=允许运行，0=禁止运行
STW1.4	1=运行条件（可以使能斜坡函数发生器），0=冻结指令禁用斜坡函数发生器（设置斜坡函数发生器的输出为 0）
STW1.5	1=运行条件继续斜坡函数发生器，0=冻结指令冻结斜坡函数发生器，AC4 不适用
STW1.6	1=使能设定值，0=禁止设定值（设置斜坡函数发生器的输入为 0）
STW1.7	0-1 上升沿，应答故障
STW1.8	保留
STW1.9	保留
STW1.10	1=通过 PLC 控制，0=非 PLC 控制

信号	描述
STW1.11	保留
STW1.12	保留
STW1.13	保留
STW1.14	保留
STW1.15	保留

（2）STW1，适用于报文111，各控制位见表6-14。

表6-14 报文111的STW1控制字

信号	描述
STW1.0	1=ON（可以使能脉冲），0=OFF1（斜坡停机，消除脉冲，准备接通就绪）
STW1.1	1=无OFF2（允许使能），0=OFF2（惯性停机，消除脉冲，禁止接通）
STW1.2	1=无OFF3（允许使能），0=OFF3（快速停机，消除脉冲，禁止接通）
STW1.3	1=允许运行，0=禁止运行
STW1.4	1=不拒绝执行任务，0=拒绝执行任务
STW1.5	1=不暂停执行任务，0=暂停执行任务
STW1.6	0-1上升沿，激活运行任务
STW1.7	0-1上升沿，应答故障
STW1.8	1=启动JOG1，0=关闭JOG1
STW1.9	1=启动JOG2，0=关闭JOG2
STW1.10	1=通过PLC控制，0=非PLC控制
STW1.11	1=启动回零，0=停止回零
STW1.12	保留
STW1.13	保留
STW1.14	保留
STW1.15	保留

（3）STW2控制字，适用于报文1、3、102、111的辅助控制，各控制位见表6-15。

表6-15 报文1、3、102、111的STW2辅助控制字

信号	描述
STW2.0～STW2.7	保留
STW2.8	1=运行至固定挡块（仅用于102）
STW2.9～STW2.11	保留
STW2.12	主站生命符号，位0
STW2.13	主站生命符号，位1

续表

信号	描述
STW2.14	主站生命符号，位 2
STW2.15	主站生命符号，位 3

2. 状态字

（1）ZSW1 状态字，适用于报文 1、3、102，各状态位见表 6-16。

表 6-16　报文 1、3、102 的 ZSW1 状态字

信号	描述
ZSW1.0	1=接通准备就绪，0=未接通准备就绪
ZSW1.1	1=操作准备就绪，0=未操作准备就绪
ZSW1.2	1=操作使能，0=操作禁止
ZSW1.3	1=存在故障，0=无故障
ZSW1.4	1=惯性停车无效，0=惯性停车有效
ZSW1.5	1=快速停车无效，0=快速停车有效
ZSW1.6	1=禁止接通生效，0=禁止接通无效
ZSW1.7	1=存在警告，0=无警告
ZSW1.8	1=速度误差在容差范围内，0=速度误差超出容差
ZSW1.9	1=有控制请求，0=无控制请求
ZSW1.10	1=达到或超出速度比较值，0=未达到或未超出速度比较值
ZSW1.11	保留
ZSW1.12	保留
ZSW1.13	保留
ZSW1.14	保留
ZSW1.15	保留

（2）ZSW1 状态字，适用于报文 111，各状态位见表 6-17。

表 6-17　报文 111 的 ZSW1 状态字

信号	描述
ZSW1.0	1=接通准备就绪，0=未接通准备就绪
ZSW1.1	1=操作准备就绪，0=未操作准备就绪
ZSW1.2	1=操作使能，0=操作禁止
ZSW1.3	1=存在故障，0=无故障
ZSW1.4	1=惯性停车无效，0=惯性停车有效
ZSW1.5	1=快速停车无效，0=快速停车有效
ZSW1.6	1=禁止接通生效，0=禁止接通无效

信号	描述
ZSW1.7	1=存在警告，0=无警告
ZSW1.8	1=位置跟踪误差在容差范围内，0=位置跟踪误差超出容差范围
ZSW1.9	1=有控制请求，0=无控制请求
ZSW1.10	1=已到达目标位置，0=未到达目标位置
ZSW1.11	1=已设置参考点，0=未设置参考点
ZSW1.12	0-1 上升沿，已激活定位，移动任务确认
ZSW1.13	1=驱动器已停车，0=驱动器运行中
ZSW1.14	1=驱动器正在加速，0=驱动器未加速
ZSW1.15	1=驱动器正在减速，0=驱动器未减速

（3）ZSW2 状态字，适用于报文 1、3、102、111 的辅助状态字，各状态位见表 6-18。

表 6-18　报文 1、3、102、111 的辅助状态字

信号	描述
ZSW2.0～ZSW2.7	保留
ZSW2.8	1=运行至固定挡块（仅用于 102）
ZSW2.9	保留
ZSW2.10	1=脉冲使能
ZSW2.11	保留
ZSW2.12	从站生命符号，位 0
ZSW2.13	从站生命符号，位 1
ZSW2.14	从站生命符号，位 2
ZSW2.15	从站生命符号，位 3

任务四　电子齿轮比的设定

【任务描述】

IS620F 系列交流伺服驱动器的轴工艺配置中包括电子齿轮比数值的设定、电子齿轮比切换的设定等相关功能码的配置。本任务将学习和掌握电子齿轮比的设定步骤、设定方法和计算，完成交流伺服驱动器电子齿轮比的设定。

【任务实施】

一、转换因子设置

1. 电子齿轮比的概念

位置控制模式下，输入位置指令（指令单位）是对负载位移进行设定，而输入电动机位置指令（编码器单位）是对电动机位移进行设定。为建立电动机位置指令与输入位置指令的比

例关系，引入电子齿轮比功能。通过电子齿轮比的分频（电子齿轮比<1）或倍频（电子齿轮比>1）功能，可设定输入位置指令为 1 个指令单位时电动机旋转或移动的实际位移，也可在上位机输出脉冲频率或功能码设定范围受限无法达到要求的电动机速度时，增大位置指令的频率。"指令单位"是指来自上位装置输入给交流伺服驱动器的、可分辨的最小值。"编码器单位"是指输入的指令，经电子齿轮比处理后的值。

2. 电子齿轮比的设定步骤

电子齿轮比因机械结构不同而不同，可以按以下步骤进行设定，如图 6-23 所示。

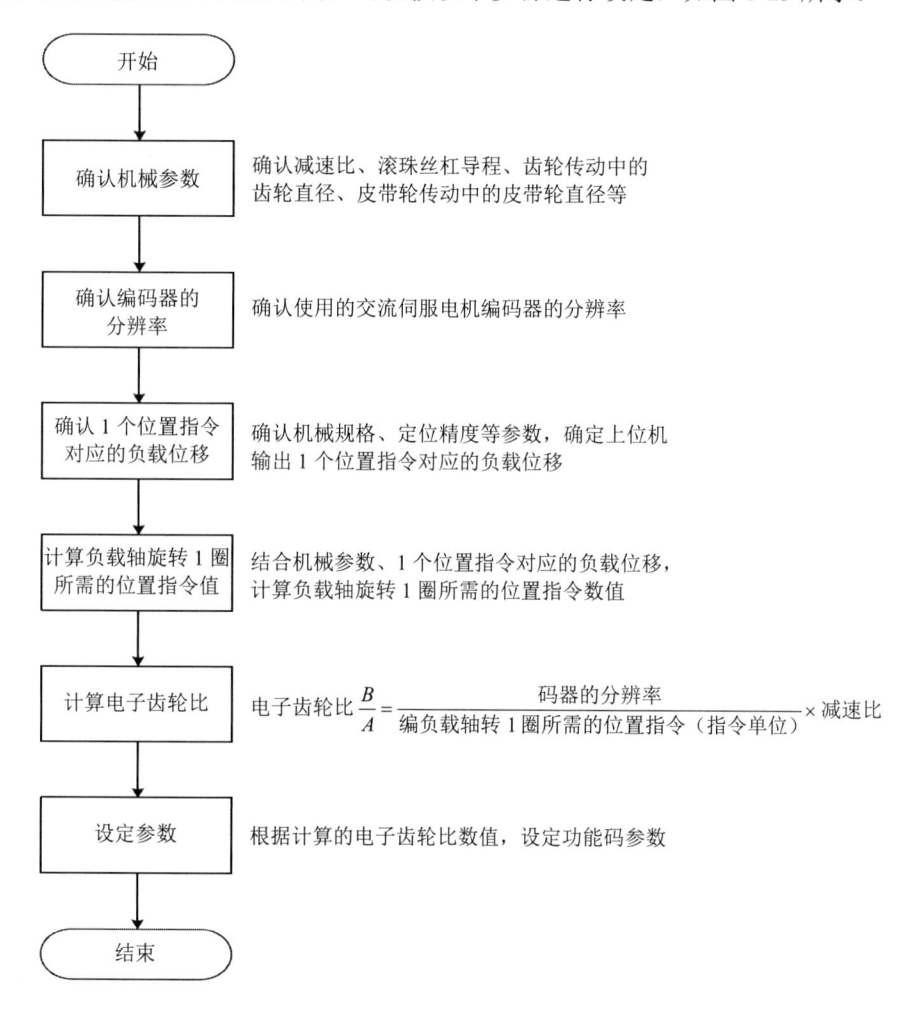

图 6-23 电子齿轮比的设定步骤

其中，设定电子齿轮比参数的操作步骤如下，图 6-24 是电子齿轮比设定操作流程。

当 H05-02 不为 0 时，电子齿轮比 = $\dfrac{\text{编码器的分辨率}}{\text{H05-02}}$，电子齿轮比 1 和电子齿轮比 2 无作用。

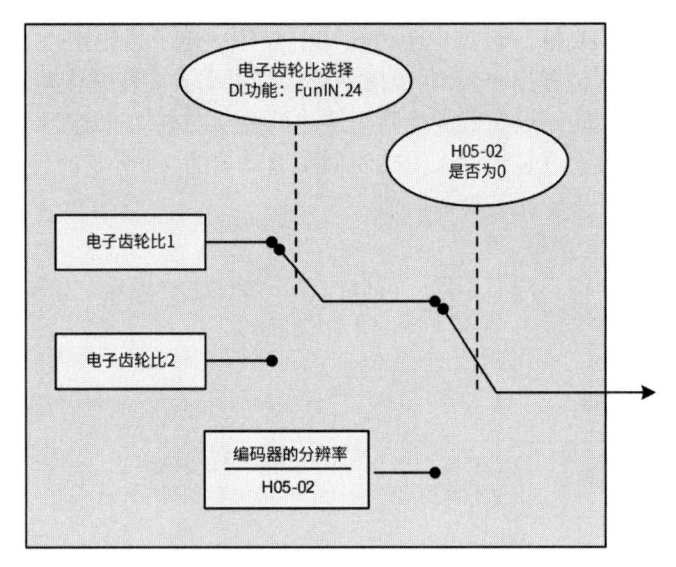

图 6-24 电子齿轮比设定操作流程

二、相关功能码的选用

1. 电子齿轮比的数值设定

电子齿轮比数值设定的相关功能码见表 6-19。

表 6-19 电子齿轮比数值设定的相关功能码

功能码		名称	设定范围	单位	功能	设定方式	生效时间	出厂设定
H05	02	电动机每旋转1圈所需的位置指令数	0~1048576	P/r	设置电动机旋转1圈所需的位置指令数	—	再次通电	0
H05	07	电子齿轮比1（分子）	1~1072741824	—	设置第1组电子齿轮比的分子	运行设定	立即生效	8388608
H05	09	电子齿轮比1（分母）	1~1073741824	—	设置第1组电子齿轮比的分母	—	立即生效	10000
H05	11	电子齿轮比2（分子）	1~1073741824	—	设置第2组电子齿轮比的分子	—	立即生效	8388608
H05	13	电子齿轮比2（分母）	1~1073741824	—	设置第2组电子齿轮比的分母	—	立即生效	10000

2. 电子齿轮比的切换设定

当 H05-02 为 0 时，可使用电子齿轮比的切换功能。应根据机械运行情况确定是否需要在电子齿轮比 1 和电子齿轮比 2 间切换，并设定电子齿轮比的切换条件。任一时刻有且仅有一组电子齿轮比起作用，同时将交流伺服驱动器的 1 个 DI 端子配置为功能 24（FunIN.24：GEAR_SEL，电子齿轮比选择），并确定 DI 端子有效逻辑，具体见表 6-20。

表 6-20 电子齿轮比的切换设定

编码	名称	功能名	功能
FunIN.24	GEAR_SEL	电子齿轮比的选择	无效,位置控制模式下,选用第 1 组电子齿轮比;有效,位置控制模式下,选用第 2 组电子齿轮比

3. 电子齿轮比的选用

交流伺服驱动器应参照表 6-21 选用最终的电子齿轮比。

表 6-21 电子齿轮比的选用

H05-02	FunIN.24 对应的 DI 端子电平	电子齿轮比
0	无效	$\dfrac{H05\text{-}07}{H05\text{-}09}$
0	有效	$\dfrac{H05\text{-}11}{H05\text{-}13}$
1~1048576	—	—

三、电子齿轮比的计算

位置指令(指令单位)、负载位移与电子齿轮比之间的关系如图 6-25 所示。

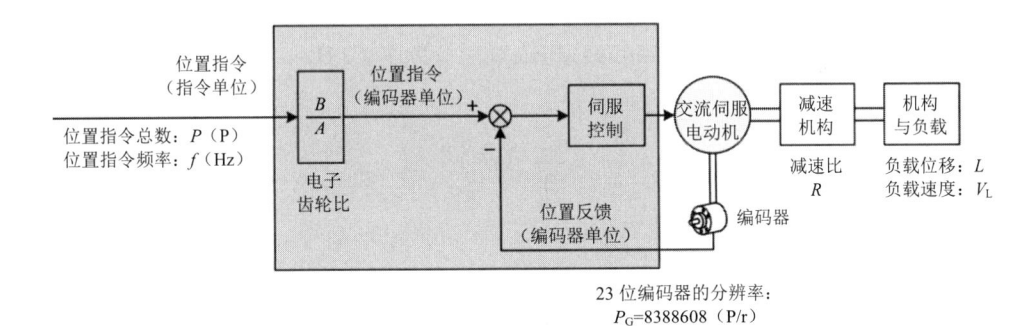

图 6-25 位置指令(指令单位)、负载位移与电子齿轮比之间的关系

直线运动负载滚珠丝杠的结构和各部参数如图 6-26 所示,其中丝导程为 p(mm)、编码器的分辨率为 P_G、减速机构的减速比为 R。

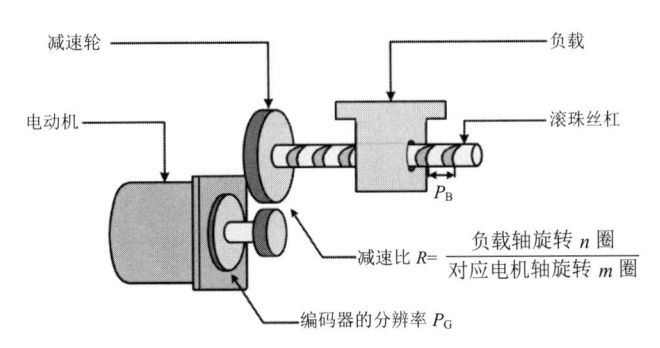

图 6-26 直线运动负载滚珠丝杠的结构和各部参数

（1）已知输入驱动器 1 个脉冲对应的负载位移为 ΔL（mm），当机械位移量为 ΔL 时，对应的负载轴转 $\dfrac{\Delta L}{P_B}$ 圈，电动机轴旋转 $\dfrac{\Delta L}{P_B} \times \dfrac{1}{R}$ 圈。则有

$$1 \times \frac{B}{A} = \frac{\Delta L}{P_B} \times \frac{1}{R} \times P_G$$

因此，电子齿轮比为

$$\frac{B}{A} = \frac{\Delta L}{P_B} \times \frac{1}{R} \times P_G$$

（2）已知负载 L（mm）和位置指令总数 P，当机械位移量为 L 时，对应负载轴转 $\dfrac{L}{P_B}$ 圈，电动机轴旋转 $\dfrac{L}{P_B} \times \dfrac{1}{R}$ 圈。则有

$$P \times \frac{B}{A} = \frac{L}{P_B} \times \frac{1}{R} \times P_G$$

因此，电子齿轮比为

$$\frac{B}{A} = \frac{L}{P_B} \times \frac{1}{R} \times P_G \times \frac{1}{P}$$

（3）已知负载移动速度 V_L（mm/s）和位置指令频率 f（Hz）。
负载轴转速：

$$\frac{V_L}{P_B} \quad (\text{r/s})$$

电动机速度：

$$V_M = \frac{V_L}{P_B} \times \frac{1}{R} \quad (\text{r/s})$$

位置指令频率、电子齿轮比与电动机速度之间的关系：

$$f \times \frac{B}{A} = V_M \times P_G$$

因此，电子齿轮比为

$$\frac{B}{A} = \frac{V_M \times P_G}{f}$$

四、电子齿轮比设定示例

根据上述条件和计算公式，表 6-22 是电子齿轮比的设定示例。

表 6-22 电子齿轮比的设定示例

步骤	名称	机械结构		
		滚珠丝杠传动	皮带轮传动	旋转负载
1	机械参数	减速比 R：1/1 丝杠导程：0.01m	减速比 R：5/1 皮带轮的直径：0.2m （皮带轮的周长：0.628m）	减速比 R：10/1 负载轴转 1 圈的负载旋转角：360°
2	编码器的分辨率	23bit=8388608P/r	23bit=8388608P/r	23bit=8388608P/r
3	1 个位置指令（指令单位）对应的负载位移	0.0001m	0.000005m	0.01°
4	负载轴转 1 圈需要的位置指令（指令单位）数值	$\frac{0.01}{0.0001}=100$	$\frac{0.628}{0.000005}=125600$	$\frac{360}{0.01}=36000$
5	计算	$\frac{B}{A}=\frac{8388608}{100}\times\frac{1}{1}$	$\frac{B}{A}=\frac{8388608}{125600}\times\frac{5}{1}$	$\frac{B}{A}=\frac{8388608}{36000}\times\frac{10}{1}$
6	设定	H05-07=8388608 H05-09=100	H05-07=4194304 H05-09=12560	H05-07=8388608 H05-09=3600

任务五　IS620F-RT 交流伺服组态和工艺配置

【任务描述】

IS620F-RT 搭载 PROFINET 总线的新型伺服，支持 PROFIdrive，支持 AC1、AC3、AC4 应用类。本任务将学习 S7-1200 和 IS620F-RT 的连接，包括安装 IS620F-RT 的 GSD、S7-1200 和 IS620F-RT 的通信、轴的配置及轴工艺对象的功能测试。

【任务实施】

一、任务准备

1. 使用的软、硬件

项目中使用的软、硬件见表 6-23。

2. 交流伺服驱动器的准备

（1）交流伺服电动机为 23 位绝对编码器电动机，使用面板确认 H00-00 为 14101。

（2）H02-00=11（PN 总线控制）。

（3）H0201=0（增量位置模式）。

（4）驱动器 PN 站名设置 H0E21 为 1。

表 6-23 项目中使用的软、硬件

序号	说明	订货号
1	SIMATIC S7-1200 CPU 1214C DC/DC/DC	6ES7215-1HG40-0XB0
2	INVANCE IS620F-RT	—
3	INVANCE MS1 motor	—
4	TIA Portal	V16

图 6-27 是驱动器 PN 站名设置示例，H0E21（PN 站名）设置为 1 代表 IS620F-RT1，设置为 2 代表 IS620F-RT22，多个 IS620F-RT 可以进行区别。

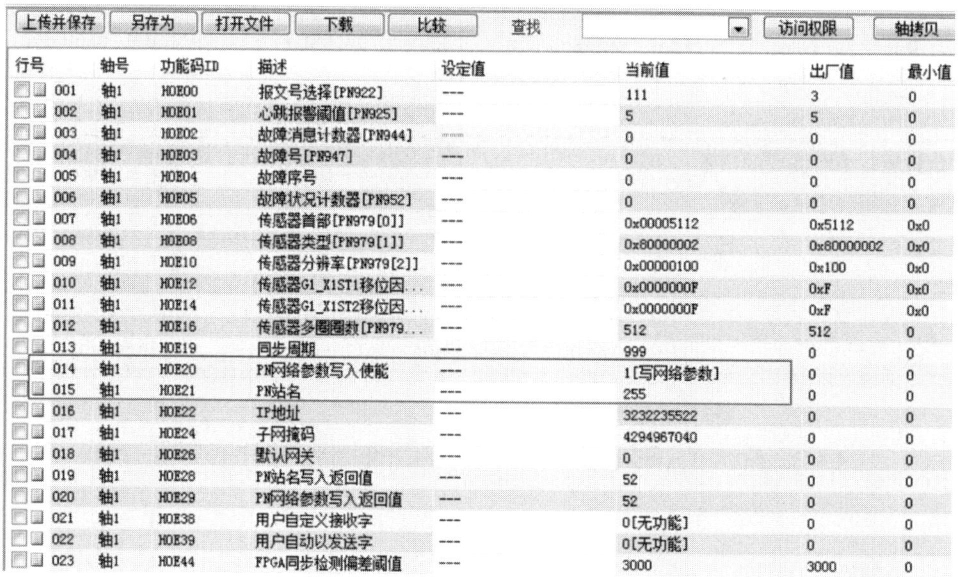

行号	轴号	功能码ID	描述	设定值	当前值	出厂值	最小值
001	轴1	H0E00	报文号选择[PN922]	---	111	3	0
002	轴1	H0E01	心跳报警阈值[PN925]	---	5	5	0
003	轴1	H0E02	故障消息计数器[PN944]	---	0	0	0
004	轴1	H0E03	故障号[PN947]	---	0	0	0
005	轴1	H0E04	故障序号	---	0	0	0
006	轴1	H0E05	故障状况计数器[PN952]	---	0	0	0
007	轴1	H0E06	传感器首部[PN979[0]]	---	0x00005112	0x5112	0x0
008	轴1	H0E08	传感器类型[PN979[1]]	---	0x80000002	0x80000002	0x0
009	轴1	H0E10	传感器分辨率[PN979[2]]	---	0x00000100	0x100	0x0
010	轴1	H0E12	传感器G1_X1ST1移位因...	---	0x0000000F	0xF	0x0
011	轴1	H0E14	传感器G1_X1ST2移位因...	---	0x0000000F	0xF	0x0
012	轴1	H0E16	传感器多圈圈数[PN979...	---	512	512	0
013	轴1	H0E19	同步周期	---	999	0	0
014	轴1	H0E20	PN网络参数写入使能	---	1[写网络参数]	0	0
015	轴1	H0E21	PN站名	---	255	0	0
016	轴1	H0E22	IP地址	---	3232235522	0	0
017	轴1	H0E24	子网掩码	---	4294967040	0	0
018	轴1	H0E26	默认网关	---	0	0	0
019	轴1	H0E28	PN站名写入返回值	---	52	0	0
020	轴1	H0E29	PN网络参数写入返回值	---	52	0	0
021	轴1	H0E38	用户自定义接收字	---	0[无功能]	0	0
022	轴1	H0E39	用户自动以发送字	---	0[无功能]	0	0
023	轴1	H0E44	FPGA同步检测偏差阈值	---	3000	3000	0

图 6-27 驱动器 PN 站名设置示例

二、项目配置

1. 添加 S7-1200 CPU 到项目中

（1）添加新设备，创建新的项目，并且从设备树中双击“添加新设备”，如图 6-28 所示。

（2）选择 PLC 类型，找到并选择使用的 PLC，并将其添加到项目中，如图 6-29 所示。

（3）在设备树中选择“设备和网络”，进入“网络视图”界面，如图 6-30 所示。

2. 添加 INVANCE IS620F-RT 到项目中

（1）准备安装 IS620F-RT GSD 文件。本项目采用的是汇川技术的 INVANCE IS620F-RT 驱动器，如果要组态一个不在硬件目录中显示的 DP 从站，则必须安装由制造商提供的 GSD 文件，通过 GSD 文件安装的 DP 从站显示在硬件目录中，这样便可选择这些从站并对其进行组态。选择“选项”→“管理通用站描述文件（GSD）（D）”，准备安装 IS620F-RT GSD 文件，如图 6-31 所示。

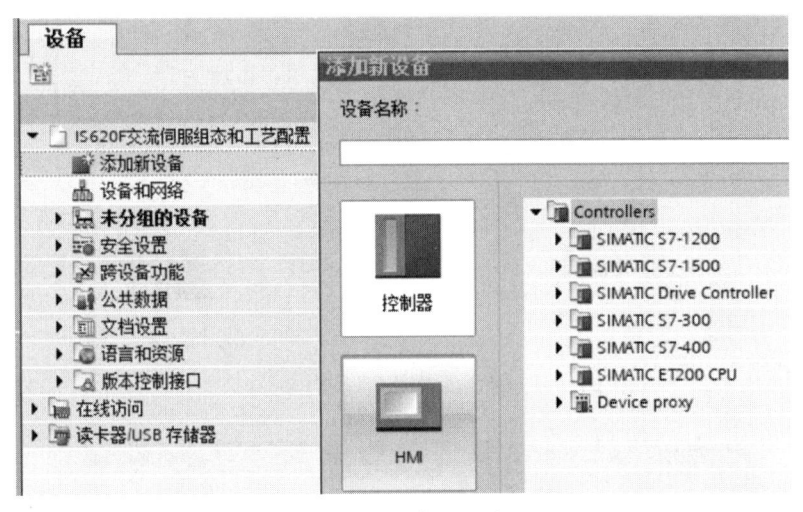

图 6-28 添加新设备

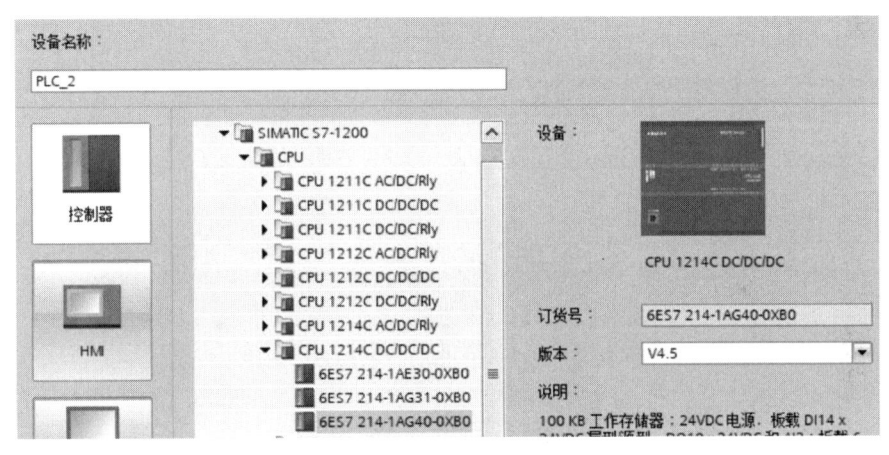

图 6-29 选择 PLC 类型

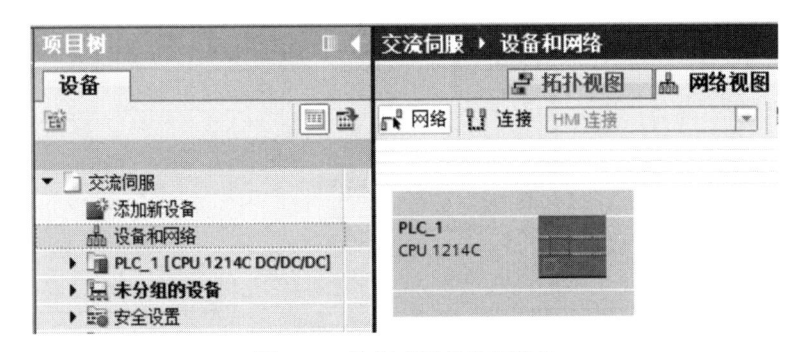

图 6-30 选择"设备和网络"

（2）浏览 GSD 文件，单击"安装"按钮，选择汇川 IS620F-RT GSD 文件所在目录，勾选安装对应的 gsdml-v2.33-inovance-is620f-20190416.xml 文件，如图 6-32 所示。

（3）在右侧面板中选择"硬件目录"选项，然后单击"其他现场设备"，从"其他现场设备"中选择 IS620F-RT，如图 6-33 所示。

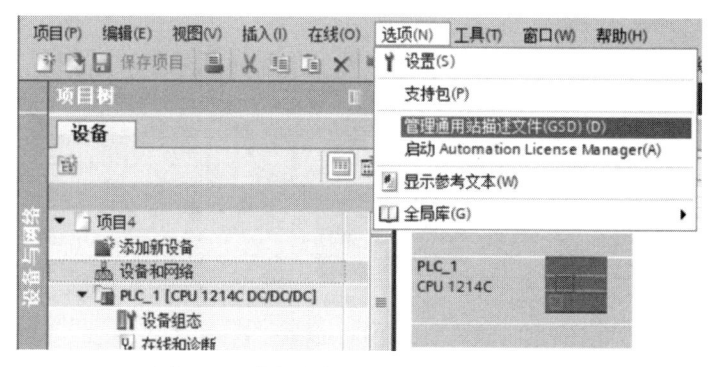

图 6-31　准备安装 IS620F-RT GSD 文件

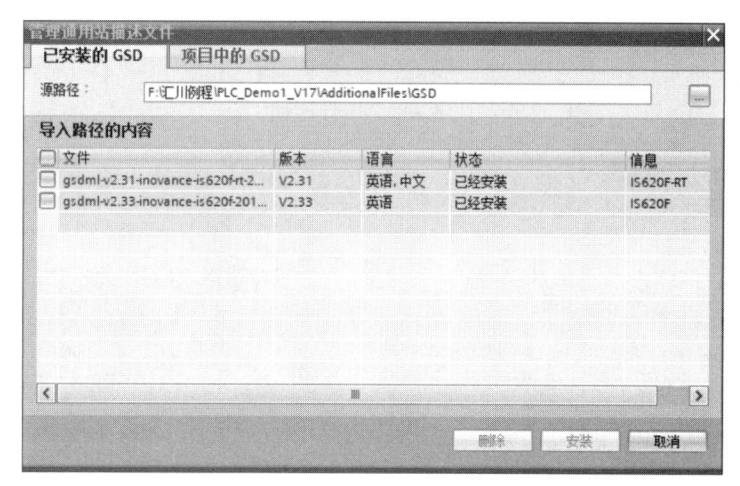

图 6-32　成功安装 IS620F-RT GSD 文件

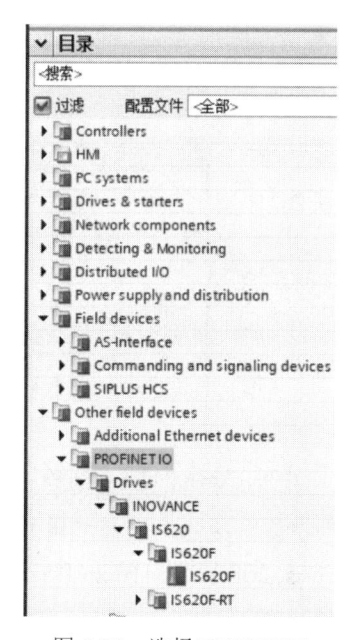

图 6-33　选择 IS620F-RT

（4）双击 IS620F-RT 或将其拖至"网络视图"界面中，完成 IS620F-RT 的添加，如图 6-34 所示。

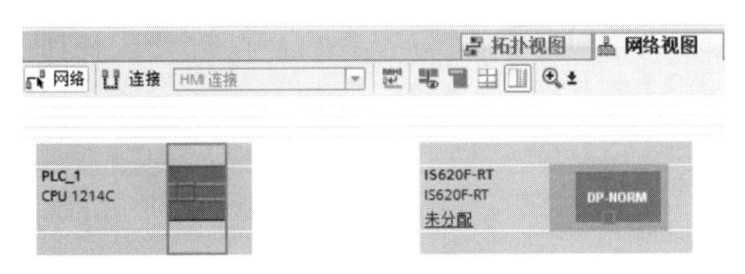

图 6-34 完成 IS620F-RT 的添加

（5）在 INVANCE IS620F-RT PN 的"设备视图"中，从子模块中选择"标准报文 3，PZD-5/9"，如图 6-35 所示。

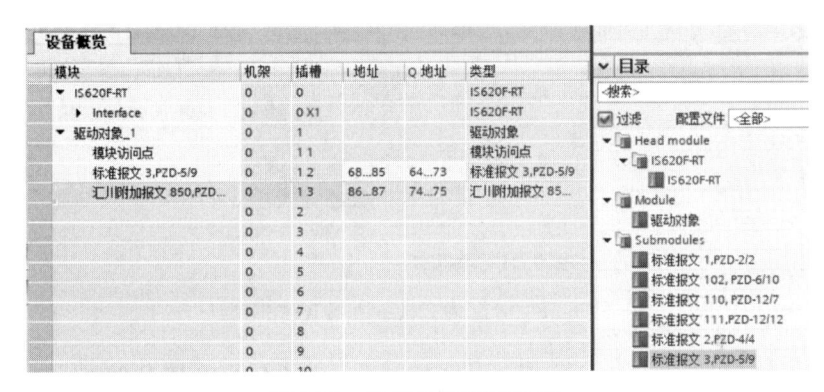

图 6-35 选择"标准报文 3"

3. 组态网络和分配设备名称

（1）为 IS620F-RT 分配 IP 地址，如图 6-36 所示。

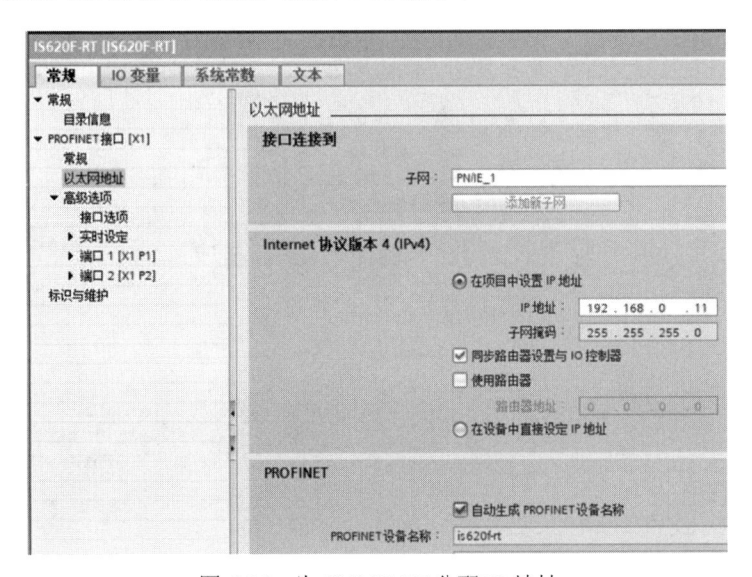

图 6-36 为 IS620F-RT 分配 IP 地址

（2）组态网络，将 PLC 和伺服设备连接到同一子网，如图 6-37 所示。

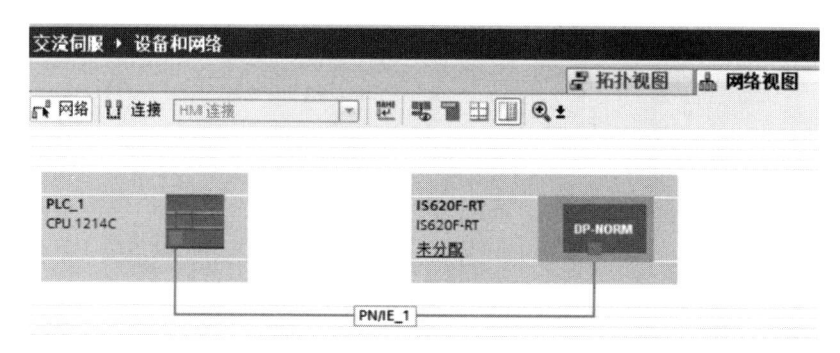

图 6-37　PLC 和伺服设备组网

（3）分配伺服设备所属 IO 控制器，如图 6-38 所示。

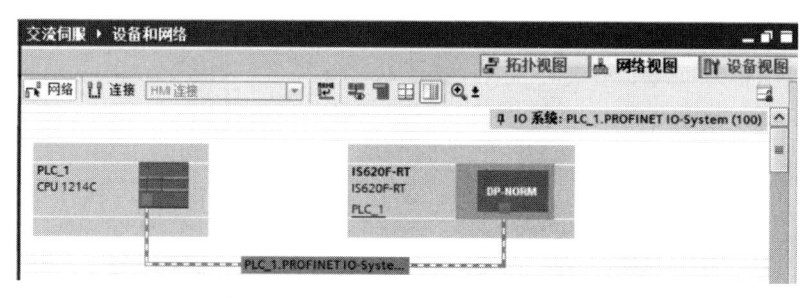

图 6-38　分配伺服设备所属 IO 控制器

（4）选择在线访问设备接口，更新列表，分配设备名称，如图 6-39 所示。

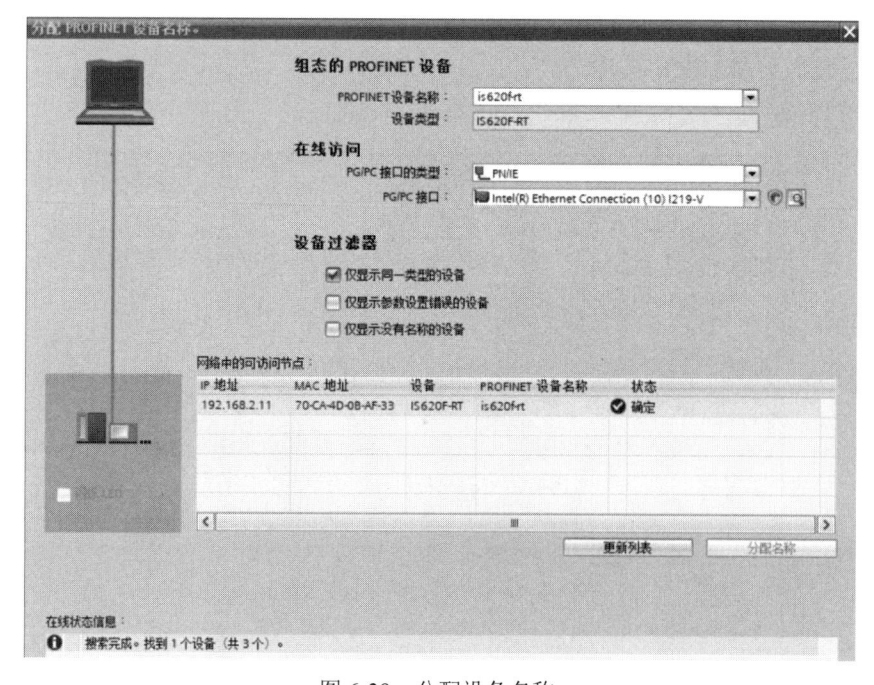

图 6-39　分配设备名称

三、工艺对象的创建及编程

驱动器是由动力装置和电动机组成的单元,S7-1200集成了定位轴工艺对象,通过CPU硬件对物理驱动器进行监控,可以使用带有脉冲、PROFIdrive或模拟接口的步进电动机和伺服电动机。工艺对象"定位轴"(TO_PositioningAxis)用于映射控制器中的物理驱动装置,可使用PLCopen运动控制指令,通过用户程序向驱动装置发出定位命令。

1. 创建工艺对象

本任务需要新增一个工艺对象,添加和配置一个定位轴(TO_PositioningAxis),具体步骤如下。

(1)通过双击项目树中PLC的工艺对象下面的"新增对象"添加新的工艺对象,选择"运动控制",添加类型为"TO_PositioningAxis"的轴,如图6-40所示。

图6-40 添加定位轴TO_PositioningAxis

(2)本任务的IS620F-RT驱动器与S7-1200的通信采用PROFIdrive协议,因此在轴配置常规驱动器类型中,选中PROFIdrive单选按钮,如图6-41所示。

(3)本任务中间的驱动器选择INOVANCE IS620F-RT,驱动器报文选择"标准报文3",输入地址、输出地址等的选择如图6-42所示。

(4)编码器的数据交换。编码器的数据交换中的编码器报文也选择"标准报文3",输入地址、输出地址及编码器类型等的选择与配置如图6-43所示。

(5)配置扩展参数中的机械数据如图6-44所示。编码器的安装位置在电机轴上,没有减速器,丝杆与电机轴同心,电机旋转一圈,丝杆也旋转一圈,此项目中丝杆螺距是3mm,所以"电机每转的负载位移"是3mm。

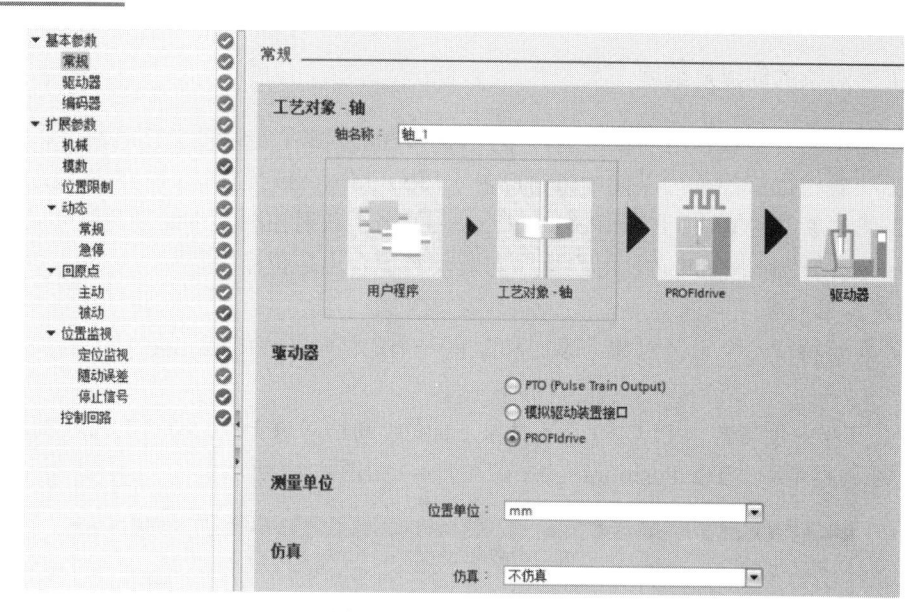

图 6-41　驱动类型的选择

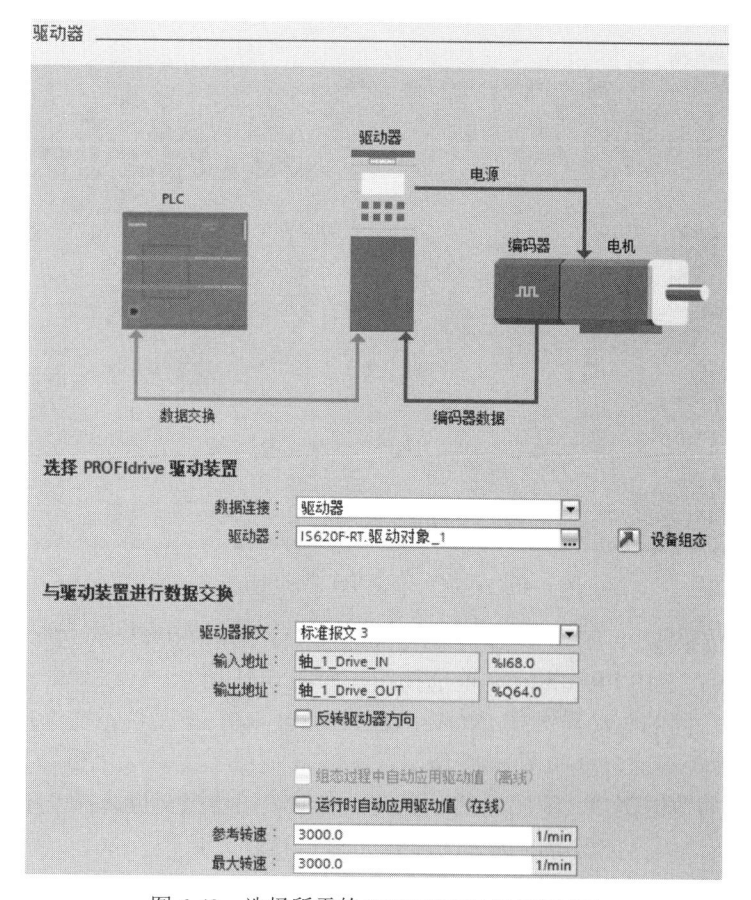

图 6-42　选择所需的 INOVANCE IS620F-RT

（6）若有需要可设置模态轴，设置模态长度，本任务没有启用模数，如图 6-45 所示。

项目六 交流伺服系统的应用

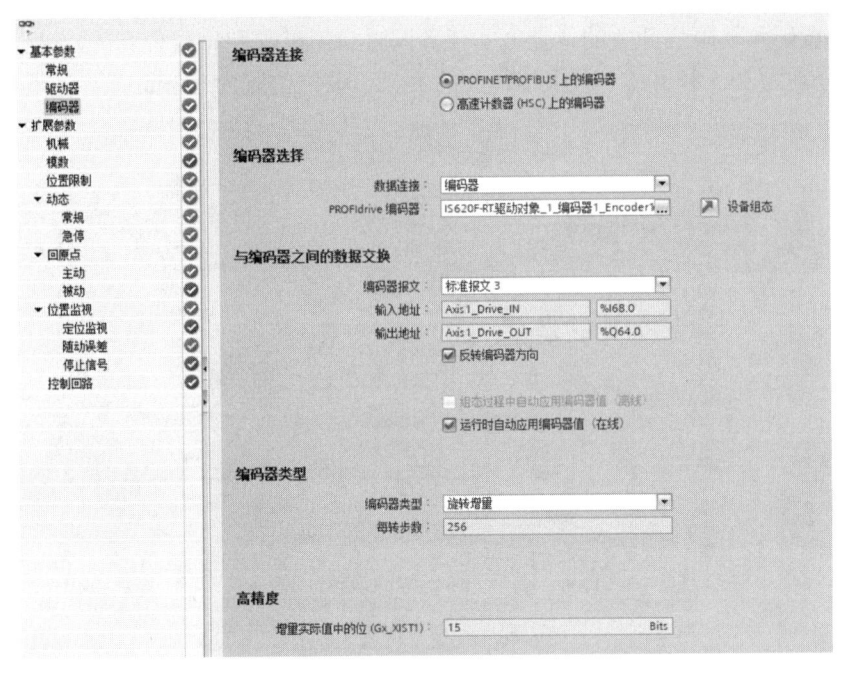

图 6-43 编码器的数据交换

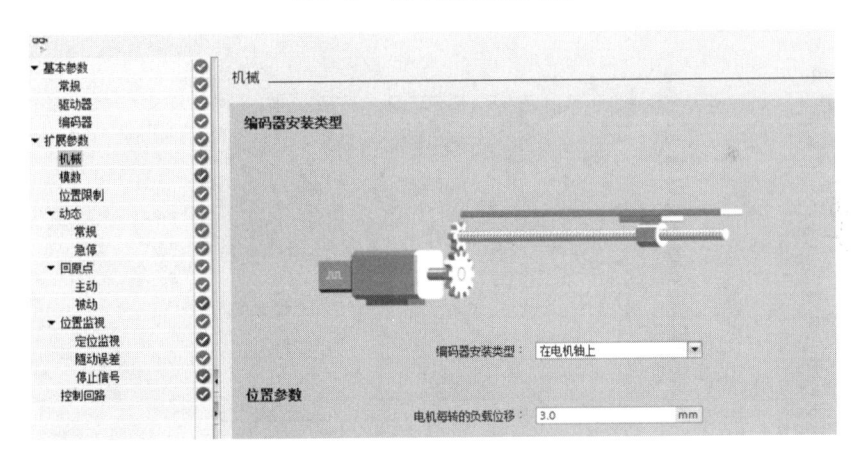

图 6-44 配置扩展参数中的机械数据

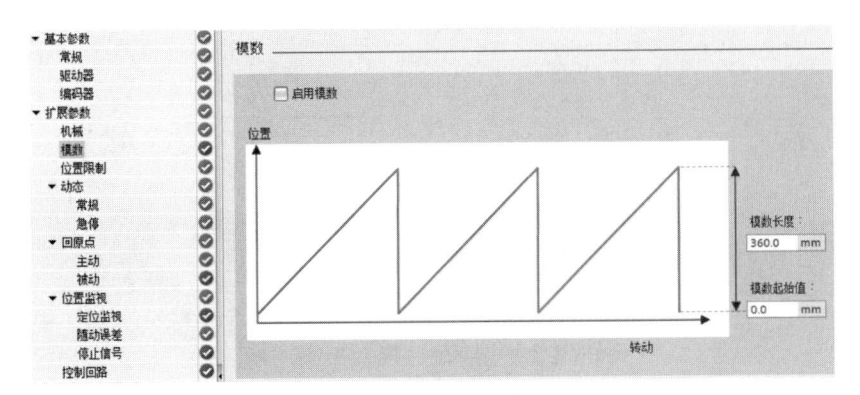

图 6-45 设置模态轴

（7）设置硬和软限位开关的位置，本任务同时启用了硬和软限位开关，硬件上、下限位开关的输入分别为 I0.5 和 I0.6，软限位开关的上、下限位位置为±90mm，如图 6-46 所示。

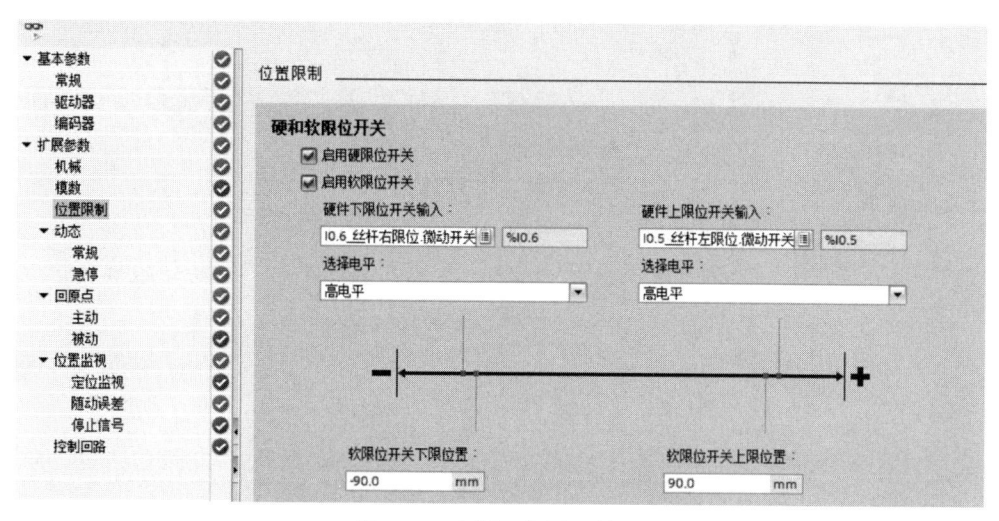

图 6-46　配置"位置限制"

（8）设置动态中的常规参数，包含最大转速、加速度及减速度，如图 6-47 所示。

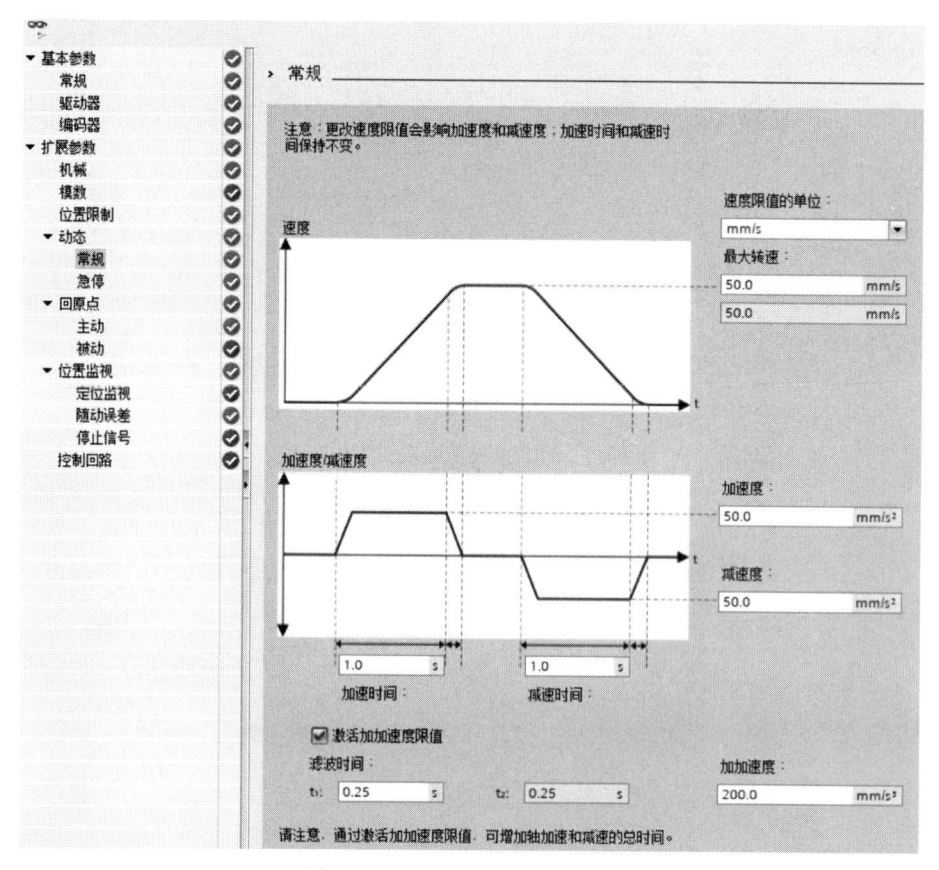

图 6-47　设置动态中的常规参数

（9）设置动态中的急停参数，包含急停减速时间或紧急减速度，如图6-48所示。

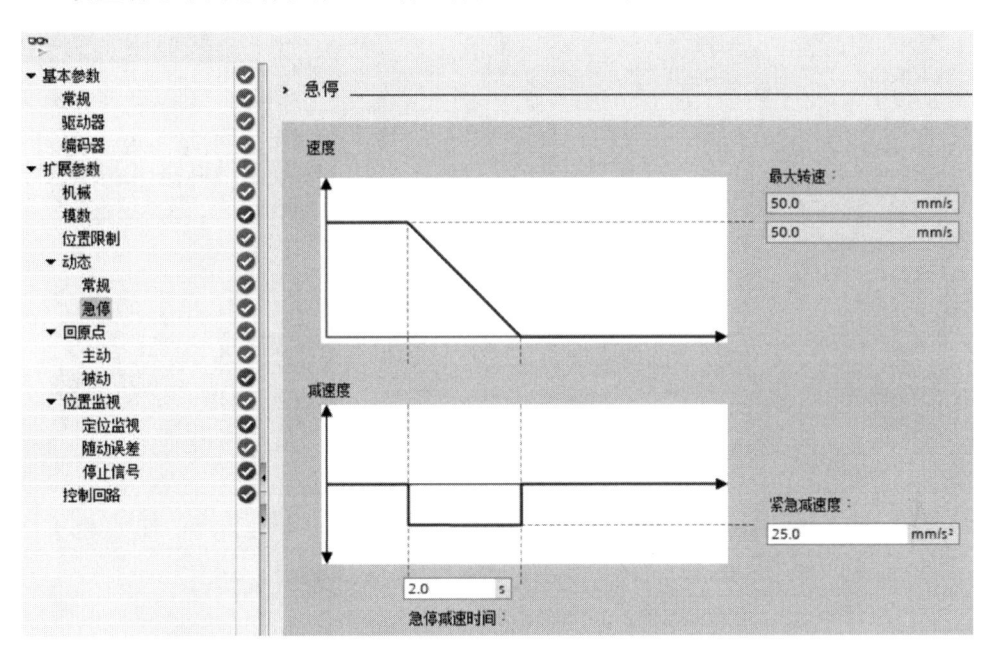

图6-48 设置动态中的急停参数

（10）在主动配置项目中，选择归位模式为"通过数字量输入使用归位开关"，本任务的归位开关数字量输入如果使用的是主动回零，则需要设置主动回零的方式，如图6-49所示。

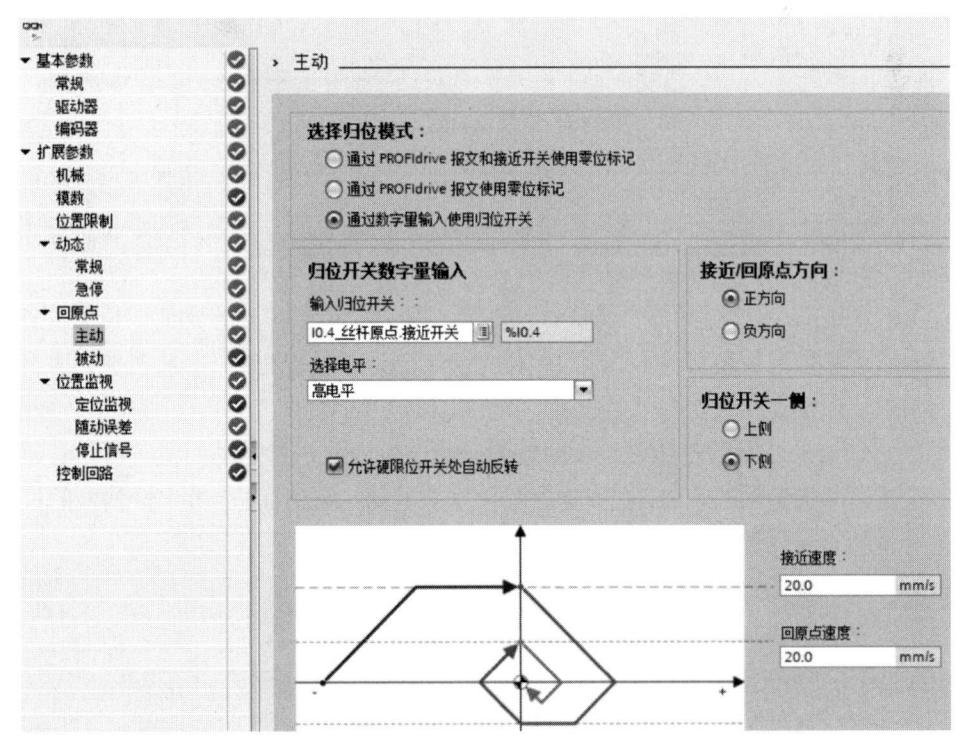

图6-49 设置主动回零的方式

（11）如果使用的是被动回零，则需要设置被动回零的方式，如图 6-50 所示。

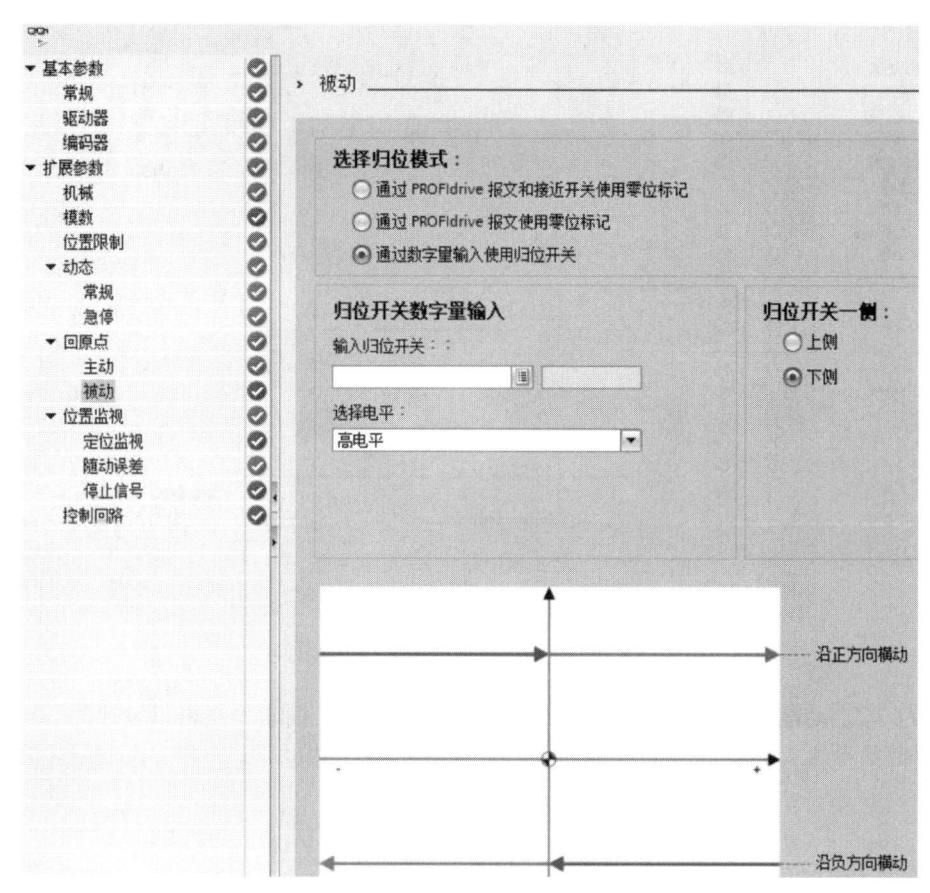

图 6-50　设置被动回零的方式

通过 PROFidrive 报文和接近开关使用零位标记，在到达接近开关并置于指定的归位方向后，可通过 PROFIdrive 报文使用零位标记检测；在预先选定的方向上到达零位标记后，会将工艺对象的实际位置设置为归位标记位置。

通过 PROFidrive 报文使用零位标记，当工艺对象的实际值按照指定的归位方向移动时，系统将立即启用零位标记检测；在指定的归位方向上到达零位标记后，会将工艺对象的实际位置设置为归位标记位置。

通过数字量输入使用原点开关，当轴或编码器的实际值在指定的归位方向上移动时，系统将立即检查数字量输入的状态；在指定的归位方向上到达归位标记（数字量输入的设置）后，会将工艺对象的实际位置设置为归位标记位置。

（12）设置位置监控被动回零的方式，如图 6-51 所示。

（13）设置位置控制的比例增益，如图 6-52 所示。

2. 项目编译完成无错误后下载项目

单击启动伺服器并转至在线。伺服面板中会显示 44ry，并且 TIA Portal 的项目树的设备中会显示为全绿色，若和描述的不符，则检查以上步骤。

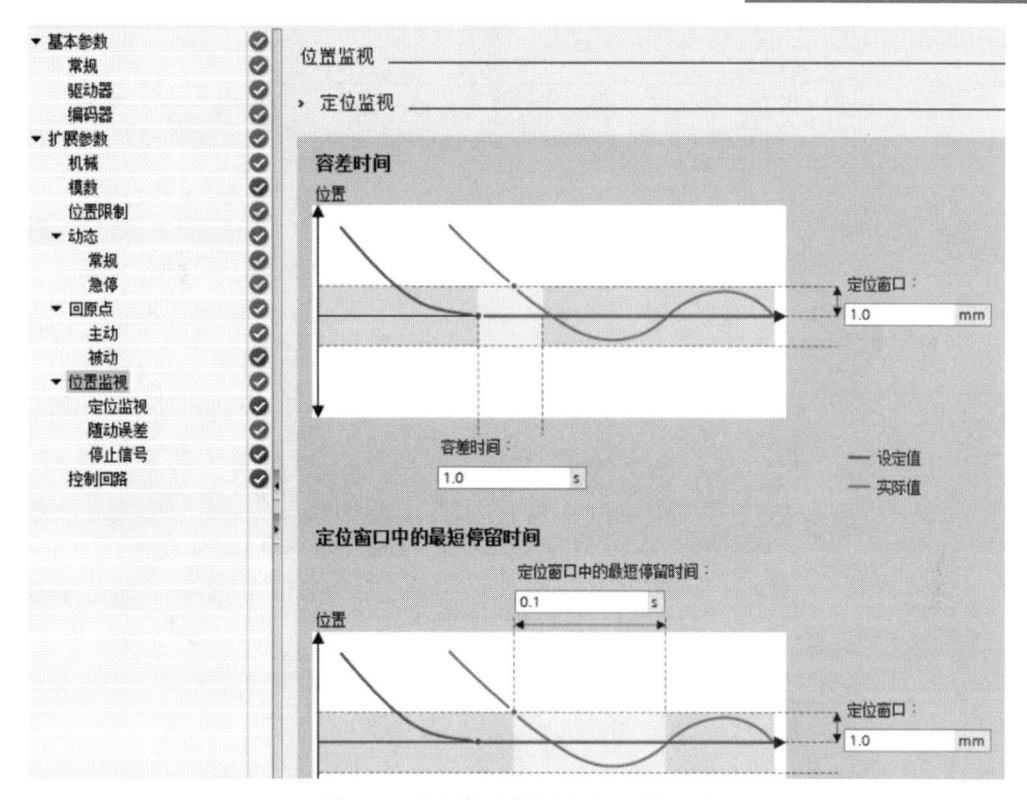

图 6-51　设置位置监控被动回零的方式

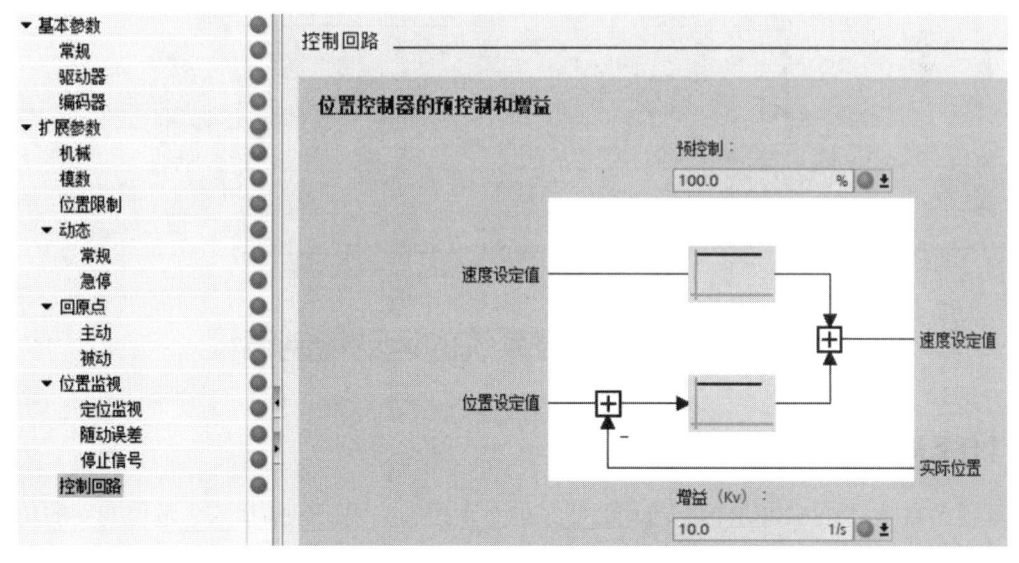

图 6-52　设置位置控制的比例增益

3. 调试

（1）使用控制面板测试轴的运行。启用轴，用鼠标单击相关按钮让电动机正转、反转或停止，驱动轴的前后移动，如图 6-53 所示。

（2）在调试中对轴进行调节，优化轴的性能，如图 6-54 所示。

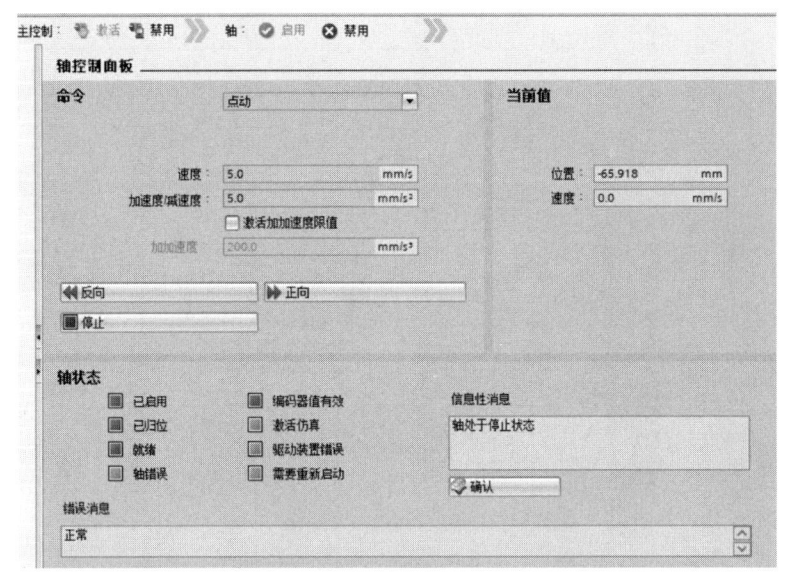

图 6-53 轴运行测试

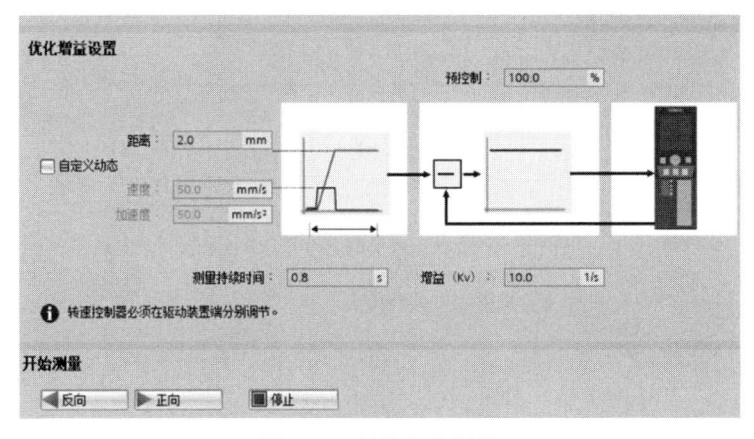

图 6-54 轴的优化调节

任务六　交流伺服系统的运动控制编程

【任务描述】

本任务将学习 IS620F-RT 交流伺服系统的运动控制编程，包括输入、输出变量的功能及定义，交流伺服运动控制功能块的创建及控制指令的使用，最终实现系统运动控制的编程。

【任务实施】

一、输入、输出变量的功能及定义

本案例的 IS620F-RT 交流伺服运动控制基于 S7-1200 DC/DC/DC 可编程控制器，输入、输

出变量的功能及定义见表 6-24。

表 6-24　IS620F-RT 输入、输出变量的功能及定义

Name	Path	Data Type	Logical Address
轴_1_Drive_IN	默认变量表	"PD_TEL3_IN"	%I68.0
轴_1_Drive_OUT	默认变量表	"PD_TEL3_OUT"	%Q64.0
轴_1_LowHwLimitSwitch	默认变量表	Bool	%I0.6
轴_1_HighHwLimitSwitch	默认变量表	Bool	%I0.5
轴_1_归位开关	默认变量表	Bool	%I0.4
I0.3_急停按钮	默认变量表	Bool	%I0.3
I0.0_启动按钮	默认变量表	Bool	%I0.0
I0.1_停止按钮	默认变量表	Bool	%I0.1
I0.2_复位按钮	默认变量表	Bool	%I0.2
I0.7_伺服电动机联轴器.微动开关	默认变量表	Bool	%I0.7
I1.0_步进电动机联轴器.微动开关	默认变量表	Bool	%I1.0
I1.1_SB1.按钮	默认变量表	Bool	%I1.1
I1.2_SB2.按钮	默认变量表	Bool	%I1.2
I1.3_SB3.按钮	默认变量表	Bool	%I1.3
I1.4_SB4.按钮	默认变量表	Bool	%I1.4
Tag_1	默认变量表	Real	%MD100
Tag_2	默认变量表	Bool	%M3.2
Tag_3	默认变量表	Bool	%M3.0
Tag_4	默认变量表	Bool	%M3.1

二、交流伺服运动控制功能块的创建

（1）在程序中添加一个功能块（Function Block，FB），将其命名为 MotionControl_Pos，如图 6-55 所示。

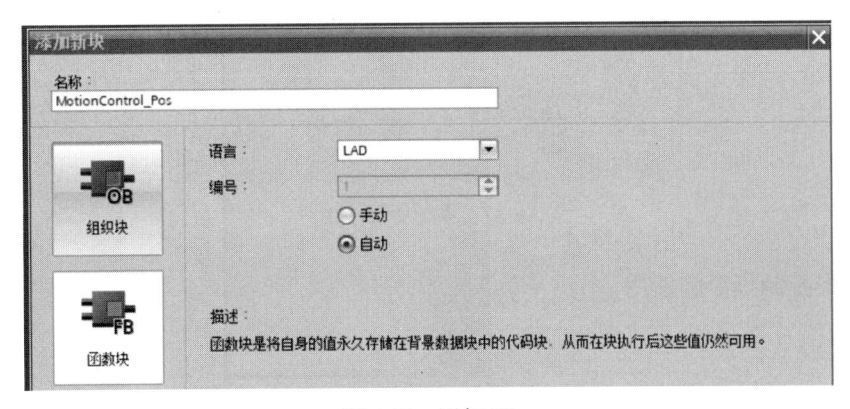

图 6-55　添加 FB

（2）选择"工艺"选项卡并打开 Motion Control 指令集，如图 6-56 所示。

图 6-56　Motion Control 指令集

（3）FB 中使用控制指令的多重背景数据块向功能块添加所需的指令，如图 6-57 所示。如果将函数块调用为一个多重实例，则该函数块将数据保存在调用函数块的背景数据块中，而非自己的背景数据块中。这样可将实例数据集中在一个块中，并通过程序中的少数背景数据块进行获取。

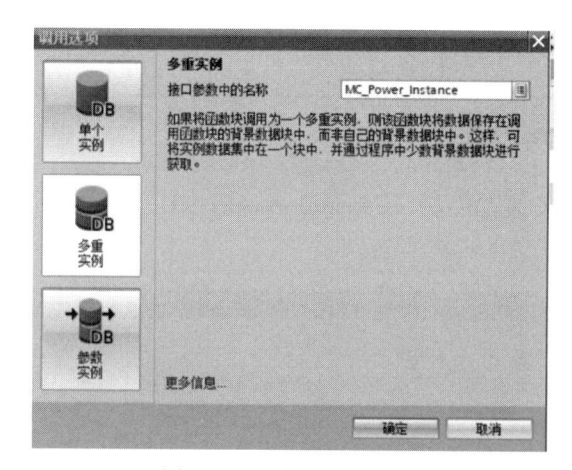

图 6-57　添加所需的指令

三、主要控制指令的使用

1. MC_Power

MC_Power 为启动/禁用轴指令，使能轴或禁用轴，如图 6-58 所示。使用要点：在程序里一直调用，并且在其他运动控制指令之前调用并使能。

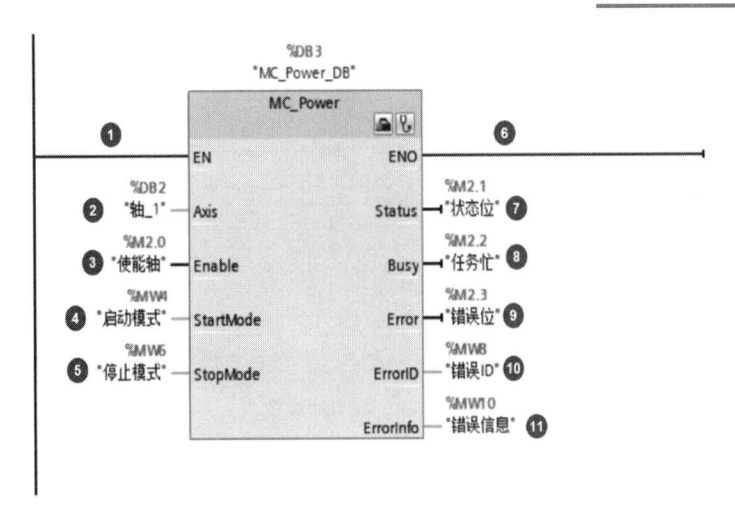

图 6-58 启动/禁用轴指令

（1）EN：输入端，该输入端是 MC_Power 指令的使能端，不是轴的使能端。MC_Power 指令必须在程序中一直调用，并保证该指令在其他 Motion Control 指令的前面调用。

（2）Axis：轴名称，可以用以下几种方式输入轴名称。

1）用鼠标直接从 Portal 软件左侧的项目树中拖曳轴的工艺对象，如图 6-59 所示。

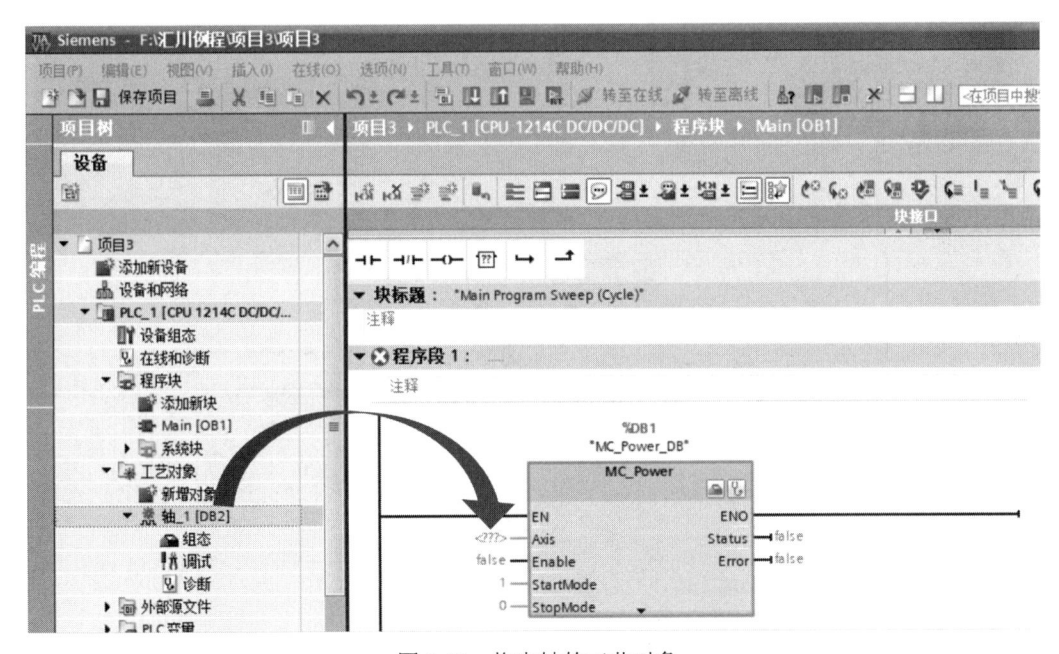

图 6-59 拖曳轴的工艺对象

2）用键盘输入字符，则 Portal 软件会自动显示出可以添加的轴对象，如图 6-60 所示。

3）用复制的方式把轴的名称复制到指令上，如图 6-61 所示。

4）还可以单击 Aixs，此时系统会出现带可选按钮的白色长条框，这时单击下拉按钮就会显示图 6-62 中的列表。

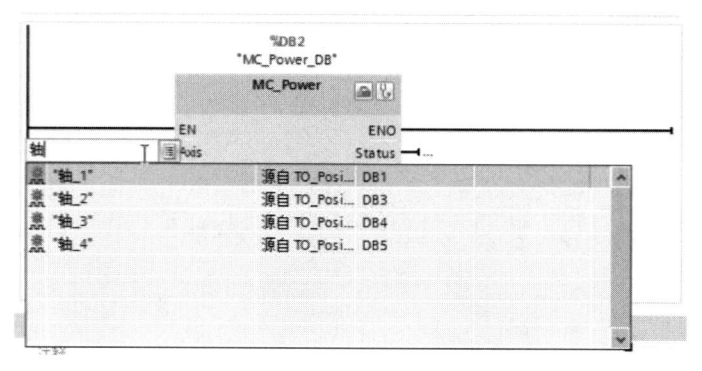

图 6-60　添加轴对象

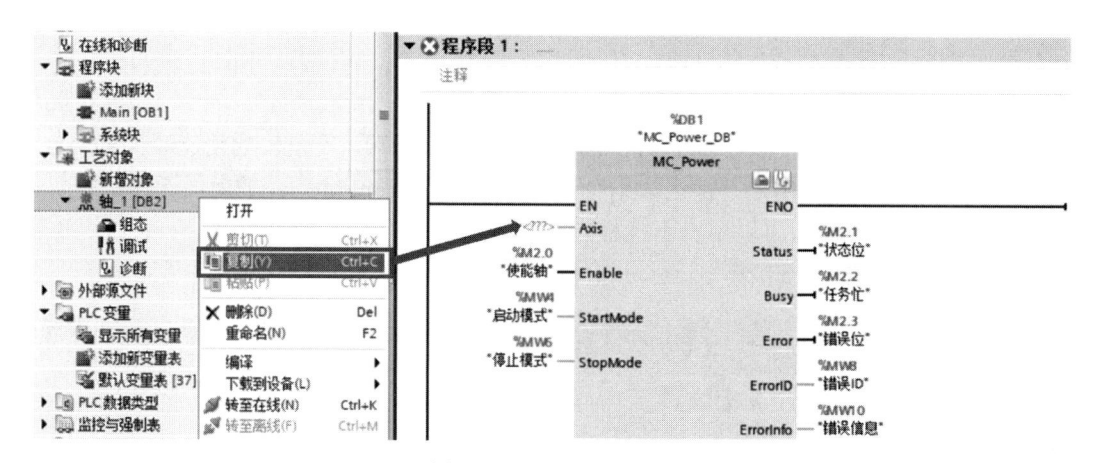

图 6-61　复制轴的名称

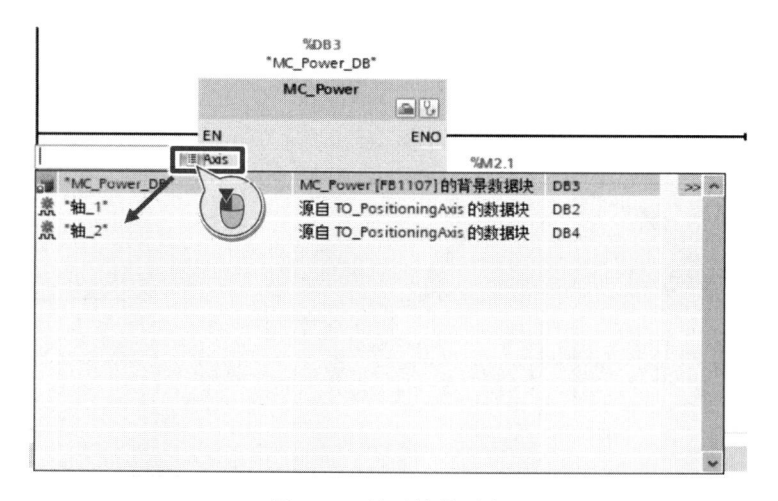

图 6-62　显示轴的列表

(3) Enable：轴使能端。

1) Enable=0：根据组态的 StopMode 中断当前所有作业，停止并禁用轴。

2) Enable=1：如果组态了轴的驱动信号，则 Enable=1 时将接通驱动器的电源。

(4) StartMode 轴启动模式。

1）StartMode=0：启用位置不受控的定位轴，即速度控制模式。

2）StartMode =1：启用位置受控的定位轴，即位置控制模式（默认）。

使用带脉冲串输出（Pulse Train Output，PTO）驱动器的定位轴时忽略该参数，只有在信号检测（False 变为 True）期间才会评估 StartMode 参数。

（5）StopMode 轴停止模式。

1）StopMode= 0：紧急停止。如果禁用轴的请求处于待决状态（出现 PLC 命令或其他错误时，伺服为安全起见启用的一种保护措施），则轴将以组态的急停减速度进行制动。轴在变为静止状态后被禁用。

2）StopMode=1：立即停止。如果禁用轴的请求处于待决状态，则会输出该设定值 0，并禁用轴。轴将根据驱动器中的组态进行制动，并转入停止状态。对于通过 PTO 的驱动器连接，禁用轴时，将根据基于频率的减速度停止脉冲输出。

3）StopMode=2：带有加速度变化率控制的紧急停止。如果禁用轴的请求处于待决状态，则轴将以组态的急停减速度进行制动。如果激活了加速度变化率控制，则会将已组态的加速度变化率考虑在内，轴在变为静止状态后被禁用。

（6）ENO：使能输出。

（7）Status：轴的使能状态。

（8）Busy：标记 MC_Power 指令是否处于活动状态。

（9）Error：标记 MC_Power 指令是否产生错误。

（10）ErrorID：当 MC_Power 指令产生错误时，用 ErrorID 表示错误号。

（11）ErrorInfo：当 MC_Power 指令产生错误时，用 ErrorInfo 表示错误信息。

2．MC_Home

MC_Home 为回原点指令，使轴归位，设置参考点，用来将轴坐标与实际的物理驱动器位置进行匹配，如图 6-63 所示。注意在定位轴的绝对位置前一定要触发 MC_Home 指令。

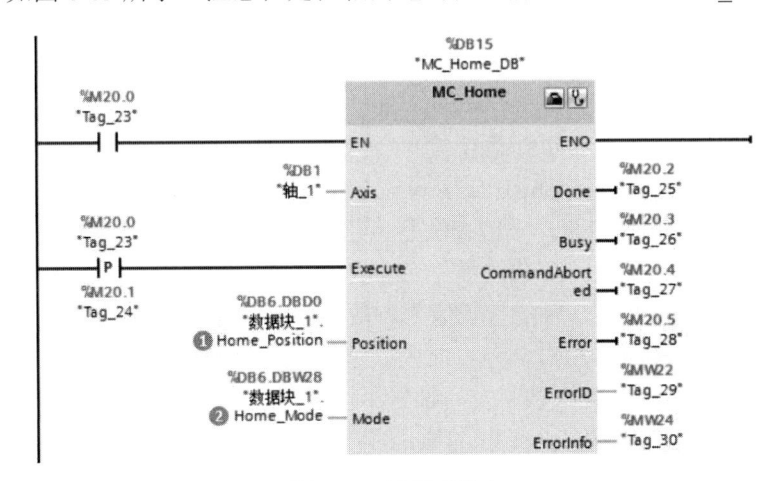

图 6-63　回原点指令

（1）Position：位置值。

1）Position =1：对当前轴位置的修正值。

2）Position =0，2，3：轴的绝对位置值。

（2）Mode：回原点模式值。

1）Mode=0：绝对式直接回零点，轴的位置值为参数 Position 的值，以图 6-64 为例进行说明。该模式下的 MC_Home 指令触发后轴并不运行，也不会去寻找原点开关。MC-Home 指令执行后的结果：轴的坐标值直接更新成新的坐标值，新的坐标值就是 MC_Home 指令的 Position 的数值。例子中，Position=0.0mm，则轴的当前坐标值也就更新成了 0.0mm。该坐标值属于"绝对"坐标值，也就是相当于轴已经建立了绝对坐标系，可以进行绝对运动。MC_Home 的模式可以让用户在没有原点开关的情况下，进行绝对运动操作。

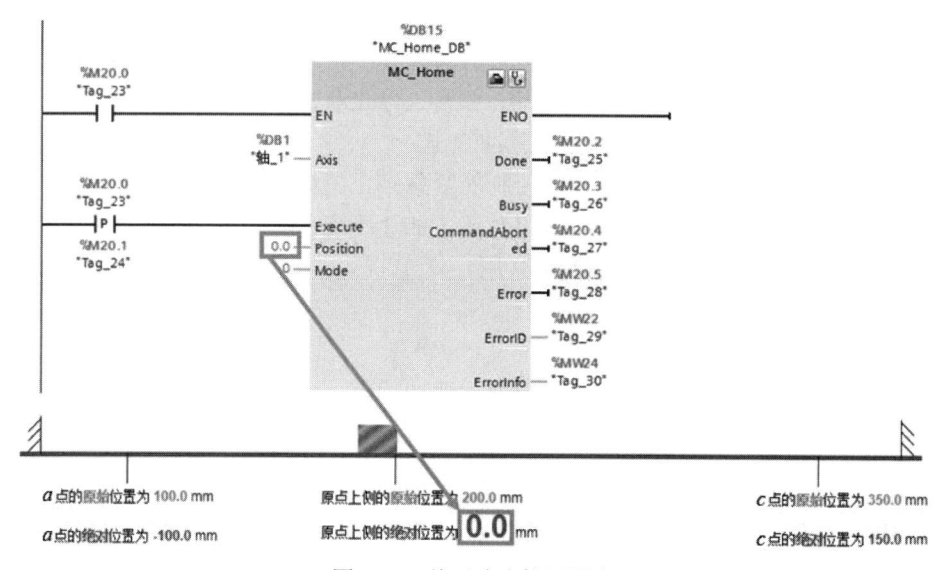

图 6-64 绝对式直接回零点

2）Mode=1：相对式直接回零点，轴的位置值等于当前轴的位置值+参数 Position 的值。与 Mode=0 相同，以该模式触发 MC_Home 指令后轴并不运行，只是更新轴的当前位置值，更新的方式与 Mode=0 不同，而是将在轴原来坐标值的基础上加上 Position 数值后得到的坐标值作为轴当前位置的新值。如图 6-65 所示，执行 MC_Home 指令后，轴的位置值变成了 210mm，相应的 a 和 c 点的坐标位置值也更新成新值。

可以通过对变量<轴名称>.StatusBits.HomingDone=TRUE 与运动控制指令 MC_Home 的输出参数 Done=TRUE 进行与运算，来检查轴是否已回到原点。

3）Mode=2：被动回零点，轴的位置值为参数 Position 的值。

4）Mode=3：主动回零点，轴的位置值为参数 Position 的值。

5）Mode=6：绝对编码器相对调节，此模式只针对连接的编码器类型为绝对编码器的情况，该模式下的 MC_Home 指令被触发后轴并不运行，也不会去寻找原点开关，将当前的轴位置值设定为当前位置值+参数 Position 的值，绝对值偏移值保持性地保存在 CPU 内，CPU 断电再上电后轴的位置值不会丢失。

6）Mode=7：绝对编码器绝对调节，此模式只针对连接的编码器类型为绝对编码器的情况，该模式下的 MC_Home 指令被触发后轴并不运行，也不会去寻找原点开关，将当前位置值设为参数 Position 的值，绝对值偏移值保持性地保存在 CPU 内，CPU 断电再上电后轴的位置值不会丢失。

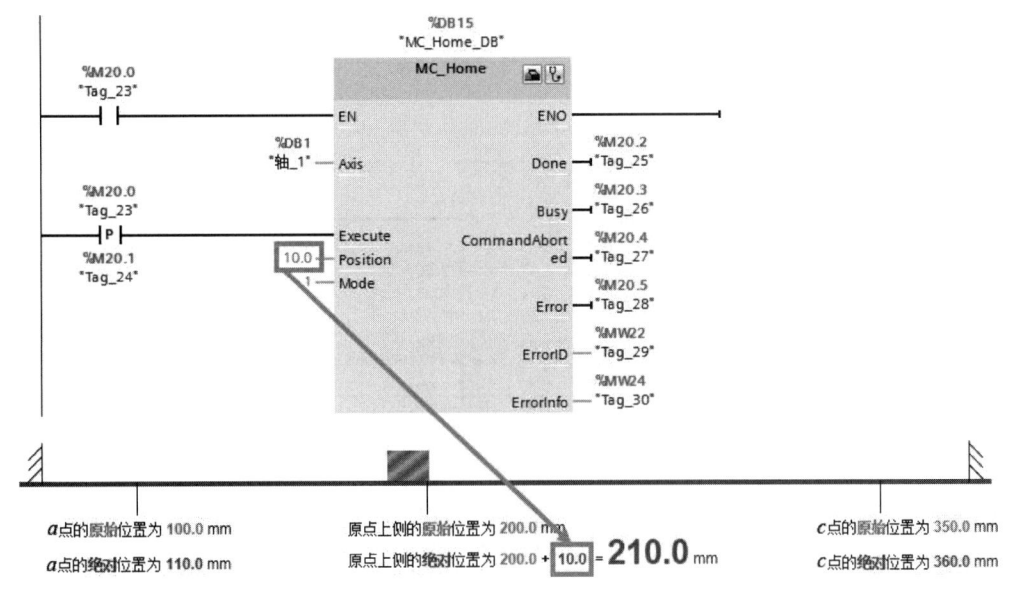

图 6-65　相对式直接回原点

Mode=6 和 Mode=7 仅用于带模拟驱动接口的驱动器和 PROFIdrive 驱动器，Mode=2 和 Mode=3 参见回原点。

3．MC_MoveAbsolute

MC_MoveAbsolute 为绝对位置指令，使轴以某一速度进行绝对位置定位。在使能绝对位置指令之前，轴必须回原点，因此在 MC_MoveAbsolute 指令之前必须有 MC_Home 指令。绝对位置指令如图 6-66 所示。

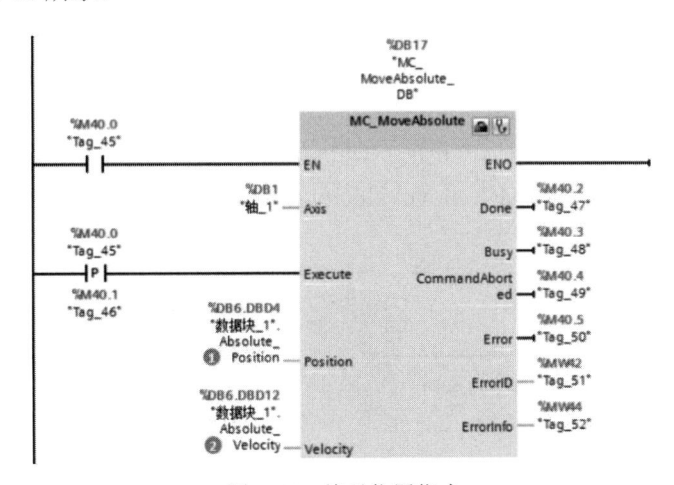

图 6-66　绝对位置指令

指令输入端如下。

（1）Position：绝对目标位置值。

（2）Velocity：绝对运动的速度。

4．MC_MoveJog

MC_MoveJog 为点动指令，在点动模式下以指定的速度连续移动轴，如图 6-67 所示。使用技巧：正向点动和反向点动不能同时触发。

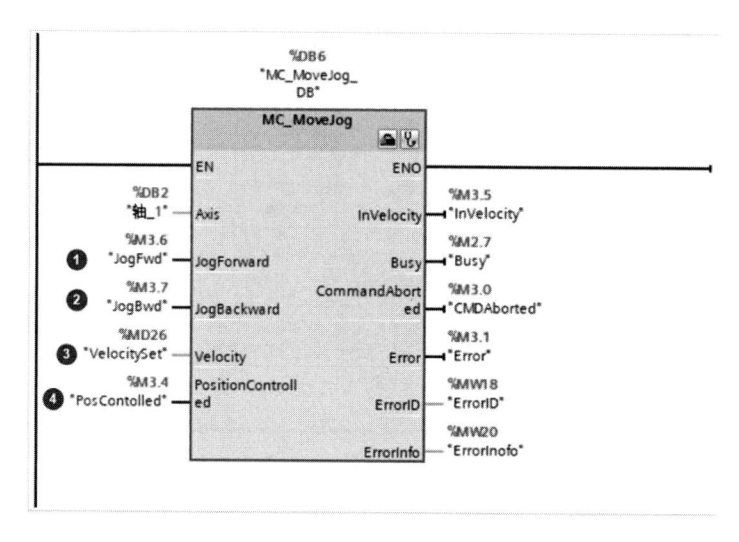

图 6-67 点动指令

（1）JogForward：正向点动，不是用上升沿触发，JogForward=1 时，轴运行；JogForward=0 时，轴停止，类似于按钮功能，按下按钮，轴开始运行，松开按钮，轴停止运行。

（2）JogBackward：反向点动，使用方法参考 JogForward；在执行点动指令时，保证 JogForward 和 JogBackward 不会被同时触发，可以用逻辑进行互锁。

（3）Velocity：点动速度设定，Velocity 数值可以实时修改，实时生效。

（4）PositionControlled：PositionControlled=0 时，非位置控制操作即运行在速度控制模式；PositionControlled=1 时，位置控制操作即运行在位置控制模式。只要执行 MC_MoveJog 指令应用该参数，之后 MC_Power 的设置再次适用，使用 PTO 轴时忽略该参数。

5. MC_Halt

MC_Halt 为停止轴运行指令，停止所有运动并以组态的减速度停止轴，如图 6-68 所示。常用 MC_Halt 指令来停止通过 MC_MoveVelocity 指令触发的轴的运行。

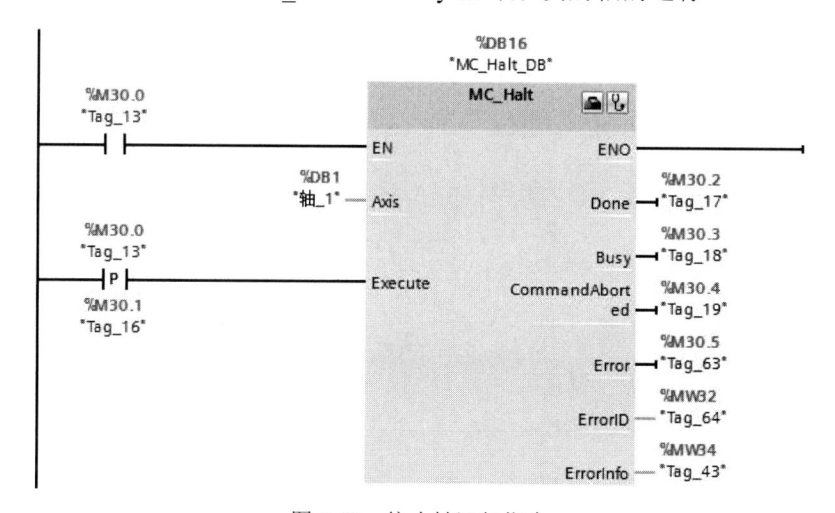

图 6-68 停止轴运行指令

6. MC_Reset

MC_Reset 为确认故障指令，用来确认"伴随轴停止出现的运行错误"和"组态错误"，如图 6-69 所示。使用要点：Execute 用上升沿触发。

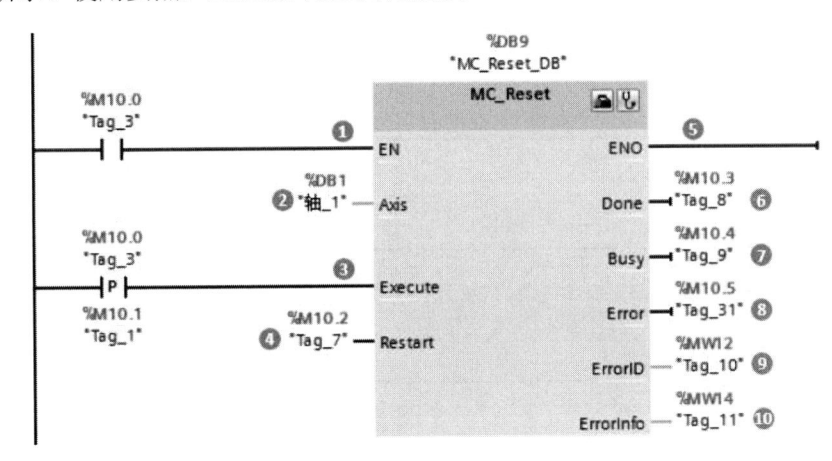

图 6-69　确认故障指令

（1）EN：该输入端是 MC_Reset 指令的使能端。

（2）Axis：轴名称。

（3）Execute：MC_Reset 指令的启动位，用上升沿触发。

（4）Restart：Restart=0 时，用来确认错误；Restart=1 时，将轴的组态从装载存储器下载到工作存储器，只有在禁用轴的时候才能执行该命令。

（5）Done：表示轴的错误已确认，除了 Done 指令，其他输出引脚同 MC_Power 指令，这里不再赘述。

控制指令部分输入/输出引脚在这里没有进行具体介绍，请读者参考 MC_Power 指令中的说明。

四、运动控制程序的实现

（1）工艺对象的使能，如图 6-70 所示。

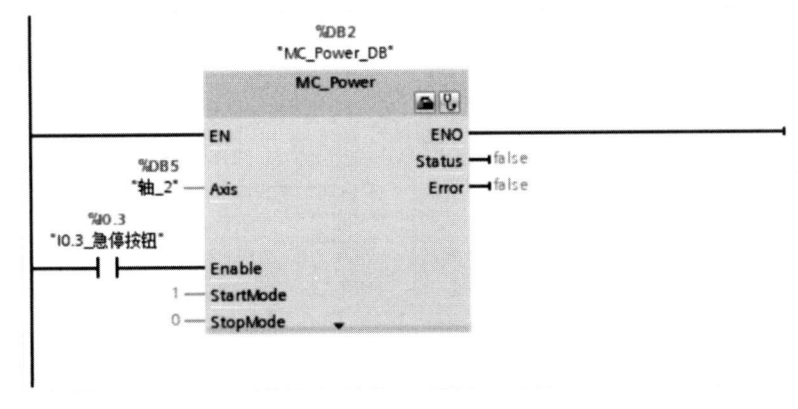

图 6-70　工艺对象的使能

（2）故障复位，如图 6-71 所示。
（3）回零，如图 6-72 所示。
（4）点动运行控制，如图 6-73 所示。

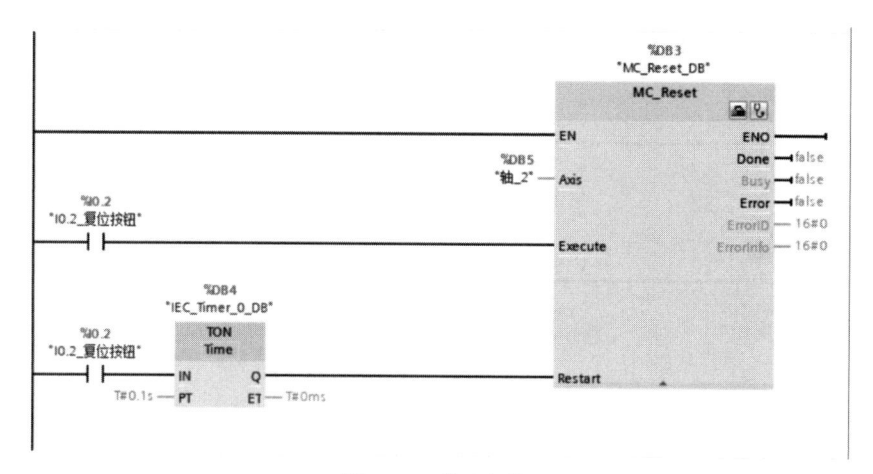

图 6-71　故障复位

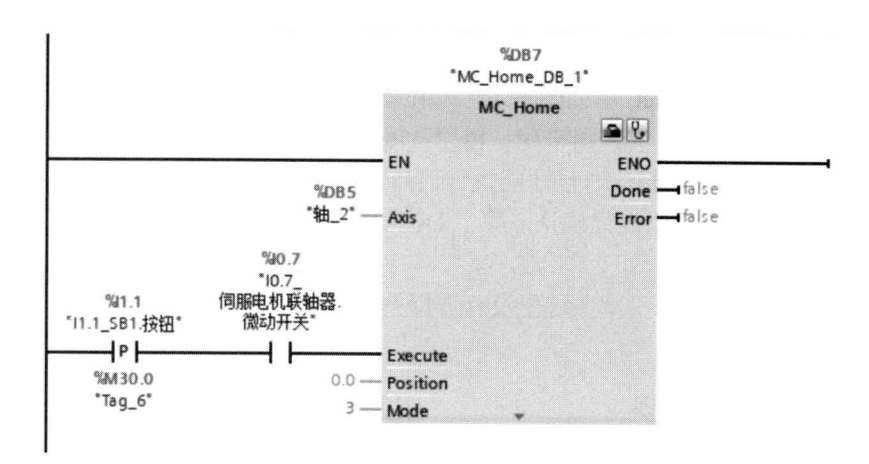

图 6-72　回零

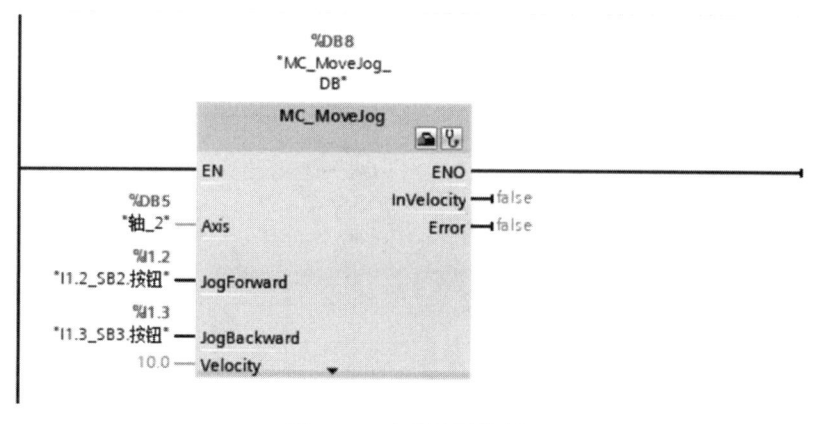

图 6-73　点动运行控制

（5）绝对定位控制，如图 6-74 所示。

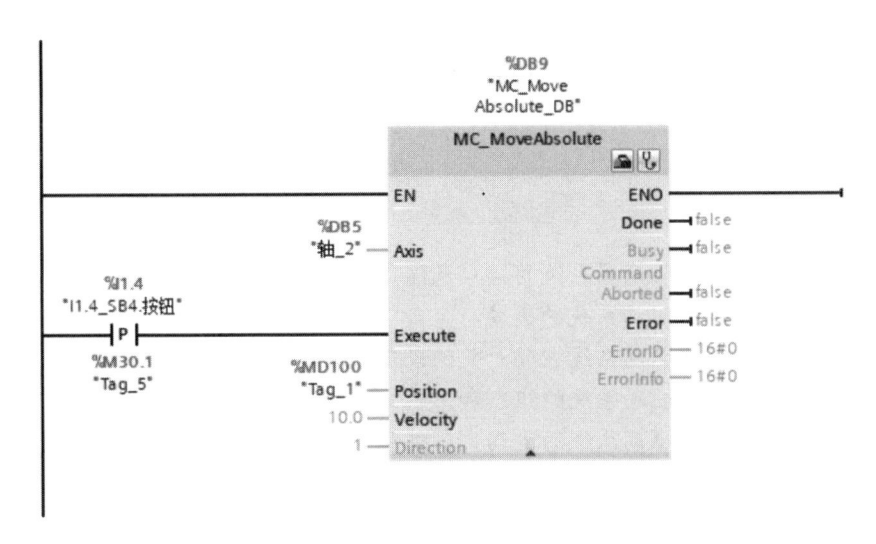

图 6-74　绝对定位控制

项 目 小 结

　　IS620F 交流伺服驱动器采用以太网通信接口，支持 PROFINET 通信协议，支持 AC1、AC3 和 AC4 的应用。IS620F 使用标准报文 3、102 或 105，报文 I/O 数据信号包含控制字、状态字、转速设定值、转速实际值、编码器控制字和编码器状态字等不同信号。驱动器可以通过面板显示操作、功能设置、点动控制。IS620F 系列交流伺服驱动器电源配线有单相 220V 电源配线和三相 220V 或 380V 电源配线，交流伺服驱动器引脚还包括数字量引脚、编码器分频输出等引脚。交流伺服驱动器的轴工艺配置中包括电子齿轮比数值的设定、电子齿轮比的切换设定等相关功能码的配置。IS620F-RT 交流伺服的组态和工艺配置非常重要。SINAMICS S7-1200 可编程控制器的专用运动控制使交流伺服的运动控制编程变得容易。

项目七　步进驱动系统的应用

【学习目标】

- 熟悉 DM542 步进驱动器系统的接口及组成
- 掌握 DM542 步进驱动系统的集成
- 熟悉 DM542 步进驱动系统拨码开关的设定
- 熟悉 DM542 步进驱动系统的组态和工艺配置
- 掌握 DM542 步进驱动系统的运动控制编程

任务一　DM542 步进驱动系统的集成

【任务描述】

DM542 是深圳市雷赛智能控制股份有限公司（简称"雷赛智能"）推出的数字式两相步进电动机驱动器。DM542 步进驱动器的控制信号接口有脉冲控制信号、方向信号和使能信号 3 种信号，其强电接口包括电源电压和 A、B 相线圈电压。本任务将学习 DM542 步进驱动系统的集成，学习其电流、细分拨码开关的设定和参数自整定。

【任务实施】

一、步进电动机及步进驱动器的认识

1. 步进电动机的认识

步进电动机是一种专门用于速度和位置精确控制的特种电动机，它是以固定的角度（又称"步距角"）一步一步运行的，故称步进电动机。其特点是没有累积误差，接收控制器发来的每一个脉冲信号，在驱动器的推动下电动机运转一个固定的角度，所以广泛应用于各种开环控制。步进驱动器是一种能使步进电动机运行的功率放大器，能把控制器发来的脉冲信号转换为步进电动机的功率信号，电动机的转速与脉冲频率成正比，所以控制脉冲频率可以精确调速，只要控制脉冲数就可以精确定位。

2. 步进驱动器

步进驱动器是一种将电脉冲转换为角位移的执行装置。当步进驱动器接收到一个脉冲信号时，它就驱动步进电动机按设定的方向转动一个固定的角度，它的旋转是以固定的角度一步一步运行的，可以通过控制脉冲个数来控制角位移量，从而达到准确定位的目的；同时可以通过控制脉冲频率来控制电动机转动的速度和加速度，从而达到调速和定位的目的。其广泛应用于雕刻机、水晶研磨机、中型数控机床、计算机绣花机、包装机械、喷泉、点胶机、切料送料系统等分辨率较高的大、中型数控设备上。

3. 驱动器的细分

步进电动机由于自身特殊结构,出厂时都注明"电动机固有步距角"(例如 0.9°/1.8°,表示半步工作每走一步转过的角度为 0.9°,整步时为 1.8°)。但在很多精密控制和场合下,整步的角度太大,影响控制精度,同时振动太大,所以要求分很多步走完一个电动机固有步距角,这就是所谓的细分驱动,能够实现此功能的电子装置称为细分驱动器。

能够实现此功能的电子装置称为细分驱动器。电动机转速与脉冲频率、电动机固有步距角以及细分数的关系如下面公式所示:

$$V = \frac{P \times \theta_e}{360m}$$

式中:V 为电动机转速(r/s);P 为脉冲频率(Hz);θ_e 为电动机固有步距角;m 为细分数(整步为 1,半步为 2)。

4. 细分驱动器的优点

(1)因细分驱动器减少每一步所走过的步距角,提高了步距均匀度,因此可以提高控制精度。

(2)细分驱动器可以大大地减少电动机振动,低频振荡是步进电动机的固有特性,采用细分是消除低频振荡的最好方法。

(3)细分驱动器可以有效减少转矩脉动,提高输出转矩。

步进电动机和步进电动机驱动器构成步进电动机驱动系统。步进电动机驱动系统的性能不但取决于步进电动机自身的性能,也取决于步进电动机驱动器的优劣。步进驱动器发送脉冲,步进电动机如果出现丢步,系统无法得知,也就是没有反馈,所以称为开环控制,相对于交流伺服系统,步进电动机驱动系统的精度和稳定性稍差。

二、DM542 步进驱动器的认识

DM542 采用数字 PID 技术,有 16 档细分和 8 档电流可选,能够满足大多数场合的应用需要;内置加减速算法,加减速过程中运行更加平滑,整个速度段运行平稳,噪声小。驱动器内部集成了参数自动整定功能,能够匹配不同电动机自动生成适配的运行参数,更好发挥电动机性能。

1. 特点

(1)数字 PID 技术。
(2)低振动、低噪声。
(3)内置加/减速。
(4)参数自动整定功能。
(5)精密电流控制使电动机发热量大为减少。
(6)静止时电流自动减半。
(7)可驱动 4、6、8 线的两相步进电动机。
(8)光隔离差分信号输入。
(9)脉冲响应频率在 200kHz 以内。
(10)3 位拨码设置电流,8 档电流可选。
(11)4 位拨码设置细分,16 档细分可选。
(12)具有过电流、过电压等保护功能。

2. 应用领域

DM542 步进驱动器适合各种中、小型自动化设备和仪器，如雕刻机、打标机、切割机、激光照排、绘图仪、数控机床、自动装配设备等。

3. 指标特征

（1）电气指标。DM542 步进驱动器的电气指标包括输出电流、输入电源电压等，具体见表 7-1。

表 7-1　DM542 步进驱动器的电气指标

说明	最小值	典型值	最大值	单位
输出电流（峰值）	1	—	4.2	A
输入电源电压	20V DC	24V DC/36V DC	50V DC	V
控制信号输入电流	7	10	16	mA
步进脉冲频率	0	—	200	kHz
绝缘电阻	500	—	—	MΩ

（2）使用环境及参数。DM542 步进驱动器的使用环境及参数包括温/湿度、保存温度等内容，具体见表 7-2。

表 7-2　DM542 步进驱动器的使用环境及参数

冷却方式		自然冷却或强制风冷
使用环境	场合	不能放在其他发热的设备旁，要避免粉尘、油雾、腐蚀性气体
		湿度太大及强振动场所，禁止有可燃气体和导电灰尘
	温度	0～50℃
	湿度	40%～90%RH
	振动	10～55Hz/0.15mm
保存温度		-20～65℃
重量		230g

4. 驱动器接口

DM542 步进驱动器的接口包括控制信号接口、强电接口和状态指示接口。

（1）控制信号接口。DM542 步进驱动器的控制信号接口有脉冲控制信号、方向信号和使能信号 3 种信号，具体见表 7-3。

表 7-3　DM542 步进驱动器的控制信号接口

名称	功能
PUL+（+5V） PUL-（PUL）	脉冲控制信号：脉冲上升沿有效；PUL-处于高电平时为 4～5V，低电平时为 0～0.5V。为了可靠响应脉冲信号，脉冲宽度应大于 1.2μs。当采用+12V 或+24V 时需串联电阻
DIR+（+5V） DIR（-DIR）	方向信号：高/低电平信号，为保证电动机可靠换向，方向信号应先于脉冲控制信号至少 5μs 建立。电动机的初始运行方向与电动机的接线有关，互换任一相绕组（例如交换 A+、A-）可以改变电动机初始运行的方向，DIR-处于高电平时为 4～5V，低电平时为 0～0.5V

名称	功能
ENA+（+5V）	使能信号：此输入信号用于使能或禁止。ENA+接+5V，ENA-接低电平（或内部光耦导通）时，驱动器将切断电动机各相的电流，使电动机处于自由状态，此时步进脉冲不被响应。当不需用此功能时，使能信号端悬空即可
ENA（-ENA）	

（2）强电接口。DM542 步进驱动器的强电接口包括电源电压和 A、B 相线圈电压，具体见表 7-4。

表 7-4　DM542 步进驱动器的强电接口

名称	功能
GND	直流电源地
+V	直流电源正极，范围为+20～+50V，推荐值为+24～+48V DC
A+、A-	电动机 A 相线圈
B+、B-	电动机 B 相线圈

电源电压在+20～+50V DC 之间都可以正常工作，DM542 步进驱动器最好采用非稳压型直流电源供电，也可以采用变压器降压＋桥式整流＋电容滤波。建议用户使用+24～+48V 直流电压供电，避免电网波动超过驱动器的电压工作范围。

如果使用稳压型开关电源供电，则应注意开关电源的输出电流范围须设成最大，接线时要注意电源正负极切勿反接，最好用非稳压型电源；采用非稳压型电源时，电源电流的输出能力应大于驱动器设定电流的 60%；采用稳压型开关电源时，电源的输出电流应大于或等于驱动器的工作电流；为降低成本，2～3 个驱动器可共用一个电源，但应保证电源功率足够大。

（3）状态指示接口。绿色 LED 为电源指示灯，当驱动器接通电源时，该 LED 常亮；当驱动器切断电源时，该 LED 熄灭。红色 LED 为故障指示灯，当出现故障时，该指示灯以 3s 为周期循环闪烁；当故障被用户清除时，红色 LED 常灭。红色 LED 在 3s 内的闪烁次数代表不同的故障信息，具体关系见表 7-5。

表 7-5　DM542 步进驱动器的状态指示

序号	闪烁次数	红色 LED 闪烁波形	故障说明
1	1	—	过电流或相间短路故障
2	2	—	过电压故障（电压>52V）

5. 接线要求

（1）为了防止驱动器受干扰，建议控制信号采用屏蔽线，并且屏蔽层与地线短接，除特殊要求外，控制信号电缆的屏蔽线单端接地：屏蔽线的上位机一端接地，屏蔽线的驱动器一端悬空。同一机器内只允许在一点接地，如果不是真实接地线，则可能干扰严重，此时屏蔽层不接。

（2）脉冲和方向信号线与电动机线不允许并排包扎在一起，最好分开 10cm 以上，否则电动机噪声容易干扰脉冲方向信号引起电动机定位不准、系统不稳定等故障。

（3）如果一个电源被多台驱动器使用，则应在电源处采取并联方式，不允许链状式连接。

（4）严禁带电拔插驱动器电源和电动机端子，因为带电的电动机停止时仍有大电流流过线圈，拔插电源和电动机端子将可能损坏驱动器。

（5）严禁将导线头加锡后接入接线端子，否则可能因接触电阻变大而过热损坏端子。

（6）接线线头不能裸露在端子外，以防意外短路而损坏驱动器。

三、电流、细分拨码开关的设定和参数自整定

DM542 步进驱动器采用 8 位拨码开关设定细分、动态电流、静止半流及实现电动机参数和内部调节参数的自整定，详细描述如图 7-1 所示。

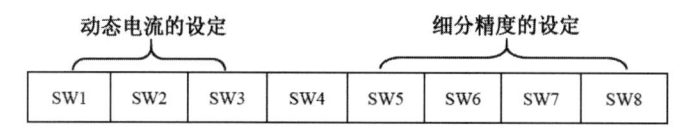

图 7-1　8 位拨码开关的设定

1. 电流的设定

（1）工作（动态）电流的设定。工作（动态）电流规格的设定由拨码开关的 SW1、SW2、SW3 完成，具体见表 7-6。

表 7-6　工作（动态）电流的设定

输出电流（峰值）/A	输出电流（均值）/A	SW1	SW2	SW3
1.00	0.71	ON	ON	ON
1.46	1.04	OFF	ON	ON
1.91	1.36	ON	OFF	ON
2.37	1.69	OFF	OFF	ON
2.84	2.03	ON	ON	OFF
3.31	2.36	OFF	ON	OFF
3.76	2.69	ON	OFF	OFF
4.20	3.00	OFF	OFF	OFF

（2）静止（静态）电流的设定。静态电流可用 SW4 拨码开关设定，OFF 表示静态电流设为动态电流的一半，ON 表示静态电流与动态电流相同。一般用途中应将 SW4 设成 OFF，使电动机和驱动器的发热量减少，可靠性提高。脉冲串停止后约 0.4s 电流自动减至一半（实际值的 60%），发热量理论上减至 36%。

2. 细分的设定

细分的设定由 SW5、SW6、SW7、SW8 配合完成，具体见表 7-7。

表 7-7　细分的设定

步数/转	SW5	SW6	SW7	SW8
200	ON	ON	ON	ON
400	OFF	ON	ON	ON
800	ON	OFF	ON	ON
1600	OFF	OFF	ON	ON
3200	ON	ON	OFF	ON
6400	OFF	ON	OFF	ON
12800	ON	OFF	OFF	ON
25600	OFF	OFF	OFF	ON
1000	ON	ON	ON	OFF
2000	OFF	ON	ON	OFF
4000	ON	OFF	ON	OFF
5000	OFF	OFF	ON	OFF
8000	ON	ON	OFF	OFF
10000	OFF	ON	OFF	OFF
20000	ON	OFF	OFF	OFF
25000	OFF	OFF	OFF	OFF

四、DM542 步进驱动系统典型接线

DM542 步进驱动器能驱动四线、六线或八线的两相、四相电动机。图 7-2 是 DM542 配 57HS13 步进电动机的典型接线，若电动机转向与期望转向不同，仅交换 A+、A-的位置即可。

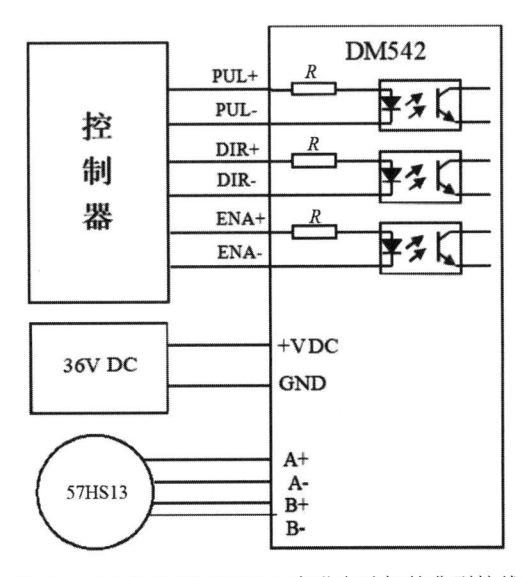

图 7-2　DM542 配 57HS13 步进电动机的典型接线

五、保护功能的实现和常见问题的处理

1. 保护功能

驱动器具有过电流、过电压等保护功能，但不具备电源正负极反接保护功能，上电前必须确认电源正负极的接线是否正确。正负极接反将烧坏驱动器中的保险管。驱动器的保护功能的具体描述见表 7-8。

表 7-8 驱动器的保护功能

保护功能	红色 LED 闪烁次数	说明
过电流/短路保护	1	电动机或驱动器出现短路或接错线等情况下，驱动器会产生过电流保护，当出现过电流保护时，应及时断电，检查电动机接线，重新上电可清除此报警
过电压保护	2	当驱动器电压超过 52V DC 时，会进入过电压保护，此时要重新给驱动器上电才能清除报警，如果频繁出现过电压保护，建议适当调低输入电源电压

2. 常见问题的处理

DM542 步进驱动器使用中常见的电动机不转、电动机转向错误、报警指示灯亮等现象，可能问题和解决措施见表 7-9。

表 7-9 DM542 步进驱动器常见问题的处理

现象	可能问题	解决措施
电动机不转	电源灯不亮	正常供电
	电流设定太小	根据电动机的额定电流，选择合适电流档
	驱动器已保护	排除故障后，重新上电
	使能信号为低电平	此信号拉高或不接
	控制信号问题	检查控制信号的幅值和宽度是否满足要求
电动机转向错误	电动机线接错	任意交换电动机同一相的两根线（例如交换 A+、A-接线位置）
	电动机线有断路	检查并接对
报警指示灯亮	电动机线接错	检查接线
	电压过高或过低	检查电源电压
	电动机或驱动器损坏	更换电动机或驱动器
位置不准	信号受干扰	排除干扰
	屏蔽地未接或未接好	可靠接地
	细分错误	设对细分
电动机加速时堵转	电流偏小	适当加大电流
	控制信号问题	检查控制信号是否满足时序要求
	加速时间太短	适当增加加速时间
	电动机扭矩太小	选大扭矩电动机
	电压偏低或电流太小	适当提高电压或设置更大的电流

任务二　DM542 步进驱动系统的组态和运动控制编程

【任务描述】

本任务将学习 DM542 步进驱动系统的运动控制编程，包括输入、输出变量的功能及定义，拨码开关的设定，设备组态，轴调试，控制指令的应用，最终实现系统运动控制编程。

【任务实施】

一、输入、输出变量的功能及定义

本任务 DM542 步进驱动系统的运动控制基于 S7-1200 DC/DC/DC 可编程控制器，输入、输出变量的功能及定义见表 7-10。

表 7-10　输入、输出变量的功能及定义

Name	Path	Data Type	Logical Address
轴_1_Drive_IN	默认变量表	"PD_TEL3_IN"	%I68.0
轴_1_Drive_OUT	默认变量表	"PD_TEL3_OUT"	%Q64.0
轴_1_LowHwLimitSwitch	默认变量表	Bool	%I0.6
轴_1_HighHwLimitSwitch	默认变量表	Bool	%I0.5
轴_1_归位开关	默认变量表	Bool	%I0.4
I0.3_急停按钮	默认变量表	Bool	%I0.3
I0.0_启动按钮	默认变量表	Bool	%I0.0
I0.1_停止按钮	默认变量表	Bool	%I0.1
I0.2_复位按钮	默认变量表	Bool	%I0.2
I0.7_伺服电动机联轴器.微动开关	默认变量表	Bool	%I0.7
I1.0_步进电动机联轴器.微动开关	默认变量表	Bool	%I1.0
I1.1_SB1.按钮	默认变量表	Bool	%I1.1
I1.2_SB2.按钮	默认变量表	Bool	%I1.2
I1.3_SB3.按钮	默认变量表	Bool	%I1.3
I1.4_SB4.按钮	默认变量表	Bool	%I1.4
Tag_1	默认变量表	Real	%MD100
Tag_2	默认变量表	Bool	%M3.2
Tag_3	默认变量表	Bool	%M3.0
Tag_4	默认变量表	Bool	%M3.1

二、拨码开关的设定

图 7-3 为步进电动机与丝杆的连接。首先把驱动器拨码开关置于 5、6、7 ON，8 OFF，如

图 7-4 所示，意思是 1000 脉冲电动机转一圈。然后设置电动机每圈的脉冲数，即每圈 1000 脉冲；电动机每转的负载位移指电动机每转一圈，负载移动的距离。

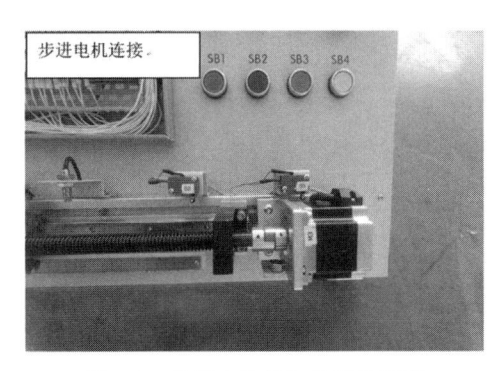

图 7-3　步进电动机与丝杆的连接

图 7-4　拨码开关的设定

三、设备组态

（1）启用脉冲发生器。首先找到"设备组态"，在"常规"中找到"脉冲发生器（PTO/PWM）"，启动要使用的脉冲发生器，如图 7-5 所示，并选择好对应的脉冲输出和方向输出的 Q 点。

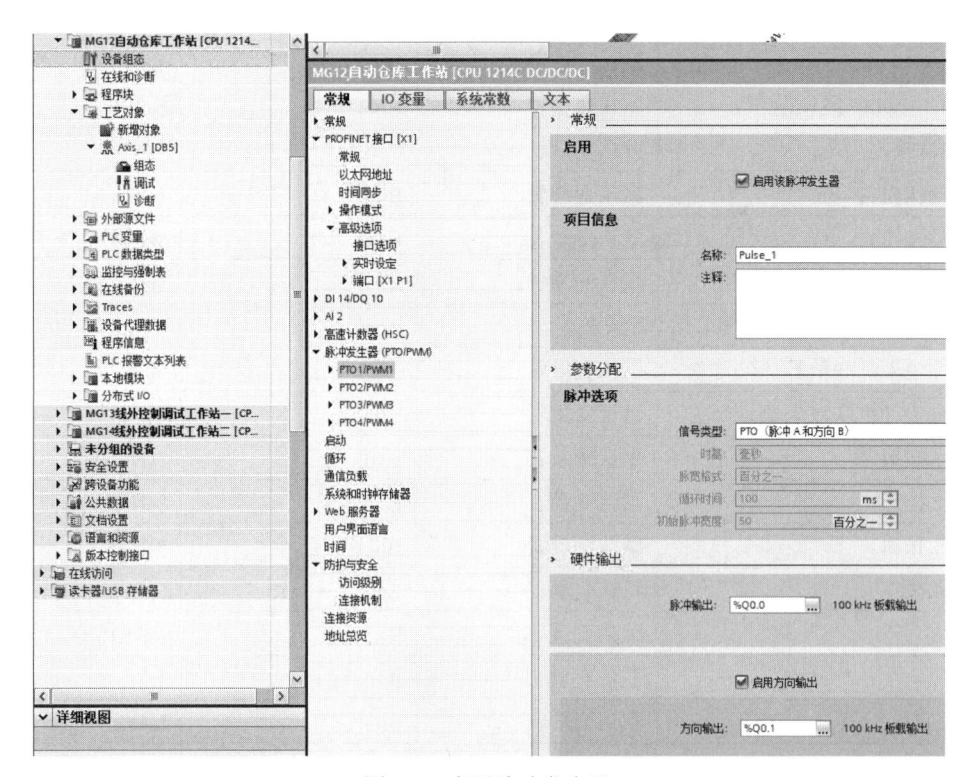

图 7-5　启用脉冲发生器

（2）添加"运动控制"。在工艺对象中添加一个"运动控制"，选择 TO_PosotioningAxis 轴，如图 7-6 所示。

项目七 步进驱动系统的应用

图 7-6 添加"运动控制"

（3）配置轴 TO_PosotioningAxis。如图 7-7 所示，脉冲信号发生器选择 Pluse_1，信号类型选择"PTO（脉冲 A 和方向 B）"，根据 PLC 和驱动器的硬件接口，本案例的脉冲输出和方向输出选择为 Q0.0 和 Q0.1，位置单位选择 mm，此处选择 mm 是因为电动机带动负载做线性运动，如果负载做圆周运动则可以选择"度"。

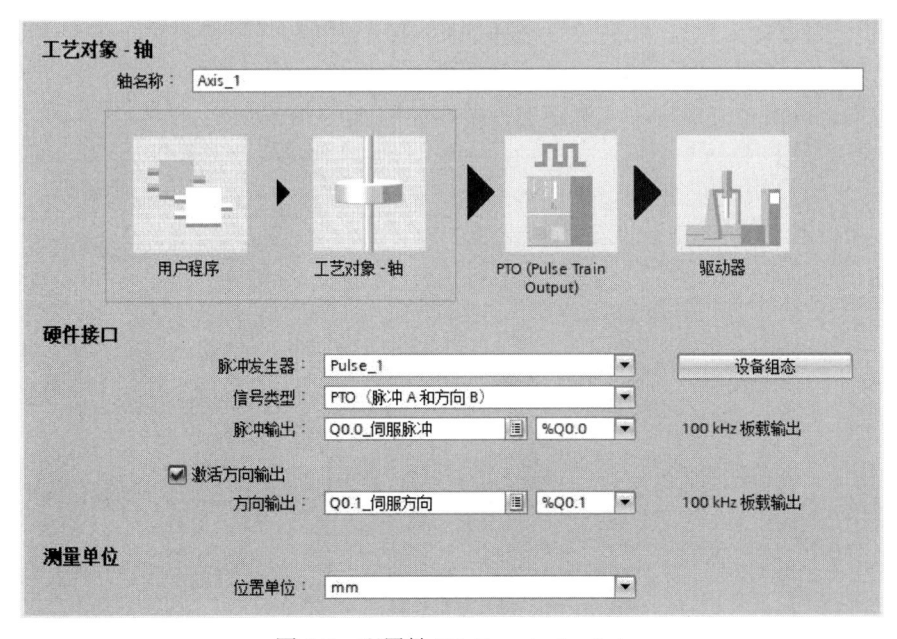

图 7-7 配置轴 TO_PosotioningAxis

（4）设置 PLC 使能输出信号。根据 PLC 和驱动器的硬件接线，设置 PLC 使能输出信号，本案例设置为 Q0.2，如图 7-8 所示。

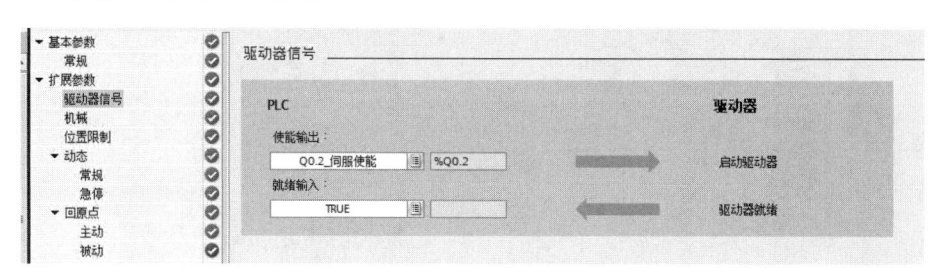

图 7-8　设置 PLC 使能输出信号

（5）设置机械属性。前面利用拨码盘已经设置电动机每圈的脉冲数为 1000，由于电动机和负载是直接连接的，没有减速机，并且丝杆螺距是 3mm，故这里的"电机每转的负载位移"设置为 3，"所允许的旋转方向"设置为"双向"，如图 7-9 所示。

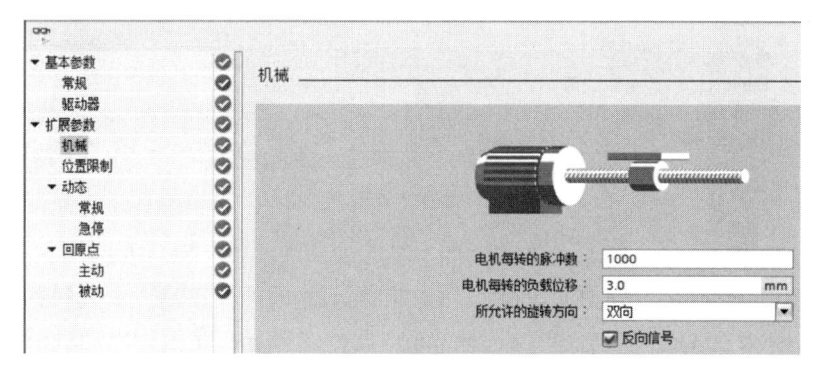

图 7-9　设置机械属性

（6）设置硬和软限位开关。在"位置限制"中设置硬和软限位开关，防止电动机超出设定的安全位置。由于限位开关接线方式为常闭型，故选择"低电平"，下限位开关为负载远离电动机的方向。软限位开关根据实测距离设定，如图 7-10 所示。

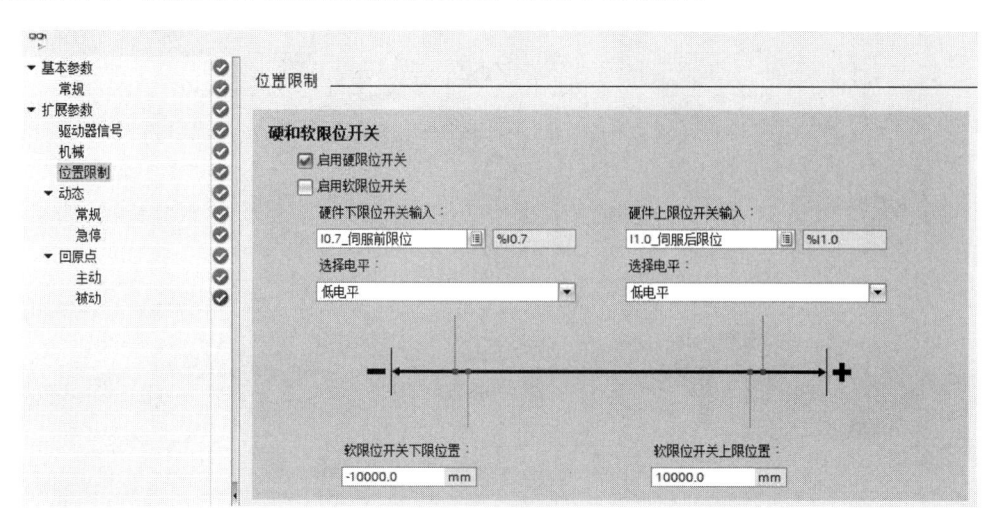

图 7-10　设置硬和软限位开关

（7）设置常规。设置常规时，适当调节步进电动机的转速，加减速时间越长，负载在启动、停止时越平稳，不易产生抖动，如图 7-11 所示。

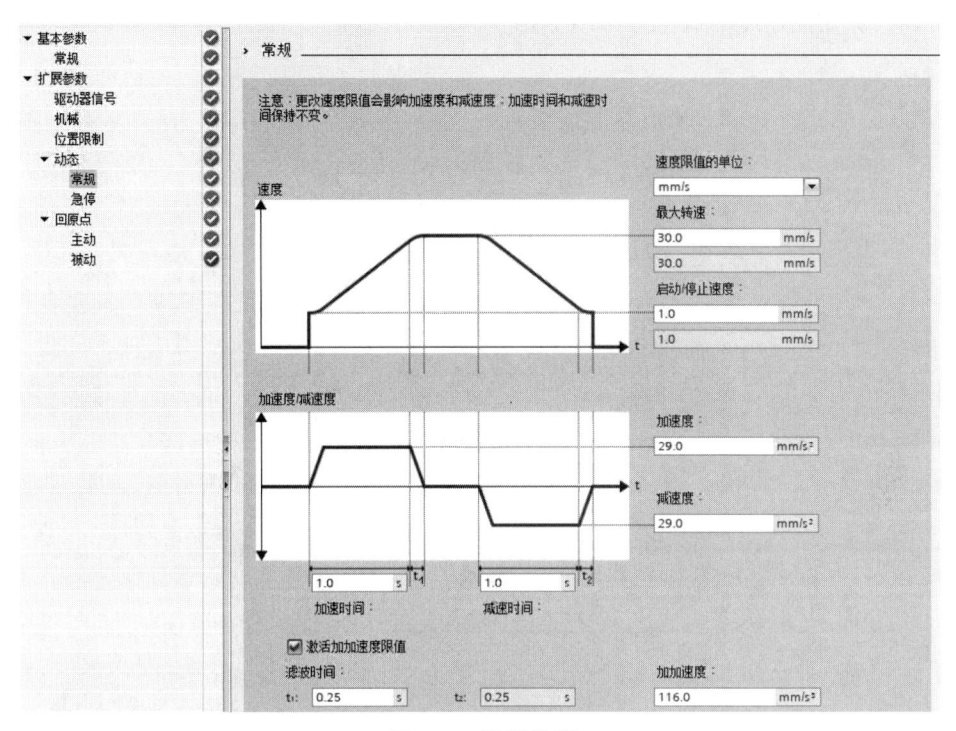

图 7-11　设置常规

（8）急停设置。在实际工厂应用中，加减速时间过长会降低产线的运行效率，将急停时间缩短，可以在发生故障时快速地停下来，减轻由此带来的损失，如图 7-12 所示。

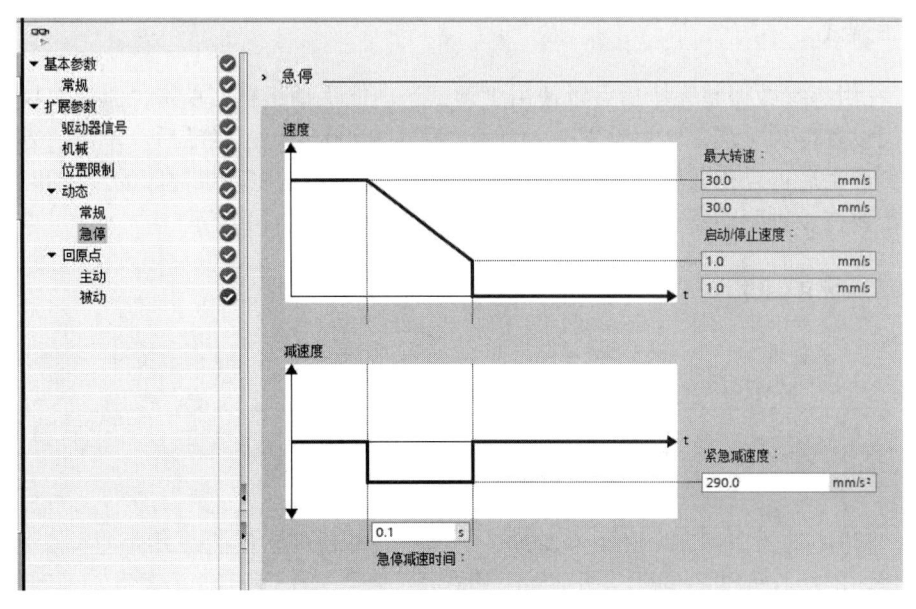

图 7-12　急停设置

(9) 设置回原点。按实际情况选择高、低电平，如果步进电动机使用了硬限位开关，则此处需勾选"允许硬限位开关处自动反转"复选框，按实际情况选择回原点的方向和归为开关的哪一侧，回原点的速度需调慢，如图 7-13 所示。

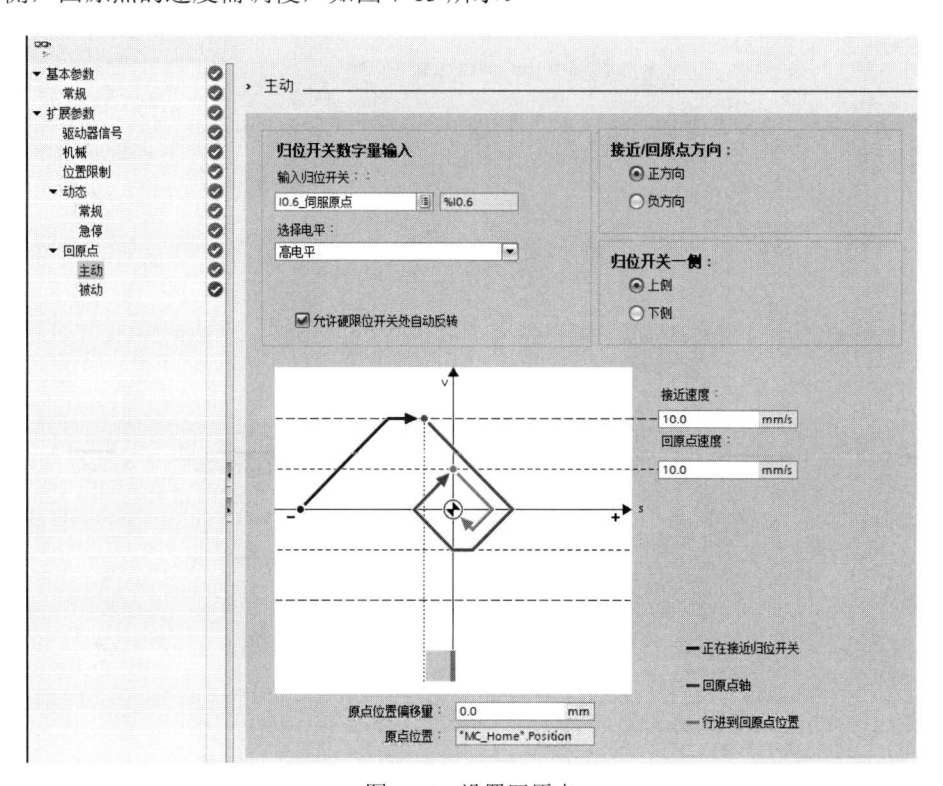

图 7-13　设置回原点

四、轴调试

（1）在组态参数调整完毕后可以使用"调试"功能手动运行；单击"激活"按钮，可以将监视时间设置得长一点，这里设置成 60000，默认 3000 较短，激活后，单击上方"启用"按钮即可。启用后可以在面板上修改实时速度，以及观察步进电动机对应的位置和速度。"调试"功能需要在步进驱动器已使能的情况下才能使用，如图 7-14 所示。

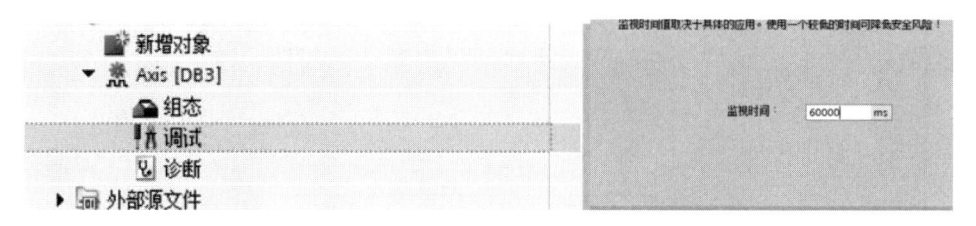

图 7-14　监视时间设置

（2）步进驱动器在程序中必须添加 MC_Power 功能块使它使能，只有进入使能模式后，步进驱动器才能接收外部的信号，调用别的功能块，如图 7-15 所示。

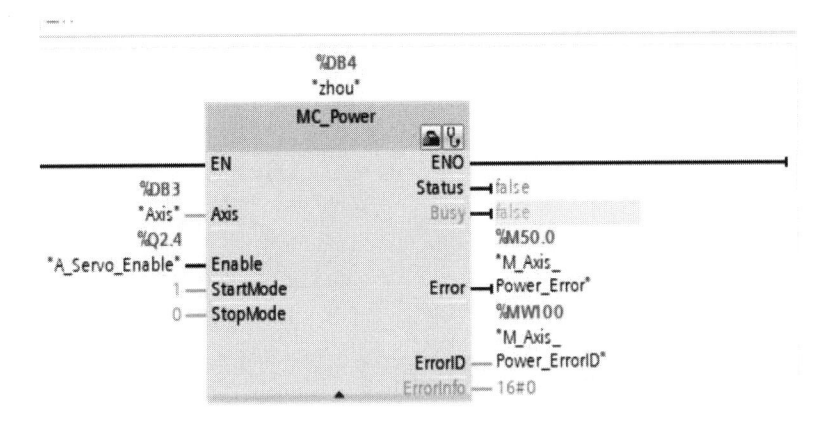

图 7-15　添加 MC_Power 功能块

后面根据具体情况再添加其他功能块。在设置功能块参数的时候需要注意各个参数的数据类型，以及各个位置的得电方式。例如：Enable 使能端需要一直得电，而 Execute 端只需要检测到上电脉冲即可。

五、控制指令的应用及系统运动控制编程

1. 控制指令的应用

这里介绍两个常用的功能块，回原点功能块（MC_Home）及绝对位置功能块 MC_MoveAbsolute。

（1）回原点功能块如图 7-16 所示。Execute 为上升沿启动命令，检测到回原点信号后，步进驱动器会按照工艺对象组态中设置好的参数回原点，在回原点过程中 Busy 信号会持续输出，直到步进驱动器回到原点，此时 Done 完成端发出信号。为避免出现不知道的错误，可以选择设置 Error 和 ErrorID，在出现问题的时候，Error 端输出信号提醒有问题，并且 ErrorID 端会给出对应的错位编码，可以按<F1>键进入帮助系统查看并寻找解决方法。需要注意的是，ErrorID 的数据类型是 Word 型，输出的是十六进制的数字，不要与 Bool 型搞混。

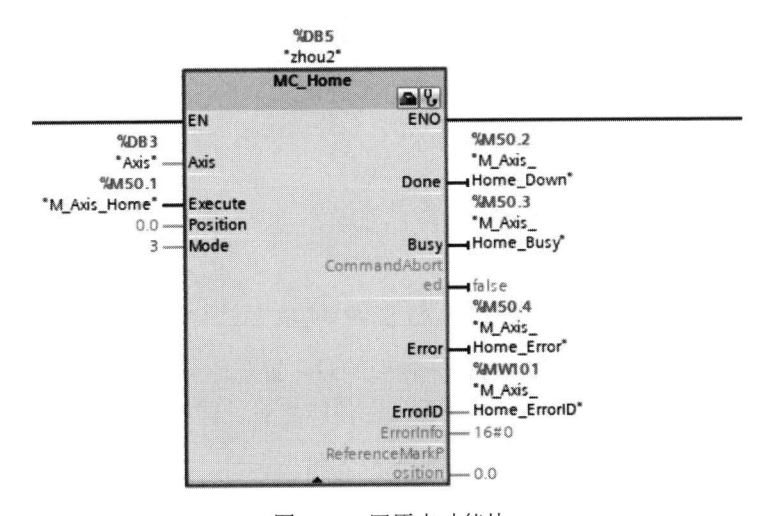

图 7-16　回原点功能块

（2）绝对位置功能块如图 7-17 所示。与回原点功能块相同，Execute 接收的是上升沿信号；Position 为绝对目标的位置，数据类型为浮点型，如果想让它运动到距离原点正方向 200mm，就设置为 200，反之设置为-200；Velocity 为运行时的速度，特别注意，速度与位置的数据类型都是 DW，所以所给的地址之间至少隔 4 位；Direction 为轴的运动方向，如果使用绝对定位则忽略该参数。其他的还有相对定位、故障重启、轴停止等功能块，参数都差不多，按实际需求调用即可。

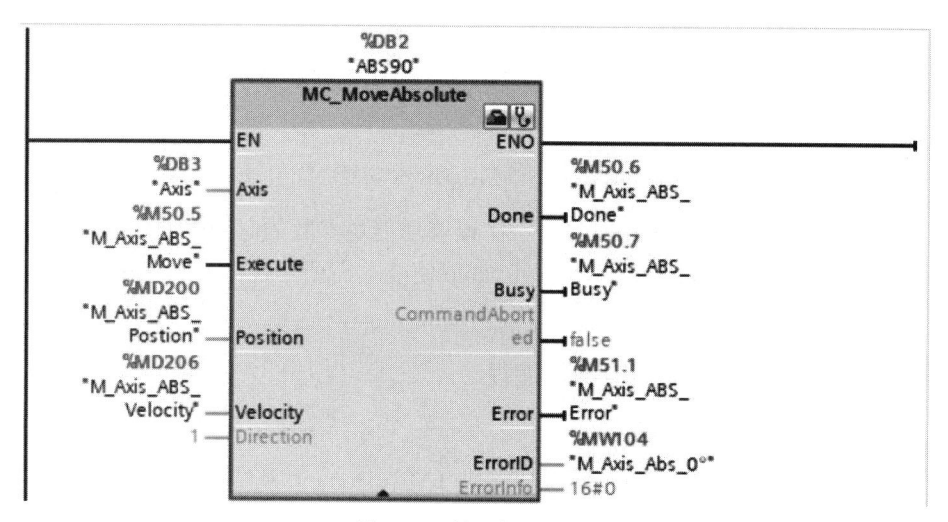

图 7-17 绝对位置功能块

2. 系统运动控制编程

（1）启动/禁用轴指令：在程序里一直被调用，并且在其他运动控制指令之前被调用并使能，如图 7-18 所示。

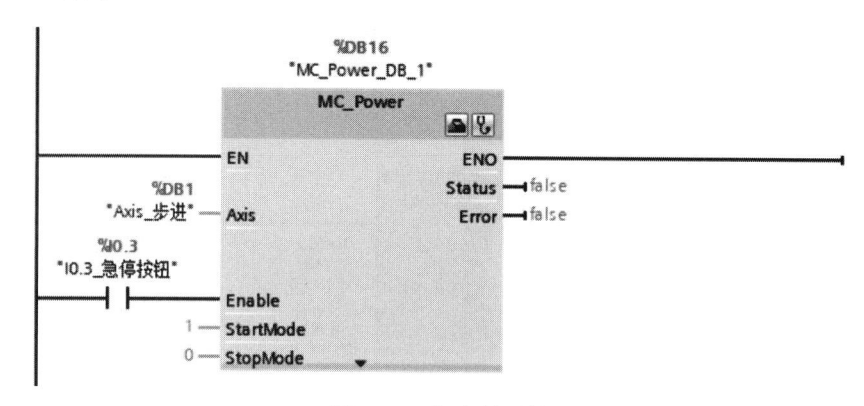

图 7-18 启动/禁用轴

（2）控制轴回原点，如图 7-19 所示，轴做绝对位置定位前一定要触发 MC_Home 指令。
（3）以绝对方式定位轴，如图 7-20 所示。在使能绝对位置指令之前轴必须回原点。因此，MC_MoveAbsolute 指令之前必须有 MC_Home 指令。

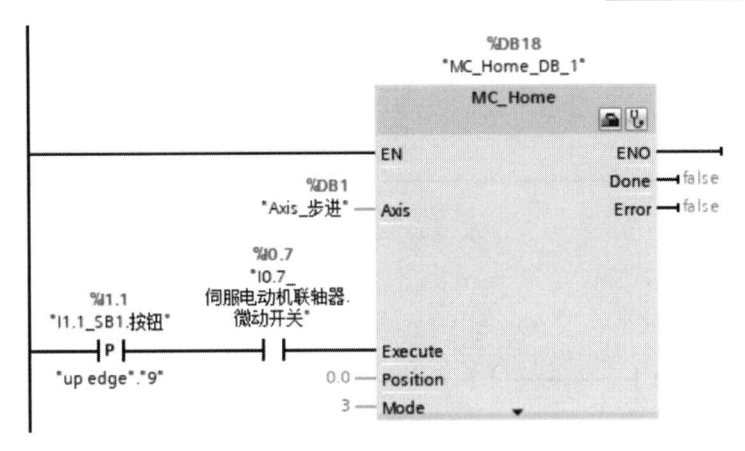

图 7-19　控制轴回原点

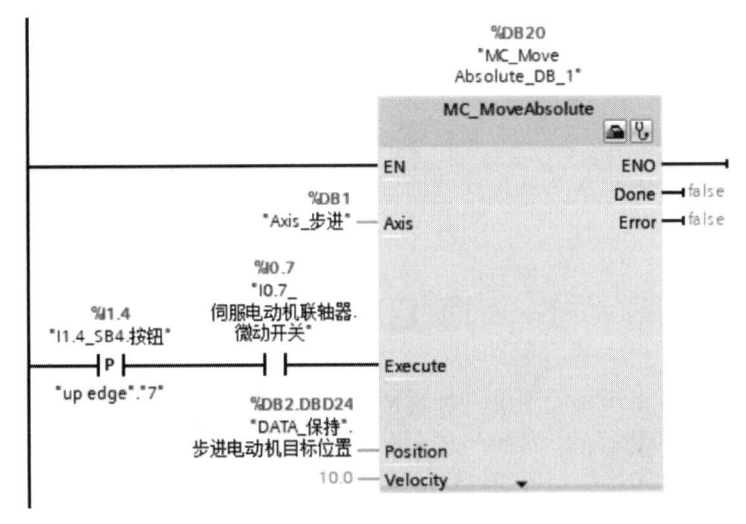

图 7-20　以绝对方式定位轴

（4）暂停轴，如图 7-21 所示。

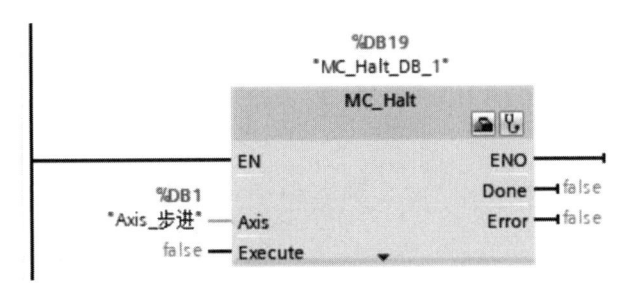

图 7-21　暂停轴

（5）轴点动运行，如图 7-22 所示。

（6）测试，将"启动轴"置 1，然后启动"回原点"指令块，指令块是通过上升沿触发的。小车回原点后再将"绝对位置移动"置 1，电动机按照"绝对位置"的设定移动到指定位置。

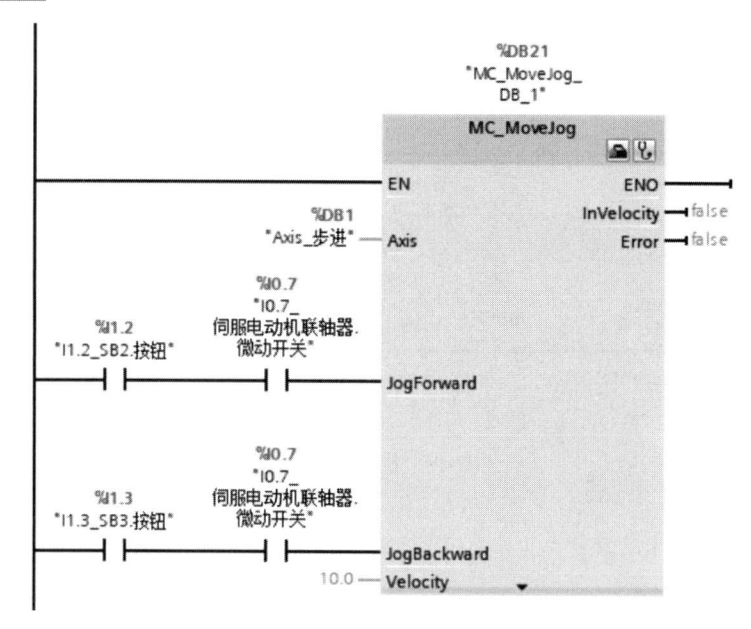

图 7-22 轴点动运行

为防止调试错误撞车导致设备损坏,调试前必须设置限位开关,即在步进驱动器的电源上串联限位开关。

项 目 小 结

步进电动机是一种专门用于速度和位置精确控制的特种电动机,它是以固定的角度(又称"步距角")一步一步运行的,故称步进电动机。DM542 是雷赛智能推出的数字式两相步进电动机驱动器,DM542 步进驱动器的控制信号接口有脉冲控制信号、方向信号和使能信号 3 种信号,其强电接口包括电源电压和 A、B 相线圈电压。DM542 步进驱动器采用 8 位拨码开关设定细分、动态电流、静止半流及实现电动机参数和内部调节参数的自整定。DM542 步进驱动系统的组态和运动控制编程是本项目的重要任务目标。

附　　录

G120 变频器的参数较多，限于篇幅，本书只收录部分常用参数的功能，如下表所示，完整版本的参数表可参考 G120 变频器的参数手册。

参数号	描述				
	操作与显示
r0002	变频器运行显示				
p0003	访问等级				
p0010	变频器调试参数筛选				
p0015	变频器宏程序				
r0018	控制单元固件版本				
r0020	经过平滑的转速设定值				
r0021	CO：经过平滑的转速实际值				
r0022	经过平滑的转速实际值 rpm[rpm]				
r0024	经过平滑的输出频率				
r0025	CO：经过平滑的输出电压				
r0026	CO：经过平滑的直流母线电压				
r0027	CO：经过平滑的电流实际值的绝对值				
r0031	经过平滑的转矩实际值				
r0032	CO：经过平滑的有功功率实际值				
r0034	电动机负载				
r0035	CO：电动机温度				
r0036	CO：功率单元 I2t / LT 过载 I2T				
r0039	能耗[k·Wh]				
^	[0]	能量平衡（总和）	[1]	吸收的电能	
^	[2]	反馈的电能			
p0040	0 → 1	复位能耗显示值			
r0041	节约的能耗				
p0045	滤波时间常数的显示值[ms]				
r0046	CO/BO：缺少的使能信号				
r0047	电动机数据检测和转速控制器整定				
r0050	CO/BO：指令数据组 CDS 激活				
r0051	CO/BO：变频器数据组 DDS 激活				

续表

参数号	描述	
	操作与显示	
r0052	CO/BO：状态字 1	
	.00	接通就绪
	.01	待机
	.02	运行已使能
	.03	存在故障
	.04	惯性停车生效（OFF2）
	.05	激活快速停止（OFF3）
	.06	"接通禁止"生效
	.07	存在报警
	.08	"设定-实际"转速差
	.09	已请求控制
	.10	达到最大转速
	.11	达到 I、M、P 极限
	.12	电动机抱闸打开
	.13	报警"电动机过热"
	.14	电动机正转
	.15	报警"变频器过载"
r0053	CO/BO：状态字 2	
r0054	CO/BO：控制字 1	
	.00	ON/OFF1
	.01	OFF2
	.02	OFF3
	.03	使能斜坡函数发生器
	.04	使能斜坡函数发生器
	.05	继续斜坡函数发生器
	.06	使能转速设定值
	.07	应答故障
	.08	JOG 位 0
	.09	JOG 位 1
	.10	由 PLC 控制
	.11	反向（设定值）
	.13	提高电动机电位器
	.14	降低电动机电位器
	.15	CDS 位 0

续表

参数号	描述		
操作与显示			
r0055	CO/BO：辅助控制字		
	.00	固定设定值位 0	
	.01	固定设定值位 1	
	.02	固定设定值位 2	
	.03	固定设定值位 3	
	.04	DDS 选择位 0	
	.05	DDS 选择位 1	
	.08	工艺控制器使能	
	.09	直流制动使能	
	.11	软化功能使能	
	.12	扭矩控制生效	
	.13	外部故障 1（F07860）	
	.15	CDS 位 1	
r0056	CO/BO：闭环控制状态字		
r0060	CO：未经滤波的转速设定值		
r0062	CO：经过滤波的转速设定值		
r0063	CO：经过滤波的转速实际值		
r0064	CO：转速控制器的调节差		
r0065	滑差频率		
r0066	CO：输出频率		
r0067	CO：最大输出电流		
r0068	CO：未经平滑的电流实际值的绝对值		
r0070	CO：直流母线电压实际值		
r0071	最大输出电压		
r0072	CO：输出电压		
r0075	CO：励磁电流设定值		
r0076	CO：励磁电流实际值		
r0077	CO：转矩电流设定值		
r0078	CO：转矩电流实际值		
r0079	CO：总转矩设定值		
r0080	CO：转矩实际值		
	[0]	未平滑	[1]	已平滑
r0082	CO：有效功率实际值		
	[0]	未平滑	[1]	已通过 p0045 平滑
	[2]	电气功率	

续表

参数号	描述		
调试			
p0100	电动机标准 IEC/NEMA		
	0	IEC 电动机（50 Hz，英制单位）	
	1	NEMA 电动机（60 Hz，公制单位）	
	2	NEMA 电动机（60 Hz，英制单位）	
电机			
p0300	电动机类型选择		
	0	没有电动机	
	1	异步电动机	
	2	同步电动机	
	10	1LE1 标准异步电动机	
	13	1LG6 标准异步电动机	
	17	1LA7 标准异步电动机	
	19	1LA9 标准异步电动机	
	100	1LE1 标准异步电动机	
p0301	电动机代码选择		
p0304	电动机额定电压[V]		
p0305	电动机额定电流[A]		
p0307	电动机额定功率[kW]		
p0310	电动机额定频率[Hz]		
p0311	电动机额定转速[rpm]		
p0601	电动机温度传感器类型		
	0	没有传感器	
	1	PTC 报警&延时段	
	2	KTY84	
	4	双金属常闭触点报警&延时段	
p0625	电动机环境温度[°C]		
p0640	电流限值[A]		
指令源和控制单元的端子			
r0722	CO/BO：控制单元数字量输入的状态		CO/BO：控制单元数字量输入的状态
	.00		DI 0（端子 5）
	.01		DI 1（端子 6、64）
	.02		DI 2（端子 7）
	.03		DI 3（端子 8、65）

续表

参数号	描述		
	指令源和控制单元的端子		
r0722	.04		DI 4（端子 16）
	.05		DI 5（端子 17、66）
	.06		DI 6（端子 67）
	.07		AI 0（端子 3、4 ）
	.08		AI 1（端子 10、11 ）
r0723		CO/BO：控制单元数字量输入经过取反的状态	
p0730		BI：控制单元端子 DO 0 的信号源	
		常开触点：端子 19、20	
		常闭触点：端子 18、20	
p0731		BI：控制单元端子 DO 1 的信号源	
		常开触点：端子 21、22	
p0732		BI：控制单元端子 DO 0 的信号源	
		常开触点：端子 24、25	
		常闭触点：端子 23、25	
r0755		CO：控制单元模拟量输入的当前百分比值	
	[0]	端子 3、4	AI 0
	[1]	端子 10、11	AI 1
p0756	控制单元模拟量输入的类型		0 单极电压输入（0~+10V）
	[0]	端子 3、4	AI 0
	[1]	端子 10、11	AI 1
		1 带监控的单极电压输入（+2~+10V） 2 极电流输入（0~+20mA） 3 监控的单极电流输入（+4~+20mA） 4 双极电压输入（-10~+10V）	
p0771	CI：控制单元模拟量输出的信号源		选择允许的设置 0 模拟量输出被封锁 21 转速实际值 24 经过平滑的输出频率 25 经过平滑的输出电压 26 经过平滑的直流母线电压 27 经过平滑的电流实际值绝对值
	[0]	端子 12、13	AO 0
	[1]	端子 26、27	AO 1
p0776	控制单元模拟量输出的类型		0 电流输出（0~+20mA） 1 电压输出（0~+10V） 2 电流输出（+4~+20mA）
	[0]	端子 12、13	AO 0
	[1]	端子 26、27	AO 1
	顺序控制（例如 ON/OFF1）			
p0840		BI：ON / OFF (OFF1)	例如设为 r722.0，表示将 DI 0 作为启动信号
p0844		BI："无惯性停车/惯性停车（OFF2）"信号源 1	
p0848		BI："无快速停止/快速停止（OFF3）"信号源 1	
p0855		BI：强制打开抱闸	

续表

参数号	描述	
设定值通道		
p1000	转速设定值源选择	0 无主设定值 1 电动电位器 2 模拟设定值 3 转速固定 6 现场总线
p1001	CO：固定转速设定值 1[rpm]	
p1002	CO：固定转速设定值 2[rpm]	
p1003	CO：固定转速设定值 3[rpm]	
p1004	CO：固定转速设定值 4[rpm]	
p1020	BI：固定转速设定值选择位 0	
p1021	BI：固定转速设定值选择位 1	
p1022	BI：固定转速设定值选择位 2	
p1023	BI：固定转速设定值选择位 3	
p1035	BI：电动电位器设定值升高	
p1036	BI：电动电位器设定值降低	
p1058	JOG 1 转速设定值 1[rpm]	
p1059	JOG 2 转速设定值 1[rpm]	
p1070	CI：主设定值	
p1081	最大转速的定标[%]	
p1082	最大转速[rpm]	
p1110	BI：禁止负向	
p1111	BI：禁止正向	
p1113	BI：设定值取反	
p1120	斜坡函数发生器的斜坡上升时间[s]	
p1121	斜坡函数发生器的斜坡下降时间[s]	
p1140	BI：使能斜坡函数发生器	
p1141	BI：继续斜坡函数发生器	
p1142	BI：使能转速设定值	
p1230	BI：直流制动激活	
p1300	开环/闭环控制方式	0 具有线性特性曲线的 V/f 控制 1 具有线性特性和 FCC 的 V/f 控制 2 具有抛物线特性曲线的 V/f 控制 20 转速控制（无编码器） 21 转速控制（带编码器） 22 转矩控制（无编码器） 23 转矩控制（带编码器）

续表

参数号	描述
设定值通道	
p1800	脉动频率设定值[kHz]
p1900	电动机数据检测和旋转电动机检测 0　禁用 1　静态电动机检测和旋转电动机检测 2　静态电动机检测 3　旋转电动机检测
参考值	
p2000	参考频率下的参考转速[rpm]
USS 或 Modbus RTU	
p2030	现场总线接口的协议选择 0　没有协议 1　USS 2　Modbus 3　PROFIBUS 7　PROFINET
故障（第 2 部分）和警告	
p2103	BI：第 1 次应答故障
p2106	BI：外部故障 1
p2112	BI：外部报警 1
工艺控制器	
p2200	BI：工艺控制器使能

参 考 文 献

[1] 向晓汉，唐克彬. 西门子 SINAMICS G120/S120 变频器技术与应用[M]. 北京：机械工业出版社，2020.
[2] 刘长青. 西门子变频器技术入门及实践[M]. 北京：机械工业出版社，2020.
[3] SIEMENS AG.SINAMICS G120 变频器（配备控制单元 CU240B-2 和 CU240E-2 的内置模块操作说明(FWV4.7 SP10)）[Z]. Siemens AG Division Digital Factory, 2018.
[4] SIEMENS AG.SINAMICS 基本操作面板 2(BOP-2)操作说明[Z]. Siemens AG Industry Sector, 2010.
[5] SIEMENS AG.SINAMICS G120C 低压变频器操作说明(FWV4.7SP10)[Z]. Siemens AG Division Digital Factory, 2018.
[6] SIEMENS AG.SINAMICS G120C 参数手册(FWV4.7SP9)[Z]. Siemens AG Division Digital Factory, 2017.
[7] SIEMENS AG.SINAMICS V20 变频器操作说明[Z]. Siemens AG Division Digital Industries, 2020.
[8] SIEMENS AG. SINAMICS V20 变频器精简版操作说明[Z]. Siemens AG Division Digital Factory, 2016.
[9] 汇川技术. IS620F 系列伺服驱动器用户手册[Z]. 深圳市汇川技术股份有限公司，2022.
[10] 雷赛智能. DM542 数字式两相步进驱动器使用说明书（V1.11）[Z]. 深圳市雷赛智能控制股份有限公司，2022.